认识太空

从大爆炸到行星工程

[印度]奥姆少儿出版社 / 著　曾崇达　潘文君 / 译　陈维 / 审定

重庆出版集团 🄒 重庆出版社

版贸核渝字（2020）第199号

图书在版编目（CIP）数据

认识太空：从大爆炸到行星工程 / 印度奥姆少儿出版社著；曾崇达, 潘文君译. -- 重庆：重庆出版社，2021.11

书名原文：SPACE ENCYCLOPENDIA

ISBN 978-7-229-16013-5

Ⅰ . ①认… Ⅱ . ①印… ②曾… ③潘… Ⅲ . ①宇宙 – 青少年读物 Ⅳ . ①P159–49

中国版本图书馆CIP数据核字 (2021) 第175825号

认识太空：从大爆炸到行星工程

［印度］奥姆少儿出版社　著　曾崇达 潘文君　译

出　　品：华章同人

出版监制：徐宪江　秦　琥

责任编辑：徐宪江

特约编辑：李　翔　王玮红

责任印制：杨　宁

营销编辑：史青苗　刘晓艳

重庆出版集团
重庆出版社　出版

（重庆市南岸区南滨路162号1幢）

投稿邮箱：bjhztr@vip.163.com

北京华联印刷有限公司　印刷

重庆出版集团图书发行有限公司　发行

邮购电话：010–85869375/76/78转810

重庆出版社天猫旗舰店
cqcbs.tmall.com

全国新华书店经销

开本：889mm×1194mm　1/16　印张：15.75　字数：228千

2021年11月第1版　2021年11月第1次印刷

定价：158.00元

如有印装质量问题，请致电023–61520678

SPACE

ENCYCLOPAEDIA

目 录

» 太空

002 太空里有什么?
004 太空环境

» 宇宙学

006 宇宙大爆炸
007 宇宙大爆炸之前
008 其他宇宙理论
010 虫洞
012 宇宙会终结吗?
014 我们当今的宇宙

» 星系

016 星系的种类
018 星系的组成
020 星系碰撞
024 活动星系

» 银河系

026 银河系的组成
027 银心
028 银臂
030 银晕
031 银河系之外
032 星系邻居
042 星云
043 星团
044 恒星的诞生场所
046 太阳系
048 太阳
050 太阳从何而来?
051 能量之源——太阳能
052 太阳周期
053 太阳观测
054 日食
056 有着神圣地位的太阳

» 行星

058 水星
059 水星的运动
060 金星
061 金星的运动与地质
062 金星凌日
063 地球
064 地球的运动
065 地球的构造
066 地球是如何形成的?
067 地球的历史
068 地球的大气层
069 地球的宜居性
070 火星
071 火星的运动与地质
072 火星的大气
073 火星上的地球凌日
074 木星
075 木星的运动与磁场
076 木星的大气与结构

077 土星
078 土星的运动与磁场
079 土星的大气与结构
080 天王星
081 天王星的运动
082 天王星的大气与结构
083 海王星
084 海王星的运动
086 海王星的大气与磁场
087 太空中的火山
088 陨石撞击
090 行星环
092 太空风暴
094 寻找太空中的水

» 矮行星

096 冥王星
098 谷神星
099 妊神星
100 鸟神星
101 阋神星
102 海外天体

》卫星

104 地球的卫星
106 月食
108 月球潮汐
109 火星的卫星
112 木星的卫星
117 土星的卫星
123 天王星的卫星
129 海王星的卫星

》太阳系小天体

134 彗星
135 彗发与彗尾
136 哈雷彗星
137 艾森彗星
138 小行星
139 小行星造成的灭绝事件
140 柯伊伯带
141 陨石
142 流星体与流星
143 流星雨
144 象限仪座流星雨
145 狮子座流星雨
146 天琴座流星雨
147 奥尔特云
148 太空碎片

》恒星

150 恒星的生命周期
152 恒星的质量
154 黑洞
156 新星
157 超新星
158 极端氦星
159 红巨星
160 大犬座 VY
161 天狼星
162 大角星
163 参宿四
164 勾陈一
165 南门二
166 比邻星
167 OGLE-TR-122 / 123
168 星群
169 天鹅座
170 大熊座
171 猎户座
172 二十七宿
174 黄道十二宫
176 狮子座
177 天蝎座
178 金牛座
179 室女座
180 双子座

》观测太空

182 业余天文学
184 望远镜
185 望远镜的历史
186 望远镜的种类
188 哈勃空间望远镜
189 地外文明探索计划
190 火箭
192 天文台
194 国际天文学联合会

》空间研究组织

196 美国国家航空航天局
197 印度空间研究组织
198 欧洲空间局
199 俄罗斯联邦航天局
200 日本航天局

》宇宙学家与天文学家

202 伽利略
203 托勒密
204 哥白尼
205 埃德温·哈勃
206 埃德蒙·哈雷
207 约翰内斯·开普勒
208 阿尔伯特·爱因斯坦
209 斯蒂芬·霍金
210 尼尔·德格拉斯·泰森

» 人类在太空

212　航天发射
213　人造卫星
214　载人航天
215　航天对人的影响
216　太空第一人
217　著名宇航员
218　登月
220　宇航员训练
222　航天服
224　国际空间站
226　太空中的一天
228　航天事故

» 探索太空

230　太空采矿
231　太空制造
232　通信卫星
233　天文馆

234　大地测量学
235　太空和军事
236　军事通信系统
237　侦察卫星
238　空间法
239　外层空间条约
240　战略防御倡议
241　太空战
242　太空旅游
243　太空殖民
244　行星宜居性
245　地球化

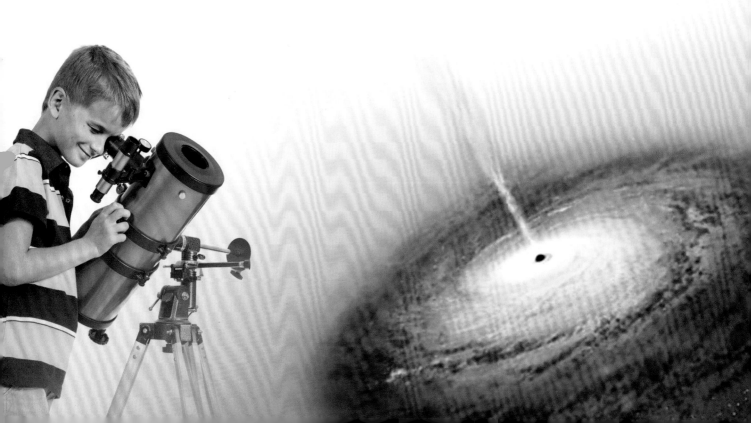

太空
-SPACE-

▲ 从地球表面到太空，随高度增加，空气越来越少

　　地球大气层以外的空间就是太空。没有人知道太空究竟有多么浩瀚。漫长的太空距离要以光年（light year，光在真空中一年时间内传播的距离，大约为 94 607 亿千米）为单位进行测量。除了真空之外，太空里还有难以计数的行星、恒星、星系、尘埃、气体等等。类似于地球上的风，太空里也有星风。

　　太空中既没有可供呼吸的空气，也没有光线散播在其中，人类难以生存。与蔚蓝的天空不同，太空是黑色的。这是由于太空中的粒子含量相对稀少。太空中大部分是真空环境，由于其中粒子的分布十分稀疏，因此声音也无法传播。

太空里有什么?

太空是位于包括地球在内的各种天体之间的虚无空间。太空并非真的空无一物,而是含有低密度粒子(主要为氢和氦的等离子体)、电磁辐射、磁场、中微子、尘埃和宇宙射线等的高真空环境。即使在太空最空旷的地方,每立方米的空间也至少存在着数百个原子或分子。

密度和温度

太空中的温度为 2.7 开尔文(K,热力学的温度单位,一般所说的绝对零度是指 0 K,对应 –273.15 ℃),这是根据宇宙大爆炸产生的微波背景辐射得出的。我们可以在太空中发现不同于固态、液态或气态的第四态物质,这种物质被称为"等离子体"。等离子体是宇宙中重子或普通物质最常见的形态。等离子体非常稀疏,密度甚至低于每立方米 1 个氢原子,但它的温度却高达数百万摄氏度。等离子体存在于星系之间的太空中,局部的等离子体聚集有可能会坍缩成恒星和星系。

暗物质

观测证据表明,绝大部分星系 90% 的质量是以一种所谓"暗物质"的未知形式存在的。暗物质与其他物质通过引力而非电磁力进行相互作用。目前,有研究数据显示,可观测宇宙的质能总量主要是一种人们知之甚少的太空真空能量。天文学家通常将它称为"暗能量"。宇宙中的暗能量大多存在于星系之间。

太空也有法律

《外层空间条约》(*Outer Space Treaty*)构建了国际空间法的框架。1967 年,该公约在联合国大会上获得通过。它禁止任何国家在太空(又称外太空、外层空间)宣示主权,因而每个国家都有权利自由地探索太空。1979 年通过的《月球协定》(*Moon Treaty*)则将行星等天体的表面及周围的轨道空间纳入了国际空间法的管辖范围。

尽管联合国起草了有关和平利用太空的决议,但当前的法律只能禁止核武器、原子弹等大规模杀伤性武器进入太空。

从地球边缘望去的太空 ▼
合成图像

太空探索

　　人类在 20 世纪开始了对太空的物理探索。高空热气球飞行以及随后载人火箭的出现促进了这一探索进程。1961 年，苏联宇航员尤里·加加林（Yuri Gagarin）乘坐东方 1 号航天器完成了人类历史上首次绕地飞行。无人飞船目前已到访过太阳系中所有的行星。鉴于太空探索的高昂成本，载人航天飞行只能在近地轨道和月球轨道进行。2014 年 9 月飞离太阳系的旅行者 1 号（Voyager 1）是人类历史上第一艘进入星际空间的人造航天器。

▲ 一颗正在绕地球飞行的卫星

一项昂贵的事业

　　太空探索的高昂成本阻碍我们实现星际航行。在星际航行方面，我们目前的一些设想包括气球火箭、天钩（Skyhook，一种太空空投器）、火箭滑车以及空中发射平台等非火箭型太空发射器。

　　除此之外，科学家还设想了一种利用离心加速和离子推进原理的动量交换系绳。

　　太空电梯则是另一种代价不太高昂的太空旅行提案。太空电梯借助某种带状构造从地球表面一直延伸至太空。

　　这些构想看上去颇具前景，因为它们旨在降低太空旅行和探索的费用，能够更加节约燃料和能源，并减少设备和人员受到的损害。

登月第一人尼尔·阿姆▶
斯特朗（Neil Armstrong）
半身像

太空环境

太空指的是介于地球大气层外缘与宇宙其他天体之间的虚空地带。虽然人们一般认为它是一片虚空，但它本身也可以被看成一类特殊的环境，辐射和天体可以在其中自由地穿行。在没有保护的前提下，人类或其他生命体在太空连片刻都无法存活。

真空环境

太空环境的基本特征是近似真空，几乎没有气体分子存在。恒星与行星等大型天体通过引力作用将气体分子吸引到它们附近，在天体之间留下大片近似真空的地带。我们的确可以在天体之间发现一些游离的气体分子，但它们的密度低到几乎可以忽略不计。

太空压力的影响

在地球上，大气压力无处不在。海平面上的标准大气压强为 101 千帕，但在太空中，大气压力几乎为零。在没有外部压强和任何保护措施的情况下，人体肺部内的空气会被瞬间释放到真空之中。

太空压力对人类的影响

在地球上，外部压力和人类身体的内部压力相互平衡。而在太空中，外部压力的消失，会使人体内耳膜、毛细血管等脆弱的组织受到损伤，人体会出现肿胀，而这又导致器官组织的损伤和脑部缺氧。10 秒之内，人就会失去意识。溶解在体液里的气体将会膨胀，皮肤会像充满气的气球一样被拉伸。气泡在流动的血液中形成，血液因而无法再有效地为机体细胞输送氧气和营养。

太空的温度

太空的温度对于人类来说是致命的。如果一颗没有大气的天体处在地球的位置上，它接受太阳直射的一面表面温度可能超过 120℃，而背对太阳的一面温度则可以低至 −100℃。太空环境无法形成适宜人类生存的温度，这是一个相当令人头疼的问题。

其他环境因素

影响太空环境的因素还包括微重力、太阳发出的带电粒子辐射、紫外线辐射和流星。流星是亿万年前太阳系形成之时或彗星和小行星碰撞时产生的岩石和金属碎块。它们的体积很小，但运行速度很快。人类过去发射的探测器脱落的碎片也有高度的危险性。一块以数千千米/时速度飞行的脱落漆片足以造成极为严重的破坏。

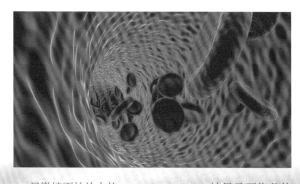

▲ 显微镜下被放大的血管内部   ▼ 被星云环绕着的行星和恒星

宇宙学

-COSMOLOGY-

由于温度极高，并不能发出光芒

▲ 有趣的是，宇宙在诞生后 38 万年乃至更长的一段时间里，由于温度极高，并不能发出光芒

夜空中深藏着无数的繁星。在晴朗的夜晚，我们仅凭肉眼就能看见许多颗亮星。我们也能看见月球以及一部分围绕太阳运行的行星。所有这些天体都是我们这个宇宙的一部分。

然而，宇宙所蕴藏的秘密远远不止这些。人类可以探测到的恒星和行星只是其中极小的一部分。可观测宇宙是一个直径约为 930 亿光年的球体。我们无法看到它余下的部分，那是因为宇宙大爆炸之后产生的最初的光线还未到达我们的地球。

宇宙大爆炸

宇宙大爆炸理论是被广泛接受的一种宇宙起源学说。它认为宇宙起源于一个高热、致密的"奇点",历经了约 137 亿年的快速膨胀(而非理论名称所暗示的爆炸)之后,达到了现在的状态,而且可能还会继续膨胀下去。20 世纪 20 年代,苏联数学家亚历山大·弗里德曼(Aleksandr Fridmann)和比利时天文学家乔治·勒梅特(Georges Lemaître)提出了相关理论,大爆炸理论粗具雏形。

时间的诞生与光的出现

根据宇宙大爆炸理论,我们的宇宙是由一个温度极高且密度极大的"奇点"不断膨胀形成的。宇宙含有大量的电子、中子等基本粒子。被电子散射的光子几乎无法沿直线传播,因此宇宙最初处于一片混沌之中。宇宙中还存在着数量惊人的暗能量,这种神秘的力量被认为是导致当前宇宙加速膨胀的根源。

温度的下降与余晖的显现

宇宙诞生时极为炙热,后来随着持续的膨胀,温度迅速下降。这个过程导致电子与原子核相结合,形成最初的原子,电子因被束缚而无法散射光子。大爆炸之后 38 万年,光子开始以辐射的形式在宇宙中传播,即我们所熟知的光线开始在宇宙中穿行。这些最早的光线或所谓"余晖",被称为"宇宙微波背景辐射"(CMBR)。

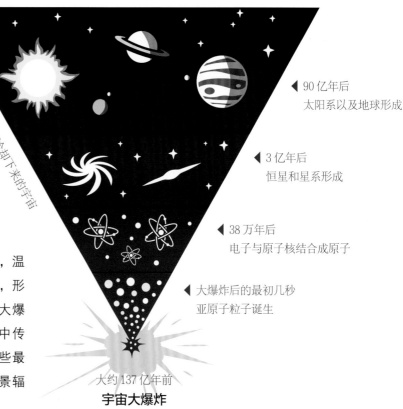

这张图解释了宇宙大爆炸及之后的事件

不断膨胀和冷却下来的宇宙

◀ 90 亿年后
太阳系以及地球形成

◀ 3 亿年后
恒星和星系形成

◀ 38 万年后
电子与原子核结合成原子

◀ 大爆炸后的最初几秒
亚原子粒子诞生

大约 137 亿年前
宇宙大爆炸

▼ 大爆炸的余晖向四面八方蔓延的艺术渲染图

有趣的事实

1965 年,美国物理学家阿尔诺·彭齐亚斯(Arno Penzias)和罗伯特·威尔逊(Robert Wilson)非常偶然地发现了宇宙微波背景辐射。基于证据与事实,科学家们一直未能发现任何在宇宙大爆炸之前的天体。不过,这个理论经过了相当长的一段时间才被广泛接受。

宇宙大爆炸之前

宇宙诞生之初是什么样子？数千年来，这一问题引发了无数的争议和思考。如今人们普遍接受的观点是，宇宙起源于某一时间点——它并不是始终像今天这个样子的。然而，我们不得不思考一个更为重要的问题：宇宙在诞生之前是怎样的？

▲ 在艺术家的描绘中，宇宙的诞生就像一道冲破一切束缚的光

超自然力的起源说

很多人认为是上帝或天神创造了宇宙。类似的观点认为，在宇宙诞生前唯一存在的实体就是"超自然生命"，剩下的则是一片混沌虚无。然后，"神"创造出了整个宇宙。

科学的解释

目前，绝大多数科学家都认同宇宙诞生于约 137 亿年前的大爆炸这一观点。至于大爆炸之前发生了什么，科学家对此展开过激烈的争论。20 世纪之前，大多数学者甚至不接受宇宙有所谓起源，因此有关的争论都是在近期发生的。

然而，所有科学家一致认同的一个观点是，宇宙诞生之前只有一片混沌。这是一种科学上的表达，也就是说，那是我们无法确切知晓的一种状态。所有适用于当下乃至在过去 137 亿年中一直适用的物理定律，都无法解释宇宙诞生之前的状态。

一个更宏大的视角

最为人们所接受的宇宙起源理论中的一种理论认为，我们这个宇宙是在大爆炸发生时从母宇宙分离出来的婴儿宇宙。鉴于人们通常认为宇宙是包罗万象的，我们很难理解它居然有可能诞生自某个更大的物体。如果说地球只是太阳系的一部分，太阳系是银河系的一部分，银河系是宇宙的一部分，而我们这个宇宙又是母宇宙的一部分，那么你能想象这种"浩瀚无垠"达到了何种程度吗？

总之，认为有某种事物存在于大爆炸之前的观点是站不住脚的，因为在大爆炸之前，时间并不存在，也就不可能有哪种事物存在于大爆炸之"前"。

其他宇宙理论

大爆炸理论是迄今为止最为人们所接受的理论。然而，总会存在一些与之相竞争的理论。一些早年间提出的宇宙理论现在已被推翻。如果对宇宙的观测与某种理论的推论存在矛盾，该理论就将会被推翻。

以下是一些比较流行的理论：

- 振荡宇宙理论：该理论认为宇宙是一个周而复始的循环过程。
- 永恒暴胀理论：它假定有无穷个宇宙存在，我们所在的这个宇宙只是其中之一。大爆炸之后，我们的宇宙经历了快速膨胀。根据这一理论，膨胀的过程永远不会停止，它会在其他宇宙中延续下去。因此，所谓膨胀是"永恒"的。
- 霍金－图罗克理论：该理论指出宇宙是从一颗形似豌豆的微小粒子中瞬间形成的。这个粒子的性质还有待探究，但它就是宇宙的起源。
- 稳恒态理论：该理论认为宇宙是无始无终的，物质不断地被创造出来。目前，这个理论被视为一种过时的理论。

▲ 关于振荡宇宙的艺术渲染图

振荡宇宙理论

这一理论认为，宇宙是一个循环的过程。它始于大爆炸，并自此一直膨胀到它的极限尺寸。届时，宇宙将经历一个被称为"大坍缩"的迅速收缩过程，直至它再度收缩为一个奇点。然后，这个奇点再次爆炸，形成周而复始的循环。这样的振荡循环是"膜"相互碰撞的结果。所谓膜是一种具有高维空间的多维度膜。与该理论相关的数学模型是极为复杂的。

有趣的事实

在众多的宇宙理论中，有一种理论认为宇宙只不过是一幅全息图像，称它是被一台巨型计算机投射到球体上的二维平面图像。

▲ 我们用图中的锥体来模拟时空连续体。箭头的指向代表其进程的发展。当时空连续体开始演化时，时间沿锥体的高度方向移动，而空间沿它的宽度方向移动。因此，时空连续体演化为一个尖端朝下的锥体。在其顶端，空间与时间交会于一点，这个点就是我们所熟知的"奇点"

永恒暴胀理论

我们的宇宙只是许多同时存在的宇宙中的一个。根据这一理论，宇宙的膨胀在大爆炸之后从未停止过。因此，膨胀是"永恒"的。根据永恒暴胀理论，宇宙的膨胀永远不会结束。我们所在的这个宇宙只是更大宇宙的一部分，而那个更大的宇宙在迅速地膨胀，形象地说，我们的宇宙只是其中一个膨胀缓慢的气泡。

霍金－图罗克理论

这一理论与宇宙大爆炸理论是相辅相成的。与其说它在解释大爆炸理论本身，不如说它更试图解释大爆炸所需的"动力"。这个动力来自一种被称为"瞬子"的粒子。瞬子是假想中的粒子，形似豌豆，但体积却比豌豆小上许多个数量级。基于这一基本假设，霍金－图罗克理论也被称为"来自豌豆的宇宙"理论。

◀ 霍金－图罗克理论的提出者，斯蒂芬·霍金（Stephen Hawking）与尼尔·图罗克（Neil Turok）

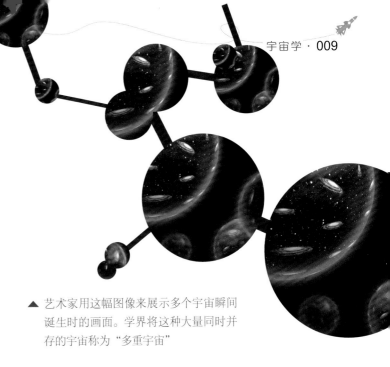

▲ 艺术家用这幅图像来展示多个宇宙瞬间诞生时的画面。学界将这种大量同时并存的宇宙称为"多重宇宙"

稳恒态理论

根据这个理论建立的膨胀宇宙模型目前已经过时，但它在刚提出时被视为大爆炸理论的替代理论。该理论认为，伴随着宇宙的膨胀，新的物质会不断地被创造出来。

如今，大多数宇宙学家、天体物理学家和天文学家都否定了这一理论，因为观测证据表明，宇宙的年龄并不是无限大的。

这一理论没有给出任何有关宇宙年龄或其起源时间的预测。它是在 20 世纪 20 年代由詹姆斯·金斯爵士（Sir James Jeans）提出的。

这一理论坚称尽管宇宙在膨胀，但它的外观始终未曾改变。因此，宇宙既没有起点，也没有终点。

美国物理学家史蒂文·温伯格（Steven Weinberg）对于该理论存在的缺陷是这样解释的："稳恒态的宇宙模型似乎与所观测到的光度距离与红移关系相悖，也不与源计数相符……从某种意义上说，这种相悖可以说是这个模型的贡献。在所有宇宙学说中，稳恒态模型提出了如此明确的预测，我们仅凭目前有限的观测证据就能将它证伪。"因此，尽管这一理论提出的假说是错误的，但它仍然被认为是一个好的宇宙理论。

詹姆斯·金斯爵士 ▶

虫洞

 虫洞是宇宙中可能存在的连接两个不同时空的通道。它可以被视为穿越宇宙的快速通道，但目前只在理论上成立。虫洞的存在以阿尔伯特·爱因斯坦（Albert Einstein）的广义相对论为理论基础。虫洞可能是非常危险的，一旦发生突然的崩塌，其中可能会有极强的辐射以及危险的奇异物质出现。

虫洞与广义相对论

洛伦兹虫洞，亦称"施瓦西虫洞"或"爱因斯坦－罗森桥"，通过融合黑洞与白洞模型，来连接以爱因斯坦引力场方程的真空解为模型的空间。1935年，爱因斯坦和纳森·罗森（Nathan Rosen）利用广义相对论的原理推导得出，两个不同的时空中间或许存在着连接它们的"桥"。它可以被视为一条捷径，削减了时空旅行的时间和距离。不过，这只是基于理论的猜想。

虫洞看起来什么样？

虫洞有两个出口，它们可能呈球形，出口之间由可直可弯的"喉部"相连。天体物理学家斯蒂芬·霍金认为虫洞可能存在于"量子泡沫"中，它是由宇宙中极小尺度（普朗克长度）下的量子振荡形成的。其中，量子涨落中形成的微型隧道（虫洞）不断地浮现又消失，成为连接不同时空的临时通道。

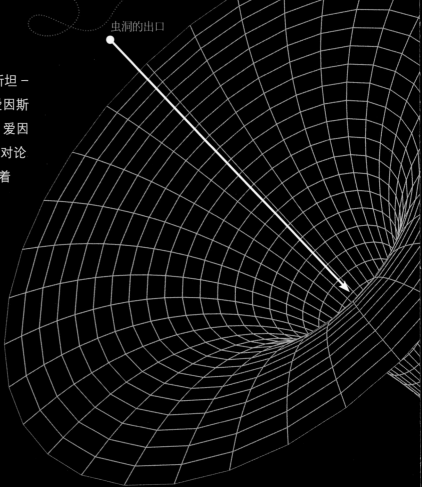

虫洞的出口

虫洞的特征

● **大小**：据估算，初生的虫洞只存在于普朗克长度的量级上，直径约为 10^{-35} 米。不过，随着宇宙的膨胀，有一些虫洞也可能会被拉大。

● **稳定性**：人类无法利用虫洞进行时空旅行，原因之一是它们会迅速地坍缩。但是，最近的研究显示，一种包含奇异物质的虫洞能够在更长的时间内保持打开状态不变。

● **奇异物质**：奇异物质具有负能量密度以及巨大的负压。如果一个虫洞含有足够多的奇异物质，它就可以被当成星际间传送信息和旅客的渠道。

有趣的事实

由于虫洞极为微小，人类无法利用它来进行时空旅行。但科学家们一直在尝试运用最新的科技手段制造可为人类所利用的虫洞。

时间旅行

除了连接宇宙中两个不同的区域之外，虫洞还可以连接不同的宇宙。一些科学家猜想，如果以某种特定的方式安放虫洞的一个出口，那么时间旅行就有可能变成现实。但斯蒂芬·霍金并不同意这种观点。他认为尽管向其中添加奇异物质有助于虫洞的稳定，从而使人类可以从其中安全地穿过，但"常规"物质的增加却可能让虫洞变得不再稳定。

小得无法实现时间旅行

对于人类的时空旅行来说，目前理论中的虫洞体量太小且过于简陋。那么问题来了，有没有那么一天，人们可以掌握捕捉、稳定和扩展虫洞的技术呢？根据霍金的想法，时空旅行是有可能的，前提是我们要准备好接收某些反馈效应，而它或许是不可承受的。假设我们用折叠时空来人为地延长虫洞的寿命，那么虫洞中可能会出现辐射的反馈效应，不断增大的辐射将毁掉时空隧道，正如不断调高音频的音量最终会让扬声器爆掉那样。

▲ 虫洞传输的抽象示意图

太空隧道

太空中，各种物质在宇宙中的不同部位施加压力，最终它们可能会结合形成一条隧道。理论上，这条隧道连接两个独立的时间，物体可以在这两个时间中穿梭。当然也有可能，一些突发的物理或量子特性会阻碍虫洞的形成。

高速旅行

在保证任何时间里，局部光速都不被超越的前提下，能通过虫洞完成超光速旅行。穿越虫洞时，飞行速度为慢光速。当虫洞连接了两个点，在虫洞内部穿行的时间会短于光束在虫洞外部穿行的时间。然而，在虫洞内穿行时，光束的速度始终高于旅行者本身。为了更好地理解这个现象，我们可以用这样一个类比来进行解释，即相同的距离下，跑步去要比开车去花费更多的时间。

虫洞的喉部

虫洞的出口

宇宙会终结吗？

 目前，有几种相关理论预测了宇宙的终结。然而，宇宙是否真的会终结，这个问题尚无定论。科学家们一直在进行研究，并提出了宇宙以不同的方式走向终结的三种理论，它们分别认为宇宙将会走向开放、平坦或封闭。

开放宇宙

有研究表明，宇宙将一直膨胀下去。随着宇宙的膨胀，其中的物质将会散开，并变得越来越稀薄。星系将耗尽自身的资源，无法再制造新的恒星，而现有的恒星则将逐渐走向衰竭。星系将变成一座充斥着尘埃和死星的墓地，不再有恒星发光发热。到那时，宇宙将变得黑暗、寒冷，毫无生命迹象。

平坦宇宙

在持续膨胀的情形下，宇宙将消耗掉所有大爆炸时产生的能量。能量耗尽后，宇宙便会趋于停滞。这种理论与开放宇宙理论的不同之处在于，它认为这时宇宙所拥有的物质足以使其膨胀速度减缓，但却不发生坍缩，因为宇宙需要无穷长的时间才能达到能量耗竭的平衡点。

封闭宇宙

天文学家认为封闭宇宙将不断地放缓膨胀的速度，直到其扩展到最大的体量。之后，它将逐步地压缩并坍缩。与此同时，宇宙将变得越来越致密和炽热，最终成为一个有着极高温度和密度的奇点。封闭宇宙将走向所谓"大坍缩"，即大爆炸的反过程。不过，科学家们仍在继续探究我们的宇宙将以何种方式走向终结。

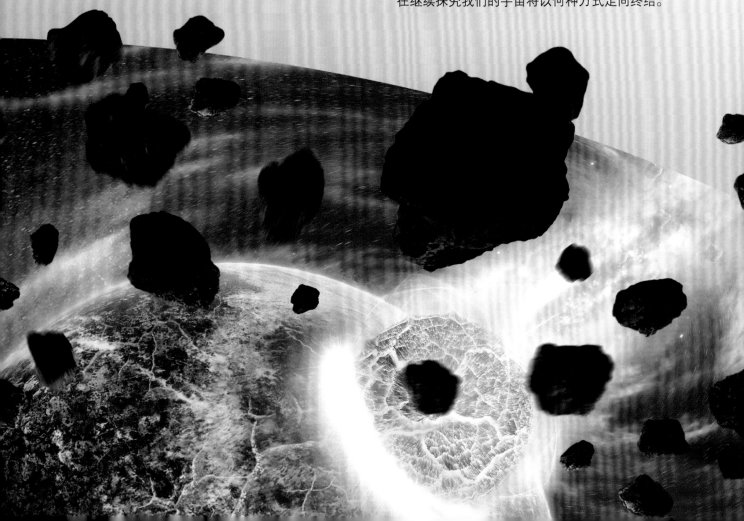

英文中的"多重宇宙"（multiverse）是由"多重"（multiple）和"宇宙"（universe）这两个词组成的合成词

大坍缩

大坍缩理论的提出以爱因斯坦的广义相对论为理论基础。广义相对论认为，宇宙的膨胀会在某一时刻停止，然后宇宙开始向内坍缩，吸入一切物质，直到变成一个无可比拟的黑洞。

科学家们若要推测大坍缩的可能性，必须首先确定宇宙的一些特性。其中一项便是宇宙的密度。学界普遍认为，一旦宇宙的密度大于某个特定的值，也即"临界密度"，宇宙便有可能走向坍缩。

多重宇宙

多重宇宙理论认为宇宙并非真的走向终结。该理论认为，在我们所在的这个宇宙诞生的同时，许多个其他的宇宙也被制造出来，它们各自处于其生命的不同阶段。当我们的宇宙走向终结时，其他的宇宙仍将继续存在，并且会不断地制造出新的宇宙。

假真空

假真空是一种熵值极高但仍未达到其最大值的真空状态。因此，能量状态可以达到更低值，假真空中会残存一些可利用的能量。这个理论认为，每当达到这样的假真空状态时，宇宙将发生衰变并达到真真空状态。它在这个过程中将产生多个新宇宙。

大反弹

它是一个关乎宇宙起源的理论化的科学模型。根据大爆炸理论，宇宙在其起源阶段具有无限大的密度。这一判断似乎与物理学其他理论相悖。大反弹同样是一种循环理论。它是指大爆炸以及随后的大坍缩的多次重复的过程。该理论的独特性在于没有引入"可以膨胀并从宇宙中挤走熵"的膜结构。

▼ 地球爆炸

我们当今的宇宙

人类所在的宇宙浩瀚无垠，其中既有我们可以看见和理解的事物，也有我们无法探索和认知的事物。行星、恒星和星系只是宇宙的一小部分。我们目之所及的宇宙被称为"可观测宇宙"，目前它的直径约为930亿光年。我们不知道整个宇宙有多大，也许它并没有边界。可观测宇宙中的星系可能超过1 000亿个。目前来看，我们的宇宙包含以下要素：

▲ 宝盒星团（NGC 4755）是我们宇宙中的一个星团

充满能量的宇宙

宇宙中蕴藏着许多能量。它们有助于我们认识和了解宇宙的无限。宇宙中同时存在着正能量和负能量。光具有的能量使得我们可以观测宇宙中的物体，X射线也是一种能量的载体。天体中存储的能量可以让我们更好地了解它们。

遥远的类星体

类星体是距离地球非常遥远、高光度的天体，因视觉形态类似恒星而得名，其中心的超大质量黑洞（Supermassive Black Hole，SMBH）使得受到拖曳的物质在向黑洞跌落的过程中发出极其耀眼的光芒。类星体发出的光线可以帮我们研究恒星与星系的起源。天文学家利用地基望远镜和空间望远镜来对类星体进行观测。

◀ NGC 4258/M106的X射线影像。我们可以看到该星系中的旋臂、超大质量黑洞和发光气体的光线示意图

恒星的诞生

当气体尘埃云开始坍缩时，它就开始孕育新的恒星。在坍缩过程中，气体尘埃云的密度增加，温度升高。当中心部位的温度和密度升至最高时，新的恒星就诞生了。形成于坍缩的气体尘埃云的中心，而后发展成恒星的天体被称为"原恒星"。

星系群

研究表明，星系往往以成群结队的方式存在。星系群中的星系经常发生相互作用，甚至有可能因引力作用在剧烈的运动中合并到一起。

星团

恒星孕育于大块的气体云中。因此，它们会成群或成簇地出现。在残余气体升温并消散后，恒星由于引力作用聚集成团。

行星

行星也是宇宙的构成之一，通常指自身不发光、环绕着恒星运转的天体。太阳系有八大行星，分别是水星、金星、地球、火星、木星、土星、天王星和海王星。

小型天体

除了星系、恒星和行星之外，宇宙中还有一些体积较小的天体，如彗星、小行星、流星以及围绕行星运行的卫星等。

未知宇宙

科学家指出，我们这个宇宙包括68.3%的暗能量、26.8%的暗物质和4.9%的正常物质，由于我们目前对暗能量所知甚少，相关的研究一直令科学家们为之惊讶不已。

星系
-GALAXY-

▲ 夜晚的地球，以及构成银河系的数以亿万计的恒星

星系是一个基于引力作用形成的巨大系统，由恒星、恒星残骸以及星际物质（如星际气体、尘埃和暗物质）组成。"星系"（galaxy）一词源于希腊语的"galaxias"，意为"乳白色的"，即银河的色彩。

星系包含大量的星团、恒星、行星和各种类型的星云，气体、尘埃和宇宙射线等星际物质充斥在这些天体之间。许多星系的中心似乎都存在着超大质量黑洞。

宇宙中的星系至少有 1 000 亿个，大多数星系的直径是 1 000 ~ 100 000 秒差距（parsec，表示天体间距离的单位，1 秒差距约等于 3.26 光年）。大多数星系会聚集成为星系群或星系团，之后再组成更大的超星系团。这些规模极其可观的超星系团以薄片、长条抑或墙壁般的组合存在于无垠的宇宙虚空之中。

星系的种类

据估计，宇宙中有1 000亿～2 000亿个星系，有的星系甚至含有多达数千亿颗恒星。哈勃空间望远镜对人类的太空探索贡献良多，使我们了解到许多关于太空的秘密。天文学家正是在它的帮助下估算出了宇宙中星系的数量。基于哈勃空间望远镜的深空图像，科学家认为宇宙中星系数量应增加至2万亿个，是之前预估数值的10倍。星系通常有以下常见的类型：

椭圆星系

椭圆星系是宇宙中数量最多的一类星系。然而，年代久远又日益黯淡的它们经常被一些更年轻、更明亮的星系掩盖。与比它更为出名的"兄弟"——旋涡星系不同，椭圆星系没有标志性的旋臂。相比之下，它具有更光滑的弧度，呈椭圆状，像是被抻扁的圆盘。椭圆星系通常以字母E表示，根据其扁平程度在字母后接数字0～7，E0星系最接近圆形，而E7星系则相对扁平细长。椭圆星系的体量差异巨大。最大的椭圆星系的直径可达100万光年，而最小的矮椭圆星系还没有银河的1/10大。椭圆星系里几乎没有气体或尘埃。

旋涡星系

尽管椭圆星系最为常见，但银河系周围大部分的明亮星系是旋涡星系。与其他类型的星系相比，旋涡星系在质量和体积上的差异是最小的。它们的质量一般相当于100亿～4 000亿个太阳质量，直径从1.63万光年到16.3万光年不等。我们所在的银河系大约处于这一范围的上限。旋涡星系用字母S表示，后接小写字母a、b或c，以表示旋臂缠绕的紧密程度。

▼ 超过60%的已知星系是椭圆星系

▼ 旋涡星系因其恒星形成的旋涡外观而得名

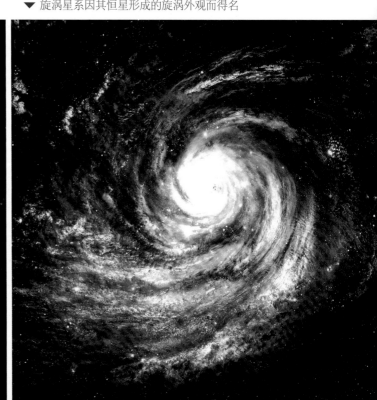

透镜状星系

透镜状星系兼具旋涡星系和椭圆星系的特点。正如旋涡星系一样，透镜状星系中央隆起，呈圆盘形状，但它同时又像椭圆星系那样，作为年老恒星的聚集地，几乎没有星际物质。草帽星系又称梅西叶104（M104）或NGC 4594，是透镜状星系中的一员。它位于室女座，距离地球约2 930万光年，因形似一顶墨西哥宽边帽而得名。黯淡的尘埃带构成了它的帽檐，星系隆起的中央部分则形成了帽身。

▲ 被厚厚的尘埃带所包围的透镜状星系

棒旋星系

中心具有一个棒状结构的旋涡星系被称为棒旋星系。大约2/3的旋涡星系中央都有一个棒状结构。它们的旋臂从棒状结构的两端延伸出来，将气体和尘埃带到中央隆起处。这种物质流动令很多棒旋星系拥有活跃的内核，新的恒星就诞生于这些星系的气体和尘埃中。

▼ 棒旋星系 M109

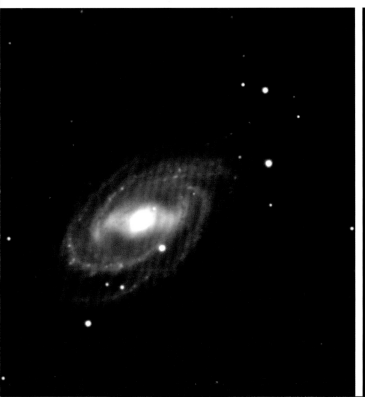

不规则星系

不规则星系没有太明显的共同特征。它们多是星系碰撞或碰擦的产物。"星暴星系"是不规则星系中的一种。由于在短时间内形成大量的新恒星，星暴星系的亮度极高。不规则星系通常会聚集成团，因此星系间的碰撞和碰擦十分普遍。据天文学家猜测，不规则星系受到其他星系的引力影响而发生畸变，而在这之前，它们可能是旋涡星系或椭圆星系。不规则星系用字母 Irr 表示。

▼ 大约20%的星系是不规则星系

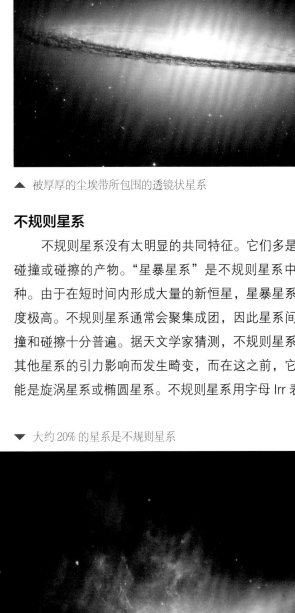

星系的组成

 星系一般包含大量的恒星、发光星云以及气体和尘埃，它们通过引力作用被聚集在一起。天文学家认为很多星系的中央存在黑洞，它是大质量恒星遗留下来的残骸。太阳系所处的星系叫作"银河系"。我们可以在其中看到：

恒星孕育地

恒星在星云之中诞生，而氢是星云中最丰富的元素。一些星云逐渐形成一团致密的气体，在引力的作用下，更多的气体不断向它聚集，进而将这个气团压缩成密度更大、温度更高的团块。最终，核聚变反应被触发，氢元素在这个过程中被转化成氦元素。一颗非常明亮的恒星自此形成，并不断向外释放能量。

星系尘埃

恒星之间的空间充斥着气体和固体颗粒（尘埃）。大多数气体和尘埃是恒星消亡时的产物。走到生命尽头的恒星以爆炸或脱落外层的方式将其中的物质再度释放到太空中。而这些物质在聚集和坍缩之后，新的恒星又自其中诞生。在大多数情况下，我们可以用红外线探测到这类气体和尘埃。

▲ 一架位于欧洲的望远镜所捕捉到的著名的船底星云（Carina Nebula）。人类在望远镜等天文设备的帮助下逐渐揭开了隐藏许久的恒星孕育地的神秘面纱

◀ 尘埃常常会遮掩恒星与行星

旋臂

银河系有着自中央隆起处向外延伸的旋臂。这些旋臂由年轻明亮的蓝星、年迈的白星以及气体和尘埃组成。有些恒星位于旋臂之间，不过它们并不明亮。这些恒星沿着各自的轨道围绕隆起的核心缓慢运转。它们需要数亿年的时间才能完成一次公转。

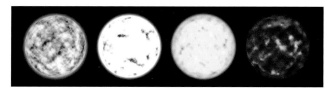

▲ 太空中的恒星呈现出不同的颜色，这是由它们的温度和质量所决定的

炽热的蓝星

恒星的颜色可以反映它温度的高低。温度越低的恒星颜色偏红，而越炽热的恒星则颜色偏蓝。恒星的温度同样取决于它的质量。蓝星的质量至少是太阳质量的3倍。有意思的是，无论蓝星的质量是太阳的10倍还是150倍，它的颜色始终是蓝色的。

太阳系

太阳系形成于大约46亿年前。它包含著名的八大行星及其卫星、冥王星和谷神星之类的矮行星、小行星、彗星等天体。太阳占据了整个太阳系99.8%的质量，以强大的引力拖曳着太阳系中的其他天体。

核球

星系通常包含恒星、气体和尘埃。在类似银河系这样的旋涡星系里，这些物质汇聚成了包含着旋臂和星系晕的"核球"与"圆盘"。核球是星系中央略为凸起的部分，主要由老年恒星、气体和尘埃组成。我们很难将核球的外部与星系晕区分开来。银河系核球的直径约为1万光年。

黑洞

由于黑洞的质量极其巨大，任何靠近它的物体都无法摆脱其强大的引力，就连光也逃不出黑洞引力的控制。根据爱因斯坦的广义相对论，黑洞由事件视界和奇点构成。事件视界是指连光也无法逃出黑洞的最大区域边界。奇点位于黑洞中央，是质量趋于无限大而体积趋于零的一维点。

▼ 星云中的黑洞

暗物质

暗物质是一种无法用天文望远镜观测到的物质。然而，它却是宇宙物质的主要组成部分。通过研究暗物质对可见物质、辐射以及宇宙中大型结构的引力作用，我们可以推断出它的存在和特性。暗物质占据了整个宇宙总质能的26.8%。

星系碰撞

星系是星系团或星系群内的成员。由于星系团或星系群内的星系数量较多且距离较近，它们往往会发生相互碰撞。事实上，银河系此刻正在和人马矮星系碰撞，并缓慢地吞噬掉它。星系碰撞十分常见，而星系中的恒星由于距离较远则很少会发生碰撞。事实上，即使星系并没有真正地相撞，它们还是可以从对方那里吸取物质。

星系间的相互作用

当两个星系擦肩而过时，它们之间强大的引力会使它们扭曲变形。直接的碰撞和轻微的碰擦都属于星系间的"相互作用"。

星系碰撞过程

两个星系的相互作用可能使星系内部气体云受到压缩。气体云在受到压缩时，有可能在自身引力作用下发生坍缩，从而孕育出新的恒星。这个过程可以在相互作用的星系中引发一波恒星形成活动，诞生出新一代的恒星。如果没有星系碰撞，在这些星系中正常的恒星形成活动本应早就停止了。星系间的碰撞可能持续上亿年，因此人类无法目击它的全过程。接下来，我们要介绍一些为天文学家所熟知的，在相互作用下形成的星系：

双鼠星系

双鼠星系（Mice galaxies，又称 NGC 4676）是位于后发座的两个正在发生相互作用的旋涡星系，距离地球约 2.9 亿光年。由于星系间的相互作用，双鼠星系中的恒星、气体和尘埃在彼此远离时各自形成了一道长拖尾，酷似两只老鼠的尾巴，因此得名"双鼠星系"。这两个星系最终会合二为一。所谓"尾巴"有可能是其旋臂的残余物。

▼ 碰撞前的双鼠星系

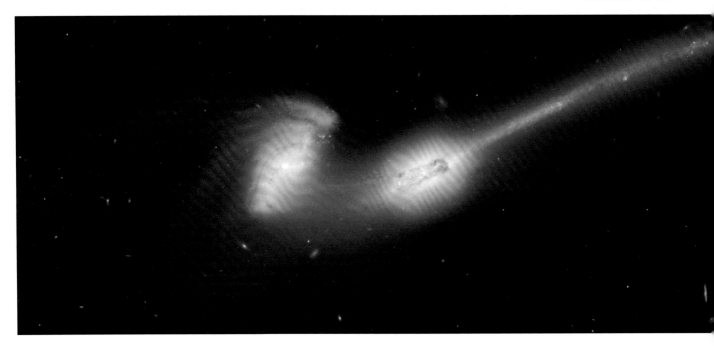

▲ 黑眼睛星系

车轮星系

车轮星系（Cartwheel galaxy，编号为 ESO 350-4）是一个透镜状星系，同时也是一个环状星系，位于玉夫座，距离地球约 5 亿光年，其直径约为 15 万光年，比银河系稍大。质量为 2.9×10^9 ~ 4.8×10^9 倍太阳质量。根据科学家的观测，它正以超过 200 千米／秒的速度旋转。瑞士天文学家弗里茨·兹威基（Fritz Zwicky）于 1941 年发现了该星系，他认为车轮星系是"亟待恒星动力学解释的最为复杂的星系结构之一"。

▼ 车轮星系

黑眼睛星系

位于后发座方向的黑眼睛星系（Black Eye galaxy，又称 M64、"魔眼星系"或"睡美人星系"）是著名的旋涡星系。它距离地球 2 400 万光年。该星系的核心区域有一条壮观的吸光尘埃带，因而得名。正是由于这条尘埃带的存在，星系明亮内核里的恒星显得较为模糊。黑眼睛星系备受天文爱好者的喜爱，因为他们用一架小型望远镜就可以观测到它明亮的星系核。黑眼睛星系的外部和内部区域的气体旋转方向正好反向且质量相近，其中内部区域包含壮观的尘埃云和尘埃带。在两股气体相遇的区域，气体被压缩，产生了活跃的恒星形成活动。天文学家认为气体旋转方向相反的现象是黑眼睛星系与一个卫星星系相撞造成的。

该星系中的所有恒星，都与其内部区域的气体一同按顺时针方向旋转，外部区域的气体则按逆时针方向旋转。

碰撞中的触须星系

▲ 位于武仙座的 ARP 272

▲ 哈勃空间望远镜为 UGC 8335 拍摄了 59 幅照片，
这是其中的一幅

触须星系

位于乌鸦座的触须星系（Antennae galaxies，又称 NGC 4038/NGC 4039）是一对目前正在经历星暴阶段的相互作用的星系。1785 年，英国天文学家威廉·赫歇尔（William Herschel）发现了它们，但当时误以为它们是一团行星状星云。在这里，尘埃气体云的碰撞，加上交织的磁场作用，触发了恒星的快速形成。这两个星系过去是如银河系一样平凡的旋涡星系，后来陷入了致命的拥抱，二者的碰撞已经持续了数亿年。激烈的碰撞将恒星从其宿主星系中牵扯出来，形成了两条弧形长尾，其形状类似昆虫的触须，该星系因此而得名。这两个星系的核心最终会合二为一，并且为恒星与气体所包围。科学家认为触须星系将会演变成一个巨大的椭圆星系。

ARP 272

ARP 272 是两个碰撞中的旋涡星系 NGC 6050 和 IC 1179 的合称，它位于武仙座，距离地球约 4.5 亿光年。这两个星系是武仙座星系团的一部分，因此也是已知的宇宙第三大超结构 CfA2 巨壁的一部分。ARP 272 的两个星系的旋臂是相互联结的。

UGC 8335

UGC 8335 是正在相互作用的一对旋涡星系，形如两个滑冰运动员。它位于大熊座，距离地球约 4 亿光年。相互作用将两个星系通过一座"物质桥"联系起来，并把其外围由气体和恒星形成的两条弯曲尾巴拖到一起。两个星系的核心都有尘埃带。UGC 8335 在美国天文学家霍尔顿·阿尔普（Halton Arp）编辑的《特殊星系图集》中排名第二百八十三位。

活动星系

对于一个普通的星系来说，它发出的大部分光线来自星系中分布相对均匀的恒星。然而，有些星系会从自身的星系核（星系中心）发出光度很高的电磁辐射。如果用 X 射线、紫外线、红外线和无线电波来观测这些星系，就会发现它们的星系核正在释放出巨大的能量。这一类星系又被称为活动星系，它们在所有星系中只占很小的一部分。活动星系可以被分为以下四种类型：

射电星系

射电星系会释放强烈的电磁辐射或无线电波。它们的存在证实了永恒暴胀理论，而认为宇宙将保持恒定不变的稳恒态理论则无法对此做出解释。射电星系每单位时间发射出的能量是普通星系的数千倍乃至数百万倍。位于室女座的巨型椭圆星系梅西叶 87（M87）是距离地球较近的一个射电星系。

赛弗特星系

赛弗特星系大多属于旋涡星系，由美国天文学家卡尔·赛弗特（Carl Seyfert）于 1943 年发现，并以其名命名。科学家对这类星系进行了大量的研究，因为这些星系可以看作类星体的低光度形态。它们的内核释放出的波长能量相当于银河系的总辐射量。然而，它们并没有明显的射电瓣。这类星系的一个显著特征是，它们的光度会快速变化。位于飞马座的 NGC 7742 就是一个赛弗特星系，距离地球约 7 500 万光年。它看上去像一个煎蛋，有着一个非常明亮的内核，所有波长均可见。它的四周被蓝色的恒星形成区和若隐若现的旋臂环绕。它黄色的内核直径约为 3 000 光年。

▼ 类星体的能量来自超大质量黑洞，而科学家认为每个星系的中心都有一个或数个超大质量黑洞的存在

▲ 类星体 3C 454.3 是太空中最明亮的伽马射线源之一。它位于飞马座，靠近室宿一（飞马座 α）

类星体

类星体是我们可观测到的最远的天体，它极其明亮，具有非常高的能量。类星体是"类星射电源"或"类恒星天体"的简称。类星体是宇宙中光度最高的天体，尽管在望远镜中看来并没有那么明亮，但这是因为类星体距离我们地球实在是太远了。它们释放出无线电波、X 射线和光波。一些类星体只有太阳系般大小，却能释放出 10 倍乃至 100 倍于整个银河系的能量。

耀变体

耀变体是一种密度极高的高变能量源，由超大质量黑洞为它供能。巨型星系中间的黑洞吞噬周围的物质，当物质被拉向黑洞时，它们会释放出巨大的能量，因而产生耀变现象。耀变体被认为是宇宙中最剧烈的天体活动现象之一。借助"甚长基线干涉测量"这一技术，天文学家于 1972 年前后首次观测到这些河外天体。"耀变体"一词由天文学家埃德·施皮格尔（Ed Spiegel）于 1978 年提出。耀变体通常可被分为两类：蝎虎天体（BL Lac）和光剧变类星体（OVV）。此外，它包括一些过渡类型的天体，兼具光剧变类星体和蝎虎天体的特征。耀变体能够喷射出速度接近光速的高能量等离子体喷流。

银河系
-THE MILKY WAY-

▲ 旋涡星系 NGC 6744 被认为与我们的银河系十分相似

　　银河系于宇宙大爆炸之后不久形成，是宇宙中质量分布相对致密的星系。据天文学家估计，银河系的年龄约为 136 亿年，差不多与宇宙的年纪一样大。

　　银河系的形成始于由原始气体云形成的第一代星团。第一代恒星由高密度的尘埃和气体云形成。数十亿年之后，银河系获得了足够的质量，开始快速地旋转。在不断旋转的作用下，气态的星际物质从近似球形的状态坍缩成圆盘状，包括太阳在内的新一代恒星就诞生在这个圆盘中。

　　伴随着宇宙的持续演化，星系形成的过程一直没有停止。银河系已经吞并了一些小的星系，预计将在数十亿年内与距离它最近的仙女星系发生碰撞。

银河系的组成

银河系是一个直径达 10 万光年的庞大星系，包括以下三个基本结构：包含旋臂的银盘、银晕、核球（或银心）。

核球

银晕

银盘

旋臂

恒星、气体和尘埃

核球

核球是由老年恒星、气体和尘埃组成的非常明亮的球状结构。银河系的核球直径约为 1 万光年。它位于银河系的中心区域，这里的恒星聚集度最高。

银晕

银晕弥散在银盘周围的球形区域，其中分布着一些聚集成球状星团的老年恒星。银晕中含有人类无法观测的暗物质。据估计，银晕的直径为 25 万～ 40 万光年。

银盘

银盘是银河系的主要组成部分，形如一块薄饼。银盘的直径约为 10 万光年，平均厚度却只有 2 000 光年。它主要由聚集在旋臂中的年轻恒星、气体和尘埃组成，但也分布着少量的老年恒星。

旋臂

旋臂位于银盘的盘面上，形如风车，向外伸展。旋臂仅存在于旋涡星系中，其中含有高密度的星际物质，是旋涡星系中恒星生成率最高的区域。

恒星、气体和尘埃

恒星可分为很多类型。与温度较低的红星相比，炽热的蓝星寿命较短。在银河系中，比起近期已无恒星形成活动的区域，恒星形成区有可能形成更多的蓝星。旋涡星系含有大量的气体和尘埃，而椭圆星系里则极少。

银心

 银心是指银河系自转的中心，距离地球约 2.6 万光年。学界普遍认为，银心有一个名为人马座 A* 的超大质量黑洞。除了人马座 A* 外，银心里还有大量的星团，如弓星团（Arches Cluster）、五合星团（Quintuplet Cluster）和球状星团（Globular Cluster）。

超大质量黑洞

超大质量黑洞可以统御整个星系内的所有天体。它通常具有数十万倍乃至数十亿倍的太阳质量。我们几乎可以在所有大型星系的中央发现超大质量黑洞。

超大质量黑洞内外

黑洞周围存在着狂暴的气体旋涡，这些气体在被吸入黑洞时，释放出大量的能量。我们在人马座 A* 的视界外缘可以观测到数以千计的恒星。目前科学家已经在其中发现了超过 100 颗 OB 型星和沃尔夫－拉叶星。然而，这些年轻恒星的存在令科学家们感到十分困惑。这是因为黑洞会释放潮汐力，而这本应阻碍任何恒星的形成。

▲ 钱德拉 X 射线天文台拍摄到的人马座 A* 的影像，该射电源对应着位于银心的超大质量黑洞

▲ 银心超大质量黑洞的放大图

人马座 A*

人马座 A* 是位于银心的一个明亮且致密的射电源，靠近人马座和天蝎座的边界。1974 年 2 月 13 日和 15 日，天文学家布鲁斯·巴利克（Bruce Balick）和罗伯特·布朗（Robert Brown）在美国国家射电天文台利用基线干涉仪发现了人马座 A*。"人马座 A*"这个词由巴利克首创。

有趣的事实

人马座 A 由人马座 A 东星、人马座 A 西星以及人马座 A* 这三部分构成。

银臂

椭圆星系、旋涡星系和不规则星系是宇宙中最常见的 3 种星系。其中，旋涡星系因具有形状如螺旋阶梯的旋臂而得名。多少年来，这一螺旋结构对于天文物理学家来说始终是一大难解的谜题。目前接受度最高的相关理论认为，星系的螺旋结构是一种波动图案，旋臂中的恒星有进有出，但旋臂的图案却始终不变，而且不会缠卷起来。

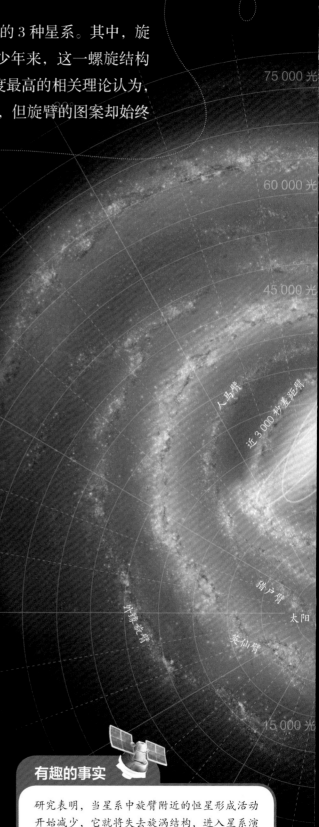

75 000 光

60 000 光

45 000 光

旋臂的运动

与恒星一样，旋臂要围绕银心旋转。但是，它们又与恒星略有不同。旋臂在旋转时保持着稳定的角速度，这意味着恒星会在旋臂里进进出出。

当星际物质中的气体云穿过旋臂处的密度波时，它将变得更加致密，而这会导致新恒星的诞生。最炽热、最明亮的恒星寿命很短，因此它们的诞生与消亡总是发生在距旋臂很近的地方。这就是为什么我们常常在旋臂上追踪到最年轻、最明亮的恒星。有证据表明，银河系的旋臂结构或许是在与人马矮椭圆星系（sagDEG）的持续碰撞中形成的。

银河系中的旋臂

我们的银河系是一个棒旋星系，即旋涡星系的一种。这意味着银河系有一个被称为银河系棒的中央棒状结构，以及两条以上的旋臂。关于银河系旋臂的数量，有些学者认为它有四条旋臂，另一些学者则认为它只有两条旋臂，还有的学者称银河系有两条主旋臂外加两条副旋臂。不论银河系有多少条旋臂，它们都是根据我们所观测到的方位来命名的。银河系的旋臂名称如下：

● 英仙臂（被认为是银河系的两条主旋臂之一）

● 外缘旋臂 / 矩尺臂

● 盾牌 – 半人马臂（被认为是银河系的另一条主旋臂）

● 船底 – 人马臂

● 猎户臂 / 猎户 – 天鹅臂（太阳系位于其中）

15 000 光

000 光

有趣的事实

研究表明，当星系中旋臂附近的恒星形成活动开始减少，它就将失去旋涡结构，进入星系演化的下一阶段——椭圆星系。

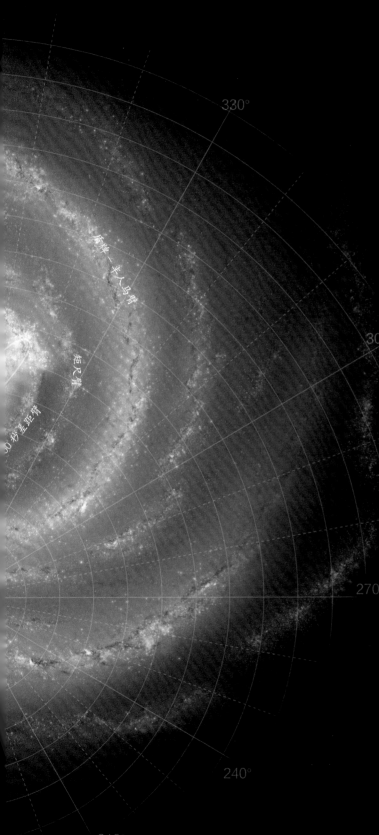

盾牌－半人马臂

矩尺臂

0 秒差距臂

330°

300°

270°

240°

210°

旋臂的位置

英仙臂是银河系中紧靠太阳外侧位置的旋臂。盾牌－半人马臂位于船底－人马臂和英仙臂之间，它与银河系棒相连接的区域是丰富的恒星形成区。

旋涡类型

一般认为，银河系有两种不同的旋涡类型。第一种是内生型，由快速旋转的人马臂形成。第二种是外生型，由转速较慢且旋臂紧紧卷起的船底臂和英仙臂形成。

▶ 与银河系相似的棒旋／旋涡星系

太阳在银河系中的位置

令人惊讶的是，太阳系并不在银河系的两条主旋臂上。和通常的看法相反，太阳系实际上位于一条副旋臂上。我们所在的旋臂被称为猎户臂，位于银河系的英仙臂和船底－人马臂之间。太阳与银心的距离约为银河系半径的一半。猎户臂和英仙臂相互交织，并向天鹅座延伸。

旋臂的重要性

旋臂不但是银河系中恒星形成的主要区域之一，对整个银河系的密度、温度、星际物质的化学构成（如碳、氢和氧等元素），以及其中恒星和气体尘埃云的运动也产生着不可忽视的影响。

银晕

 银河系被一个巨大的球状光晕所包围。这个光晕中分布着由老年恒星组成的球状星团，它们与银心的距离通常不超过10万光年。球状星团之中的恒星非常古老，年龄大多在100亿年以上。除了这些老年恒星，银晕还含有一些热气体以及暗物质。

银晕的构成

银晕是在银盘外围由少量的气体、尘埃或恒星所组成的球状区域。

银晕中的星团是球状星团，因此包含了恒星残骸、小质量恒星和其他小质量的天体。银晕中的恒星并不是初代恒星，因为它们含有重于氢和氦的元素。

银晕中的恒星会从银盘与银核中飞过，但它们大多数时候还是远远高出或低于银盘面。

气体晕

除了恒星晕，银河系还包含由大量高温气体组成的气体晕。气体晕可以延伸至几十万光年之外，接近大麦哲伦云和小麦哲伦云的间距，远远超出了恒星晕的距离。这个炽热气体晕的质量几乎相当于银河系本身的质量。它的温度极高，可达数百万摄氏度。

恒星的聚集

银晕中的恒星也许最先形成于小星系，之后才落入旋涡星系并与之融合，比如，人马矮椭圆星系正在与银河系相结合。观测显示，银晕中的一些恒星便在此过程中被俘获。

有趣的事实

黑洞周围的旋转气体会将其转变成一个发电机，向宇宙发射出几十亿千米远的电力喷流。

银河系之外

"我们是谁？我们发现自己居住在一个不起眼的星球上，围绕着一颗恒星单调地运转，迷失于星系之间，藏匿在宇宙中被遗忘的角落。而宇宙中星系的数量远远多于人类的数量。"

——美国天文学家 卡尔·萨根（Carl Sagan）

◀ 我们可以认为，我们头顶的夜空是观察宇宙的一扇窗户。我们可以在夜空中看到银河系中的繁星。我们所在的银河系浩瀚无边，美妙绝伦，有着数以亿万计的恒星、行星以及其他类型的天体

夜空中的奇观

借助现代天文望远镜，我们可以看到银河系之外的宇宙景象。天文学家们已经观测到许多正处于中年及老年阶段的星系。我们可以通过哈勃空间望远镜看到宇宙中许多奇异壮观的事件。人类现已观测到的数千个星系正处于各自的演化进程中，其中一些星系甚至在我们的宇宙诞生仅 10 亿年后就已存在了。

变幻多姿的星云

太空中已经发现了多种可辨认的星云形态，在年老成熟的恒星光线照射下呈红色。比如蓝色旋涡星

◀ 科丁顿星云（Coddington Nebula）是位于大熊座中的一个矮不规则星系

系，在炽热年轻恒星光芒的映衬下显得十分明亮。在这些当中，我们注意到还有一种奇怪的蝌蚪状的天体，很明显是正在合并的星系，也被称为"火车残骸"。此外，科学家还观测到了很多黯淡的矮星系。

尚待探究的秘密

若想更进一步地了解宇宙，弄清楚其他星系距离我们有多么遥远，形状各异的天体为何时聚时散，它们以怎样的速度向我们靠近或远离，我们显然还需要获得更多的信息。

其中一些天体可以追溯到宇宙最早诞生的一批星系和恒星。我们今天看到的这些星系都是由宇宙中的尘埃和气体聚集而成的吗？它们是否真的像我们看到的那般不起眼，还是正在经历恒星形成的大爆发，只是因为发出的强光被巨大的气体尘埃云遮蔽，才让我们无法见到它们光芒四射的真面目？

星系邻居

银河系在宇宙中并不孤独。它与许多相邻的星系共同属于"本星系群"。该星系群由大约 50 个受到相互引力影响的星系组成，银河系和仙女星系是其中两个质量最大的成员。仙女星系与银河系的结构相似，距离地球约 250 万光年。让我们来认识一下我们在宇宙中的这些星系邻居。

大麦哲伦云

大麦哲伦云实际上是一个矮不规则星系，同时也是银河系的卫星星系之一。一般认为，大麦哲伦云是一个受到破坏的棒旋星系。

小麦哲伦云

小麦哲伦云是离我们最近的星系邻居之一。NGC 602 星团中的恒星形成区位于小麦哲伦云的边缘处。麦哲伦云早在远古时代就为南太平洋原住岛民和澳大利亚原住民所熟知。

仙女星系

许多人认为仙女星系是距离我们最近的邻居。实际上，它只是距离我们最近的旋涡星系。

巴纳德星系

巴纳德星系也被称为 NGC 6822，是一个位于人马座的矮不规则星系，距离地球约 160 万光年。这个矮星系约为银河系的 1/10，仅包含大约 1 000 万颗恒星。

六分仪座 A

六分仪座 A（UGCA 205）是一个位于六分仪座的矮不规则星系，直径约 5 000 光年，距地球约 430 万光年。

人马矮椭圆星系

人马矮椭圆星系是银河系的一个卫星星系。它位于人马座，距离地球大约 7 万光年。2000 年，有天文学家指出处于银河系银晕内的帕洛玛 12 球状星团（Palomar 12）有可能是在 1.7 亿年前从人马矮椭圆星系捕获的。

三角星系

三角星系是位于三角座内的一个旋涡星系，距离地球约 300 万光年。

有趣的事实

三角座星系是本星系群第三大星系，也是本星系群中最小的旋涡星系。

大麦哲伦云

大麦哲伦云（LMC）是一个与我们相距不远的银河系卫星星系。它在最接近银河系的星系中排名第三，距离银河系大约 16 万光年。我们可以在南半球的夜空中看到这个矮星系，它位于剑鱼座与山案座两个星座的交界处，形态更像是一大块昏暗的星云。

大麦哲伦云

大麦哲伦云通常被视作一个不规则星系，但仍遗留有一些棒旋结构的痕迹，如明显的棒状结构和旋臂。它中央的棒状结构看上去有些扭曲，东西两端比中心更接近银河系。大麦哲伦云的不规则外形很可能是由于受到银河系和小麦哲伦云潮汐力的共同影响而产生的。

它的恒星数量约为银河系的 1/10，约有 100 亿颗恒星，直径约为银河系的 1/20。

▲ 大麦哲伦云中的蜘蛛星云，是本星系群里最活跃的恒星形成区之一

活跃的恒星形成区

相比于银河系，大麦哲伦云富含大量的气体和尘埃，并且正在进行着活跃的恒星形成活动。由于汇集了种类繁多的天体和宇宙现象，它曾被美国天文学家小罗伯特·伯纳姆（Robert Burnham Jr.）誉为"天文学的宝库"。

目前，天文学家已在该星系中发现约 60 个球状星团、400 个行星状星云、700 个疏散星团，以及数十万颗巨星和超巨星。超新星 1987a 是近年来在大麦哲伦云中蜘蛛星云附近发现的。

有趣的事实

一般认为，位于大麦哲伦云的蓝特超巨星 R136a1 是宇宙中已知质量最大的恒星。

跨越鸿沟

大、小麦哲伦云被一座气体桥所连接，这是两个矮星系间存在潮汐引力的明证。大、小麦哲伦云有共同的中性氢云包层（envelope），这表明它们被引力长期束缚在一起。连接二者的气体桥也是一个恒星形成区。

小麦哲伦云

小麦哲伦云（SMC）是一个不规则星系，距离银河系约20万光年，是距离银河系最近的星系邻居之一，也是我们能用肉眼看到的最遥远的天体之一。它与大麦哲伦云成对出现，二者统称麦哲伦云。它们是以16世纪伟大的葡萄牙探险家斐迪南·麦哲伦（Ferdinand Magellan）的名字命名的。

小麦哲伦云的特征

小麦哲伦云的直径仅为大麦哲伦云的一半，但是它所拥有的恒星数量则与后者相近。这意味着小麦哲伦云中的恒星密度更高。不过，小麦哲伦云目前的恒星形成速率比较低。这或许是因为它所含的气体比大麦哲伦云要少，它在过去应该有过相对快速的恒星形成阶段。

小麦哲伦云含有丰富的气体，其中氢和氦的比例相对于银河系来说明显偏高。另外，它的金属含量要比银河系少。

小麦哲伦云位于杜鹃座的方向，在夜空中呈现为一块朦胧的光斑

有趣的事实

在南半球的原住民神话中，大、小麦哲伦云是一对年迈夫妻的营帐，银河系中的太空居民经常会给他们送去食物。

小麦哲伦云的形成

大、小麦哲伦云都被划分为不规则星系，即形态不规则，存在着大量气体和尘埃的星系。一些现象表明二者一度是具有中央棒状结构的棒旋星系。但是随着时间的推移，在银河系强大的引力作用下，它们的结构都受到了破坏，演变成了如今的沿轨道环绕银河系运动的不规则星系。

迷你麦哲伦云

据天文学家推测，小麦哲伦云有可能分裂为相距大约3万光年的两部分，从地球观测的视角看，其中较小的一部分位于分裂后的主体的后方。这个新形成的较小天体可以被称为"迷你麦哲伦云"（MMC）。

仙女星系

 仙女星系（M31）是一个位于仙女座的旋涡星系，距离地球约 250 万光年。它是距离银河系最近的旋涡星系，因位于仙女座而得名。仙女星系是本星系群中最大的星系。

恒星形成

有研究表明，仙女星系于 90 亿～50 亿年前在两个较小星系的碰撞中形成。与银河系相比，仙女星系中的恒星形成速度要慢很多，仙女星系每年只能形成 1 个太阳质量的恒星，而银河系能产生 3～5 个太阳质量的恒星。银河系中超新星的比例比仙女星系高 1 倍，但仙女星系中恒星的数量可能高达 1 万亿颗，远远超过了银河系。

棒旋星系

仙女星系属于棒旋星系，它中央的棒状结构几乎与其长轴方向相吻合。仙女星系的旋臂向外延伸出一连串的电离氢区，形如"一串珍珠"。研究显示，仙女星系的两条旋臂紧紧地缠绕在一起，相对而言，银河系的旋臂则是被远远分隔开的。

星系核

仙女星系最为中心的区域有一个致密的星团。它的星系核的亮度比最明亮的球状星团还要高。仙女星系大概汇集着 460 个球状星团。这些星团中质量最大的 G1 星团拥有数百万颗恒星，是本星系群中最明亮的球状星团之一。

卫星星系

仙女星系的卫星星系由 14 个已知矮星系组成。其中最有名且最容易观测到的卫星星系是 M32 和 M110。

有趣的事实

仙女星系和银河系相距约 250 万光年。在引力的推动下，这个星系正在以大约 402 000 千米／时的速度向我们飞驰而来！

▼ 仙女星系

仙女星系与银河系的碰撞

仙女星系与银河系的碰撞预计约在 40 多亿年后发生。这是本星系群中两个最大的星系成员——银河系和仙女星系之间发生的星系碰撞。

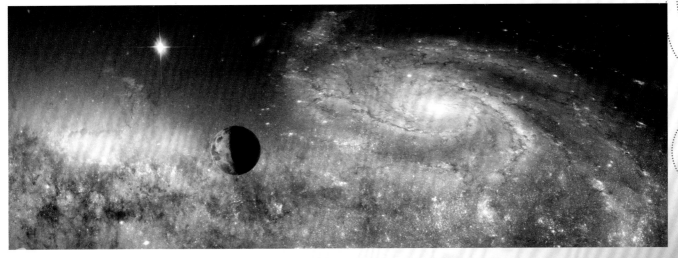

▲ 银河系中的地球以及正在向它逼近的仙女星系的艺术再现

恒星不会碰撞

虽然仙女星系大约有 1 万亿颗恒星，而银河系只有 1 000 亿 ~ 4 000 亿颗恒星，但是由于恒星之间的距离十分遥远，所以其中两颗恒星发生碰撞的可能性微乎其微。

黑洞碰撞

仙女星系和银河系的中央都有超大质量黑洞，它们将在新形成的星系中心的附近合并。当二者相距约 1 光年时，它们会发出引力波。合并后的黑洞将吞噬掉大量气体，并很有可能会形成一个光芒夺目的类星体或活动星系核。

太阳系的命运

基于目前的计算，科学家预测在新的合并星系中，太阳系有 50% 的概率会被抛到 3 倍于它目前与星系核的距离的位置。它也有 12% 的概率会在星系碰撞的某个时刻被抛出这个全新的星系。然而，这对于太阳系并不会产生更坏的影响，因为即使没有任何干预，在两个星系碰撞时，过热的温度早已使地球表面的液态水蒸发殆尽，地球上所有的生命都将走向灭亡。

合并后的形态

根据计算机模型的模拟，两个星系在碰撞后形成的天体是一个巨大的椭圆星系，但是与我们目前观测到的椭圆星系相比，它拥有的恒星更少。不过，它仍然有可能形成一个规模巨大的星系盘。

仙女星系和银河系 ▶
碰撞的艺术再现

有趣的事实

再过数十亿年，银河系和仙女星系就将碰撞形成一个超级星系！

巴纳德星系

 巴纳德星系是一个距离地球约 160 万光年的矮不规则星系。巴纳德星系位于人马座，是本星系群的成员之一。它在 1881 年由天文学家爱德华·巴纳德（Eadward Barnard）用一架折射望远镜发现，并因此得名。它距离银河系较近，直径约为 7000 光年，结构和组成与小麦哲伦云类似。

恒星形成区

巴纳德星系中微红的星云透露出活跃的恒星形成区存在的迹象。其中，炽热的年轻恒星加热了周围的气体云。星云中心的大质量炽热恒星发射出物质波，它们撞击周围的星际物质，并使其发光。从我们的视角看来，这些发光物质的形态恰如一个环，即所谓"气泡"。其他被加热的星际物质被年轻恒星抛出，它们激起的涟漪分散在巴纳德星系的各个角落。

由于与其他星系的近距离交会，巴纳德星系等矮不规则星系形成了水滴般的形状。星系间的引力可以极大地改变从近旁经过或与其发生碰撞的星系外形，拉扯并抛出其中的恒星，从而形成如巴纳德星系这种不规则的矮星系。

巴纳德星系中的星团

20 世纪 20 年代，美国天文学家埃德温·哈勃（Edwin Hubble）在巴纳德星系中发现了 3 个星团。他认为它们都是与银河系的球状星团相类似的、非常古老的天体。然而，哈勃空间望远镜拍摄到的图像显示，这 3 个星团的年龄差异极其巨大。哈勃罗数区中的恒星大约形成于 135 亿年前，几乎与银河系和我们这个宇宙的年龄不相上下。银河系似乎在大爆炸之后的几十亿年中形成了其中大多数的大型星团，而巴纳德星系则一直在形成新的大质量星团。目前巴纳德星系中最大的活跃恒星形成区位于哈勃罗数区。哈勃Ⅶ区核心部位有一个近似于圆形的明亮云团，直径约为 110 光年。这块星云中孕育着一个由数千颗年轻恒星组成的中央星团，这个星团的年龄还不到 400 万年。

▼ 遥远太空中的巴纳德星系

人马矮椭圆星系

人马矮椭圆星系是一个以椭圆形环圈环绕银河系的小型卫星星系。它位于人马座，距离地球约 7 万光年，但是正在以约 140 千米 / 秒的速度远离我们。人马矮椭圆星系的直径约为 1 万光年，相对于银河系来说，它似乎更加古老，同时也更缺金属元素。人马矮椭圆星系包含 4 个已知的球状星团，其中梅西叶 54（M54）位于星系的核心。

环绕银河系的星系

一些天文学家认为，人马矮椭圆星系已经在距银河系核心 5 万光年的轨道上环绕后者达数十次，它的轨道周期是 5.5 亿 ~ 7.5 亿年。大约 19 亿年前，它曾经撞入银河系的银盘，之后它继续在银河系的"北极"上方沿轨道环行，且在 9 亿年后再次撞击了银河系。天文学家指出人马矮椭圆星系之所以能维系它目前的形态，没有完全被银河系破坏，是因为这个星系含有极高浓度的暗物质。据估算，人马矮椭圆星系在大约 1 000 万年之后还将在银盘的南侧与银河系发生第三次撞击。

银河系的旋臂是如何形成的？

人马矮椭圆星系多次被引力牵引撞入银盘的经历使它付出了高昂的代价。它在与银河系的撞击中被撕裂，因而向银河系的新旋臂输送了大量的恒星和暗物质。人马矮椭圆星系的质量最初是太阳的 1 亿倍，但现在已经缩减到原来的 1/2 或 1/3。天文学家近期进行的超级计算机模拟显示，人马矮椭圆星系首次撞入银河系时，80% ~ 90% 的暗物质被从原星系中剥离出来，在银盘中造成了极大的不稳定性。恒星流入银河系周围的长圈，而它的自转渐渐把它们拉成我们熟悉的旋臂状。据称，人马矮椭圆星系与银河系的第二次撞击造成的影响要小得多，因为这时它已经丢失了其中绝大多数的暗物质。

▼ 从地球上看到的人马矮椭圆星系

有趣的事实

关于人马矮椭圆星系的形成，还有这样一个有趣的理论：人马矮椭圆星系有可能是大、小麦哲伦云相撞或它们与银河系发生撞击时从大麦哲伦云分离出的碎片中形成的。

六分仪座 A

六分仪座 A 是一个不规则的矮星系，直径约为 5 000 光年。它距离地球约 430 万光年，是本星系群中最遥远的星系之一，因其独特的方形外观而闻名于世。超新星中有大量短命的恒星爆炸，形成了更多的恒星，这又触发了更多超新星的形成，最终导致壳层的膨胀。目前年轻的蓝星在恒星形成的区域和壳边发出明显的光，在地球上的观测者看来，这些区域和壳边大致是方形的。

六分仪座 A 的形状及恒星形成

与旋涡星系和椭圆星系不同，不规则星系没有规则对称的形状。最常见的不规则星系里通常只有 1 亿 ~ 10 亿颗恒星。除了形状之外，不规则星系的另一主要特点就是持续的恒星形成过程。六分仪座 A 大约只有 1 亿颗恒星的质量，相当于银河系质量的 1‰，但是它含有较多的气体和尘埃，这些都是恒星和行星形成的原材料。六分仪座 A 的中央区域含有高浓度的中性氢气体，这也有助于新恒星的形成。

观测六分仪座 A

银河系附近的许多矮不规则星系含有远较银河系丰富的中性氢气体。中性氢气体的分布可一直延伸到星系中星光黯淡之处。近年来，天文学家借助射电望远镜观测并发现，六分仪座 A 亦是如此。我们尚没有弄清楚中性氢气体的来源以及它们对恒星形成的影响。天文研究者小宫山丰（Yutaka Komiyama）目前正利用日本国立天文台在美国夏威夷建造的昴星团望远镜（Subaru Telescope）对六分仪座 A 进行观测，试图利用主焦点照相机的观测数据寻找答案。

充满神秘气息的星系

六分仪座 A 在刚被发现时曾引起相当大的轰动，因为它的方形外观相对罕见。更加神秘的是，六分仪座 A 似乎曾遭受过某种撞击，因此形成了大量短命的大质量恒星。这些恒星在其生命终点爆炸并形成超新星。不过，我们目前还不知道是什么原因激起了这一连串连锁反应。

从太空看到的六分仪座 A。六分仪座 A 因其独特的方块形外观而得名

有趣的事实

我们在图中看到的那颗明亮的黄星其实并不属于六分仪座A。这颗星属于我们银河系，因为制图的原因，故在上图中出现。

三角星系

三角星系是本星系群中的第三大星系，同时也是其中最小的旋涡星系。它是我们在地球上用肉眼可以观测到的最遥远且最稳定的天体。由于与仙女星系有相互作用以及处于相邻的位置，三角星系被认为是仙女星系的卫星星系之一。

三角星系的可见度

在极佳的观测环境下，这个星系能用肉眼直接观测到。然而，作为一个弥漫性天体，只要遇到轻微的光污染，三角星系的可见度便会大打折扣。

▲ 这幅图清晰地展示出三角星系的蓝色星团和粉红色的恒星形成区。这些区域勾勒出该星系松散缠绕的旋臂

它是如何被发现的？

早在 1654 年之前，意大利天文学家乔瓦尼·巴蒂斯塔·霍迪尔纳（Giovanni Battista Hodierna）就已发现了三角星系。他在其著作《关于彗星轨道的系统学以及天空中令人赞叹的天体》（*Desystemateorbis cometici; deque admirandis coelicaracteribus*）中，将三角星系列为类似于星云的天体，并给出隐晦的描述。1764 年 8 月 25 日至 26 日，法国天文学家查尔斯·梅西叶（Charles Messier）独立发现了它，并将其编入了他著名的《星团星云表》中，它的编号为 M33。三角星系里大约含有 400 亿颗恒星。相形之下，本星系群中排名前两位的仙女星系和银河系则分别含有 1 万亿颗和 1 000 亿～ 4 000 亿颗恒星。

三角星系的未来

三角星系的命运仍是一个未知数，但是似乎与其更大的星系邻居——仙女星系密不可分。可能出现的情形之一是，三角星系未来会被仙女星系撕扯并吞噬，为仙女星系形成新的恒星提供氢气，最终耗尽它的所有气体，失去形成新恒星的能力。三角星系无法参与到银河系与仙女星系的碰撞中，它极有可能环绕两者合并后的星系运行，并在很久以后与之融合。它在未来的另外两个可能性是：在仙女星系之前与银河系发生碰撞，或者在碰撞时被抛射出本星系群。

星云

星云（nebula）是由宇宙尘埃、氢气、氦气和其他等离子体聚集而成的星际云。它一度也被用来泛指任何天文学上的扩散天体，如在银河系外的星系。由于粒子之间的引力作用，星际物质会向密度略大的小团块汇聚，经过漫长的岁月便可形成星云。星云是恒星的孕育之地，恒星形成后的剩余材料还可以形成行星和其他小型天体。

星云周期

有趣的是，星云并不只是恒星形成的起点，它们也可以被看成是终点。可能存在着星云—恒星—星云的循环。举例来说，当一颗恒星演变成红巨星并走到它生命的尽头时，它的核心周围的壳层会逐渐剥离，形成环绕在外围的一层膨胀的电离气体，即行星状星云。行星状星云只是星云4种主要类型中的一种，其他3种类型的星云分别是：暗星云、反射星云和发射星云。

星云的构成

有相当一部分星云是不发光的，有一些星云会遮挡住来自其他恒星的光，另一些星云则反射邻近恒星的光。但被称为"电离氢区"的发射星云能够通过其内部形成的年轻恒星发出光芒。发射星云在所有星云中规模最大，也最为引人注目，可以发出各种颜色的光芒。大多数星云的构成通常是接近90%的氢、10%的氦以及少量的重元素，如碳、氮、镁、钾、钙和铁。最为天文爱好者所津津乐道的一些星云包括蟹状星云、鹰状星云、猎户星云、环状星云和玫瑰星云等。

有趣的事实

1764年，英国天文学家威廉·赫歇尔错误地用"行星状的"这个词来描绘星云，因为他当时误以为位于星云中心的天体是一颗行星。

▼ 我们可以通过这组图片来了解丰富多彩的星云，它们从左至右分别是：蟹状星云、鹰状星云、猎户星云、鹈鹕星云、环状星云和玫瑰星云

星团

 恒星在引力场的作用下，往往会聚集在一处。这些汇聚成群的恒星被统称为"星团"。球状星团是由数万颗至数百万颗恒星聚集在直径为 10 ～ 30 光年的空间里而形成的外观大致呈球形的恒星集团。球状星团在宇宙中相当普遍，银河系中大约有 150 个球状星团，其中有些之前甚至可能是被银河系破坏的小星系。

蝴蝶星团

蝴蝶星团（M6）是位于天蝎座的一个疏散星团，因外观形如蝴蝶而得名。

1654 年，意大利天文学家乔瓦尼·巴蒂斯塔·霍迪尔纳首次记录了这个星团。这个星团距地球的平均距离是 1600 光年，直径为 12 光年，大约有 1 亿年的历史。在每年的 6 月、7 月和 8 月，我们在南半球可以获得该星团的最佳观测效果。

昴星团

昴星团（M45），也被称为"南天七姐妹星团"。昴星团拥有数百颗恒星，其中有 9 颗是用肉眼就可看到的亮星。昴星团在古代各大文明的神话中经常被提及和拟人化，所谓"七姐妹"就是希腊神话中提坦神阿特拉斯和大洋神女普勒俄涅所生的七个女儿。这个以炽热的蓝星为主的星团大约形成于 1 亿年前，直径约为 13 光年，距地球约 440 光年。

密近双星

如果双星系统中的两颗恒星近到可以通过潮汐力传送物质并影响到对方的演化，我们就将它们称为"密近双星"。天文学家曾发现了一对由白矮星构成的密近双星。白矮星是密度极高的恒星残骸，如果它在未来与其伴星合并，这个过程会启动热核爆炸，形成 Ia 型超新星。

双星

辇道增七（又称天鹅座 β）以肉眼观看是一个单独的光点，然而只需借助低倍的望远镜，我们就会发现它是一个双星系统。双星是指有着互动轨道，且被彼此的引力束缚在一起的两颗恒星。辇道增七距地球约 380 光年，包括一颗呈琥珀色的主星和一颗呈蓝绿色的伴星。根据过去 200 年的研究，宇宙中半数以上的可见恒星其实都是双星系统。

球状星团

球状星团多被发现于星系晕中，数量相对于疏散星团要少得多。由于受到引力的紧紧束缚，其中的恒星向中心高度集中，因此外观呈球状。球状星团通常有数十万颗低金属的老年恒星，没有已知的球状星团显示有活跃的恒星形成活动，这符合天文学界对球状星团中的恒星在星系中年龄最老的这一判断。少数明亮的球状星团可以用肉眼看见，因此在没有发明望远镜的年代里，它们往往被误认为是恒星。

恒星的诞生场所

恒星诞生于星际物质分布最密集的星云之中。星际物质（ISM）是处于星系中恒星系统之外的物质和辐射的统称，包括占总质量 99% 的各类气体以及 1% 的尘埃颗粒。分子云，是星际云的一种，是恒星乃至星系的诞生场所。分子云中包含有大量的氢分子和经由核聚变合成的元素。

马头星云 ▼

猎户星云 ▶

马头星云

马头星云是位于猎户座的暗星云。它由美国天文学家爱德华·巴纳德首次拍摄到，因此又被称为巴纳德 33（B33）。该星云坐落于猎户座腰带最东边的参宿一之南，是更大的猎户座分子云团的一部分。马头星云距离地球约 1500 光年。

最容易识别的星云之一

马头星云中的暗黑尘埃和旋转气体形成了有如马头般的图案，很容易辨别。该星云的粉红色光芒是星云后部的氢气被邻近的亮星猎户座 σ 电离产生的。马头星云基部的亮点则是一些正在形成过程中的年轻恒星。

猎户星云

猎户座是夜空中辨识度最高的星座之一。参宿四和参宿七是猎户座中最亮的恒星，也是天空中最亮的恒星之一。猎户座腰带上的 3 颗恒星位于二者之间。由这些猎户座腰带上的恒星再向南方偏移一点，就可以找到亮度相当高的猎户星云（M42）。猎户座在夜空中的位置越高，我们便越容易看到这团有如展翅飞翔的火鸟一般的星云。每年的 12 月上旬至次年的 4 月上旬是观测猎户星云的最佳时期。

恒星孕育场

猎户星云是诞生新恒星的恒星孕育场。它距离地球约 1300 光年，直径约为 24 光年，是最靠近地球的一个恒星形成区。由于易于观测，猎户星云是最受天文学家及爱好者青睐的深空天体之一。该星云中央有一个被称为猎户四边形星团的年轻疏散星团，它实际上是一个四合星系统。近年来，天文学家已在四合星附近直接观测到原行星盘、棕矮星等的踪迹。2012 年，一个国际天文学家团队宣称他们认为猎户四边形星团的中心可能存在一个黑洞。

创生之柱

"创生之柱"是指 1995 年由天文学家杰夫·赫斯特（Jeff Hester）和保罗·斯科恩（Paul Scowen）利用哈勃空间望远镜拍摄下来的一张著名的天文照片。这张照片展现了一个大型的恒星形成区。小块的暗黑区域据称正在生成原恒星。这些柱形体由星际间的氢气和尘埃组成，是新恒星的孵化器。天文学家发现了其中的致密气体囊，并恰当地称之为柱顶的"蒸发气态球"。一般认为，恒星就是在这里形成的。

▲ 2007 年的一项研究表明，一颗超新星很可能在 6 000 年前就已经将这些创生之柱炸毁。然而，由于光的传播需要时间，当我们看到这些柱子的消亡时，或许将是 1 000 年之后了

有趣的事实

随着地球的自转，恒星每 23 小时 56 分 4.09 秒就会再次出现在夜空中的同一位置。这就是地球自转的恒星周期，即一个恒星日。

船底星云

船底星云（NGC 3372）是位于船底座的一个壮观的弥漫星云，是夜空中最大最明亮的星云之一，距地球约 8 500 光年。船底星云比著名的猎户星云大 4 倍且更为明亮，只是因为它位于船底座南侧，所以不那么为人们所熟知。船底星云是整个银河系中最大的电离氢区之一。1751—1752 年，法国天文学家尼古拉·路易·德·拉卡耶（Nicolas Louis de Lacaille）在为期两年的好望角之旅中发现了这个星云。船底星云含有多个疏散星团，而其中的海山二（船底座 η）则是银河系内质量最大和最明亮的恒星。据估计，海山二的质量是太阳质量的 100 ~ 150 倍，而它的亮度则是太阳的 400 万倍。

船底星云 ▶
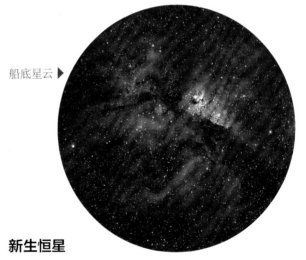

新生恒星

IRS 4 是一颗罕见的新生恒星，大约诞生于 10 万年之前。从这颗新恒星中喷流出来的物质，形成了环绕在它周围的沙普利斯 2-106 星云（Sharpless 2-106）。这些环绕着 IRS 4 的尘埃气体云，形如一只展开翅膀的蝴蝶。

▲ IRS 4 是一颗存在时间比人类历史还短的恒星

太阳系

 太阳系是指由恒星太阳以及所有环绕它运行的天体所组成的恒星系统。我们的太阳系包括太阳、八大行星以及它们的天然卫星（如月球）、矮行星、小行星和彗星，等等。太阳系是 45.6 亿年前在一个巨大分子云的引力坍缩中形成的。

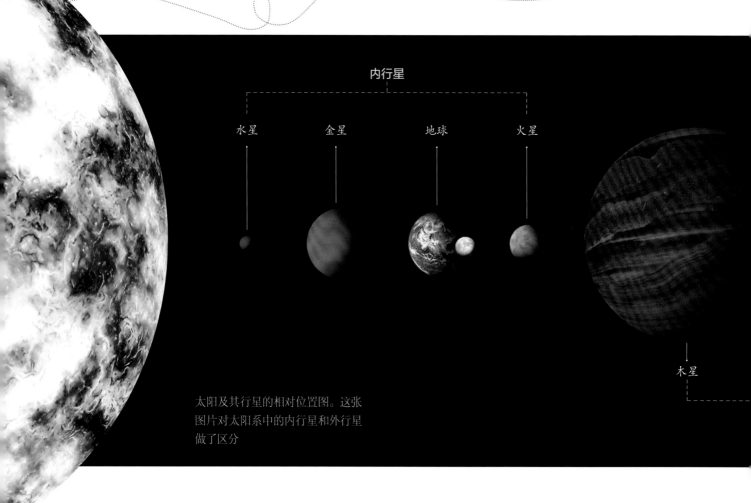

内行星

水星　　金星　　地球　　火星

木星

太阳及其行星的相对位置图。这张图片对太阳系中的内行星和外行星做了区分

内行星

内行星指四颗体积较小、距离太阳较近的行星，即水星、金星、地球和火星。它们也被称作岩质行星，主要由岩石和金属组成。

太阳占据太阳系总质量的 99.86%，并以引力主宰着太阳系。而四颗外行星作为环绕太阳运行的最大的行星又占据了剩余质量的 99%，其中木星和土星共同占据着剩余质量的 90% 以上。因此，太阳系中固态天体（包括岩质行星、卫星、小行星和彗星）的质量之和还不到太阳系总质量的 0.0002%。与地球相比，无论是质量还是大小，太阳都无疑是巨大的，其质量大约是地球质量的 33.3 万倍。如果要填充一个太阳般大小的空心球，我们大概需要 130 万个地球。太阳表面的一些太阳黑子具备和地球差不多的体量。

如果将地球置于太阳的直径上，大概需要 109 个地球才能完全覆盖太阳的直径。

外行星

四颗外行星要比岩质行星巨大得多。每颗外行星都被由尘埃和其他小型天体组成的行星环围绕着。所谓尘埃是指星尘和冰状颗粒，它们在引力的作用下被吸附在外行星的周围。

最外层的两颗行星分别是天王星和海王星，它们主要由冰和岩石组成。它们被称为冰巨星，而不是土星和木星那样的气态巨行星，因为它们含有一定的水、氨和甲烷冰。

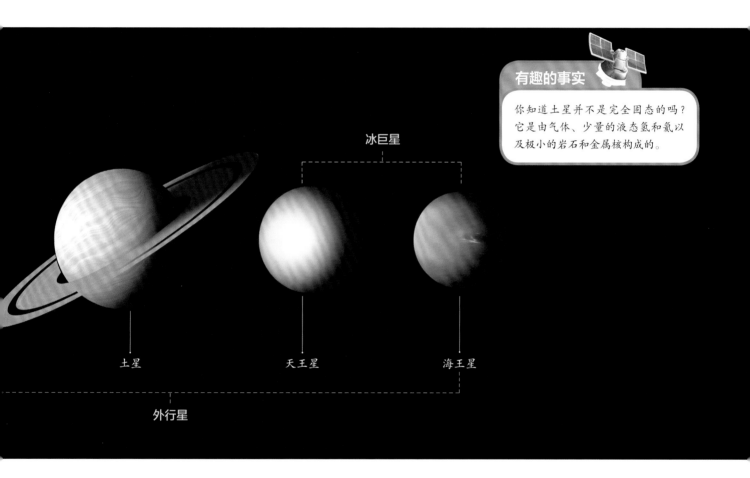

冰巨星

有趣的事实

你知道土星并不是完全固态的吗？它是由气体、少量的液态氢和氦以及极小的岩石和金属核构成的。

土星　　　　天王星　　　　海王星

外行星

太阳系中还有一些小型天体聚集的区域。介于火星和木星轨道之间的区域被称为小行星带，其中的小天体由岩石和金属构成，成分与岩质行星相近。据推测，在海王星轨道外另有柯伊伯带和奥尔特云这两个孵化彗星的区域。

一些小型天体由于质量足够大，在自身引力的作用下演变成球状。这一类的小天体被称为矮行星。我们熟悉的矮行星包括谷神星，以及海外行星——冥王星和阋神星等。

太阳

太阳是位于太阳系中心的恒星，是太阳系的绝对核心。它可以被看作一个热等离子体与磁场交织的、近乎理想的球体。太阳的直径大约是 1 392 684 千米，相当于地球直径的 109 倍。太阳的质量大约是 2×10^{30} 千克，约为地球的 33.3 万倍。

太阳到地球的距离

由于地球以椭圆形的轨道环绕太阳运行，每年 1 月离太阳最近，7 月最远，因此两者的距离在 1.47 亿 ~ 1.52 亿千米之间变化。天文学上将太阳与地球的平均距离——大约 1.496 亿千米，称为一个天文单位（AU）。

围绕银河系的公转

太阳至银心的平均距离为 2.6 万光年。它围绕银心的公转周期则为 2.25 亿 ~ 2.5 亿年。

太阳的构成要素

1. 米粒组织

太阳可以如洋葱般被划分为多个结构分层，从内到外为核心、辐射区、对流层、光球层、色球层、日冕层。光球层即我们在可见光下观测太阳时所见到的太阳"表面"。在光球层，可以观察到太阳黑子、光斑和小型明亮的云状物。太阳的表面就像一个沸腾的锅炉，不断在发生变化。太阳的米粒组织是指光球层中呈颗粒状的结构。这是太阳对流层的等离子体浮现至光球层造成的现象。太阳核心的聚变反应不断向外释放能量，这些能量不断向上传导，正如锅中沸腾的热水形成的水蒸气可以加热锅中的食物和上方的空气一样。

2. 针状体

针状体是从太阳的光球层喷出的速度大约为 20 千米 / 秒，直径可达 500 千米的动态喷射物，它们通常具有极其强烈的磁场。典型的针状体可以伸展到光球层之上 3 000 ~ 10 000 千米的高度，但它们的生命仅有 5 ~ 10 分钟，之后会再度跌回太阳内部。科学家认为它们将太阳核心区域的物质送入了日冕层，继而引发了太阳风。

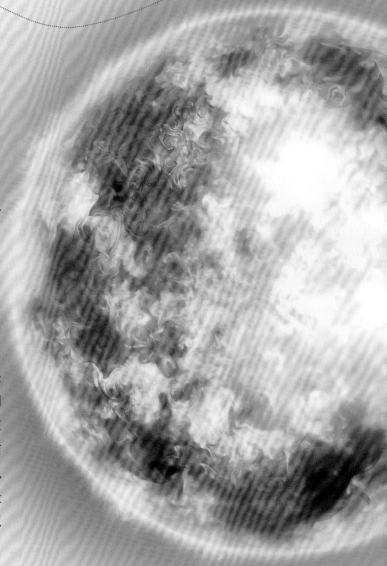

3. 太阳黑子

太阳黑子就是太阳表面看上去较暗的区域。这些区域的温度比周围的光球层大约低 1 500℃。太阳黑子的晦暗只是相对的，它们的实际温度大约为4 000℃，本身是相当明亮的。目前观测到最大的黑子直径可达数十万千米，仅凭肉眼就能观测到。

太阳黑子很少单独活动，常是成群出现。黑子的活动周期为 11.2 年，活跃时会对地球的磁场产生影响。

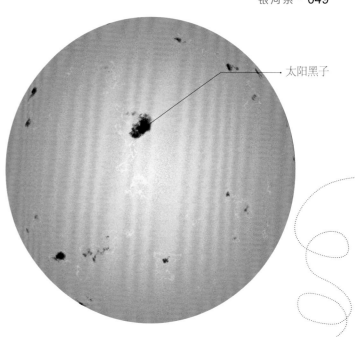

太阳黑子

4. 太阳耀斑

耀斑是指发生在太阳大气局部区域的一种最剧烈的爆发现象，在短时间内释放大量能量，引起局部区域瞬时加热，向外发射各种电磁辐射。耀斑持续的时间只有几分钟到几十分钟，但在这短暂的时间里却能释放出极其巨大的能量，相当于上百亿颗巨型氢弹同时爆炸。耀斑的发生频次随太阳活动周期的变化表现出 11 年左右的周期性变化规律。耀斑发射的 X 射线和紫外线辐射会影响地球的电离层，扰乱远距离的无线电通信。

5. 日冕层

日冕层是太阳向外扩展的大气层，它的体积远比太阳本身要大。它主要由等离子体构成，温度超过100 万摄氏度。日冕层的温度虽然很高，但密度很低，因此所含的热量很少。受太阳磁场的影响，它的大小与形状一直在变化。它的亮度只有月球亮度的一半，靠肉眼难以辨别，但是在日全食期间，由于月球挡住了来自光球层的光线，我们便可以用肉眼观测到太阳周围的光环。现在，在没有日食的情况下，我们也可以借助日冕仪这一类的专业仪器来研究日冕。

有趣的事实

有意思的是，太阳每秒钟都会失去 400 多万吨的物质，这是由于太阳核心的核聚变会将物质的质量转换成能量。当两个氢原子被合并成为一个氦原子时，这个过程便会释放巨大的能量。

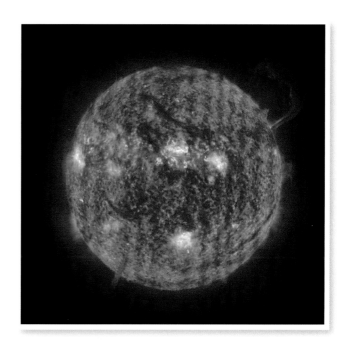

在太阳黑子活动频繁的时期，太阳耀斑往往也表现得比较活跃 ▶

太阳从何而来？

太阳是银河系中上千亿颗恒星中的一颗。它是相对年轻的恒星，属于星族Ⅰ，富含重于氦的元素。有人认为，太阳只是银河系中一颗极"普通"的恒星，因为银河系有太多与其相似的恒星。不过，银河系中小质量恒星的数量远远多于大质量恒星，而银河系里接近于平均质量的恒星可能还不及太阳质量的一半大。

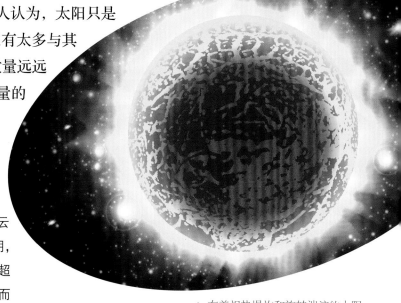

▲ 有着炽热爆炸和旋转湍流的太阳

太阳是如何形成的？

大约 45.6 亿年前，太阳在一个坍缩的巨型分子云中诞生，这个分子云的主成分是氢和氦。有研究表明，太阳形成时，这个分子云附近一定出现了 1～2 颗超新星。超新星发出的激波压缩了分子云中的物质，从而引发了其中特定区域在自身引力下的坍缩。大部分物质聚集在中心区域，形成高温、高密度的太阳，而坍缩变小的星云越转越快，开始变得扁平，并演化成环绕太阳运行的行星盘。太阳核心内部的重力和压力产生了巨大的能量，从而引发了核聚变，它不断消耗内部的质量，最终太阳进入了主序星的阶段。

有趣的事实

如果要填满一个空心的太阳，我们需要大约 130 万个地球。

太阳有多热？

太阳其实是白色的。由于地球大气散射掉了其中的蓝光，因此在地球上看，太阳的颜色更接于橙色或红色。在光谱分类系统中，太阳的光谱型是 G2V。G2 是指其表面温度大约是 5 500℃，而 V 意味着太阳是一颗主序星，通过氢原子核聚变为氦的热核反应产生能量。

太阳的命运

大约 50 亿年后，太阳将膨胀为一颗红巨星。接着，它将因进一步的消耗褪去外层气体，核心则坍缩成一颗白矮星，在数十亿年中逐渐冷却和黯淡下去。这正是小质量与中质量恒星演化的典型路径。

◀ 太阳有着充足的核燃料，还能以现在的状态保持 50 亿年

能量之源——太阳能

现代能源的发展是以煤、石油和天然气的发现和开发为标志的。这些化石燃料由古代的动植物遗骸形成，深埋在地下已达数百万年。它们是以特定形式存储在地球上的太阳能。正是借助着这些能源，我们才得以快速地推动现代社会向前发展。

转换太阳能

我们现在可以利用光伏系统和聚光太阳能发电系统，直接或间接地将太阳能转化为电能。

植物的生长

植物的生长依赖阳光。植物利用体内的叶绿素通过光合作用将二氧化碳和水转化为有机物质。地球上的食物链以植物为开端。可以说，太阳能是地球上所有生命体所需能量的终极来源。

紫外线辐射的影响

紫外线照射对人体既有好处也有危害。一方面它有助于维生素 D3 的合成，但另一方面却有可能诱发机体的突变。

有趣的事实

在地球上，直接暴露在阳光下的区域每秒接收到的能量大约为 1 368 瓦／平方米！

▼ 用于大规模发电的太阳能电池板

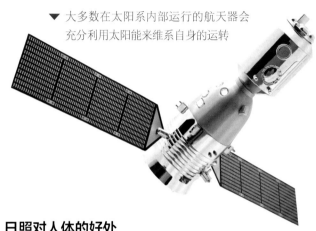

▼ 大多数在太阳系内部运行的航天器会充分利用太阳能来维系自身的运转

日照对人体的好处

日照可以加速人体内维生素 D 的合成。这种物质对人体健康有很多好处，既可以强健骨骼，也可以预防某些癌症的发生。日照还与褪黑色素的分泌以及昼夜节律相关，后者是人体为了应对环境中的明暗变化所做出的生理、心理和行为反应。

日照对人体的危害

科学家发现长期的日光暴露与皮肤癌、皮肤老化、免疫抑制以及白内障和眼部肌肉萎缩等眼科疾病相关，而短时间内的过度暴露则有可能导致晒伤和雪盲。

太阳周期

太阳周期一般是指太阳黑子活动的周期。在太阳上可以看见的太阳黑子数量并不是固定的，它以平均约 11 年的周期变化。由于太阳的光度与磁场活动有直接的关系，太阳周期可以对地球的气候产生重大的影响。

太阳耀斑和日冕物质抛射

太阳耀斑是太阳爆发活动的一种形式。长期的观测发现，大多数耀斑发生在黑子群的上空。平均而言，一个正常发展的黑子群几乎几小时就会产生一个耀斑。日冕物质抛射（CME）是指巨大的、携带磁力线的泡沫状气体被太阳抛射出来的现象。它可以使很大范围的日冕受到扰动，极大程度地改变太阳风的流动。

详解太阳周期

太阳黑子的数量会随着时间的变化而呈现出规律性的上下波动，这种现象就被称为太阳周期或太阳黑子周期。一个太阳周期大约为 11 年，但是每个具体的周期长短会略有不同。更多太阳黑子的出现意味着太阳活动（耀斑和日冕物质抛射）的增加。在任意一个周期内，太阳黑子数量最多的时期被称为"太阳活动极大年"，黑子数量最少时，这个时期就被称为"太阳活动极小年"。

▲ 太阳活动变化的对比图

对地球的影响

在太阳活动极小年，太阳发射出的紫外线减少导致臭氧浓度降低，使得到达地球表面的紫外线辐射量增加。

地球气候

一般认为，太阳活动的长短期变化都会对地球气候产生影响，但是也很难量化两者之间的联系。

◀ 正在爆发的太阳耀斑

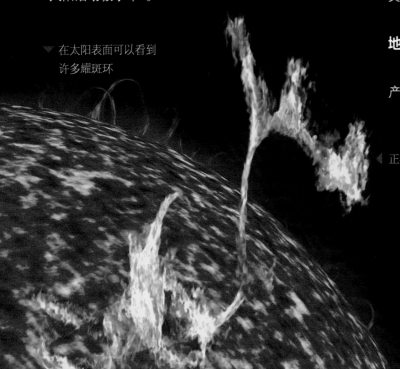
▼ 在太阳表面可以看到许多耀斑环

有趣的事实

大概每隔 11 年，也就是一个太阳周期，太阳的南北磁极就会翻转一次。

太阳观测

太阳观测有一些正确的方式，也有许多错误的方式。长时间在太阳光下的直接暴露会对视网膜造成永久性损伤，导致视力衰退甚至失明。想要安全观察太阳，我们需要在光线进入眼睛之前，过滤掉其中的99%以上。

用投影法观测太阳

观测太阳最简单、最安全的方法就是观察它投射在纸上的图像。这种方法在日食期间特别有效：投射出的图像会显示出日食的所有阶段，就像看着太阳本身一样。

小孔成像法

在一间设有朝阳窗户的暗室里，在窗户的顶端放置一张打了一个小孔的纸片，光线通过这个小孔照射进来。将另一张纸片放在这张纸片后面的暗处，太阳的影像就能投射在上面。

有趣的事实

在某些宗教文化中，人们练习长时间地直视太阳，他们又被称为"食光者"，意思是不摄取食物只需吃阳光就能存活的人。它也被当作灵修的一部分。

观测设备

双筒望远镜和普通望远镜会集中太阳的强光，因此更有必要加装滤光器。最简单实惠的方法是采用为望远镜特制的滤光片。

这些滤光片能够呈现用"白"光所观测到的太阳可见表面，即光球层。根据滤光片的不同类型，太阳的成像可能会呈现为淡黄色、橙色或蓝色。有了滤光片这种设备，人们可以持续数小时毫无风险地观测太阳。

最近，天文学界开始使用一些可在非常窄的波段下观测太阳的特制观测设备。

▲ 透过这个天然洞穴中的孔洞，人们可以安全地观测太阳

太阳投射

小型望远镜特别适于用投影法观测太阳。

无论用双筒望远镜还是普通望远镜进行投影，使用遮光器来阻挡背景光落到投影表面，都有助于改善观测者的视野。

通过加装特制滤光片 ▶
的望远镜观察太阳

日食

日食是一种在地球上可以观测到的天文现象，此时月球刚好运行到太阳和地球中间。日食属于掩星现象中的一种。日食只在朔日，即月球与太阳呈现重合的状态时发生。假如地月距离再稍近一些，并且两者在同一平面沿圆形轨道运行，那我们每个月都会看到日食。

日食的类型

日环食发生时，月球运行到太阳正前方，但由于月球距离地球较远，月球的本影不能到达地球。这时，太阳看上去像一个明亮的光环，环绕在黑色圆盘状的月球周围。全环食（又称混合型日食）会在日全食和日环食之间进行变化。也就是说，在地球的某些地区上，它表现为日全食，而在另一些地区则表现为日环食。这种全环食相对较为罕见。

当观测者处于月球的半影区，月球只能遮挡太阳的一部分，这时我们便会观测到日偏食。在可观测到日环食与日全食的环食带和全食带之外，地球上的大多数地区可以观测到日偏食。然而，有些发生在极地的日食只能被视为日偏食，因为月球的本影从地球极地的上方穿过，而并未与地球的表面相交。

日全食指的是月球完全遮挡住太阳的耀眼光芒。此时，我们只能看到模糊的日冕。在任何一次日食期间，只有处于狭窄的全食带的人们能够观测到日全食。

月球轨道

月球轨道是椭圆形的，且与地球轨道呈一倾角，因此每年我们最多只能看到 5 次日食。这取决于太阳、月球和地球三者的几何关系，太阳可以被完全或部分遮挡。发生日食时，月球的暗影（可分为黑色的本影和浅黑色的半影）会在地球表面移动。

▲ 这是一次日全食。太阳被月球完全遮蔽

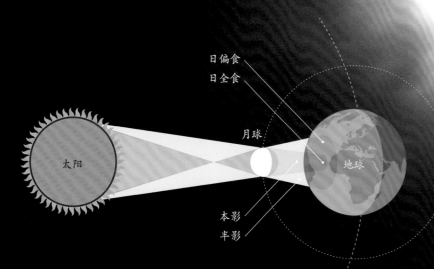

日偏食
日全食
月球
太阳
地球
本影
半影

◄ 月球遮挡了太阳。在地球上的某些地区，人们可以看到日全食，而在另外一些地区，人们看到的却是日偏食，还有一些地区的观测者则根本看不到日食

日全食期间观察到的相位

初亏
月面的边缘刚好与日面的边缘相外切的时刻

食既
开始出现贝利珠现象（又称钻石环现象，是在日全食食既或生光时，在黑色月球边缘出现一串发光亮点），太阳几乎完全被月球遮挡

食甚
日全食达到极点，月球完全遮盖了太阳，这时可见的只有日冕

生光
太阳开始射出耀眼的光芒，月球的阴影逐渐散去，贝利珠现象再次出现

复圆
当月面后缘与太阳圆盘不再交错重叠时，日食便结束了

日食的出现和周期

日全食是很罕见的天文现象。尽管在地球上平均每隔 18 个月就可以观测到一次日全食，然而据估计，在同一个地点，日全食平均相隔约 400 年才会再次出现。目前来说，日全食持续的时间不会超过 7 分 32 秒。这个数值随着时间的推移会有所变化，目前正在下降。

日偏食期间，月球正逐渐遮蔽太阳。当月球从太阳前方经过，人们从地球上看不到完整的太阳时，这种现象便会发生

古代文献中的日食

关于日食的最早记录可以追溯到 4 000 年前。据说，在中国，人们曾认为太阳的逐渐缺损是由巨龙的吞噬造成的。因此，朝廷中掌管天文的司天监官员负责射箭击鼓，奏喧嚣之声以吓退巨龙。

据中国古代经典《尚书》记载，在日食开始前，主管天文的"羲"与"和"两位官员沉迷于美酒，并未意识到日食的发生。事后，夏朝的君王仲康下令将二人斩首，以示惩戒。据称，这次日食发生在公元前 22 世纪—公元前 20 世纪。

直视太阳的危害

如果我们直视太阳的光球层，只需几秒钟，眼睛的视网膜就会受到永久性的伤害，这是光球层所散发的可见光辐射和不可见的辐射所致。在日偏食、日环食或日全食期间太阳未被完全遮挡时，我们若要防止眼睛受伤，在观测时就需要选用特殊的眼部防护用品或采取间接观测法。

有趣的事实

在过去，地球和月球之间距离十分接近，因此，当发生日食时，月球有可能完全遮挡住太阳。然而，一些最新的数据表明月球轨道正在出现偏移，大约 6 亿年后，地球上的人类将无法再观测到日全食。

有着神圣地位的太阳

纵观历史，如同其他自然现象一样，太阳在很多文化中都是人们崇拜的对象。人类对太阳最基本的认知便是这个圆盘在天空中放射光芒，它升到地平线上时白天出现，而落下时黑夜便随之降临。在很多史前文化和古代文化中，太阳被奉为神或某种超自然的存在。

太阳的重要地位

对太阳的崇拜是古埃及文明、南美的印加文明和墨西哥的阿兹特克文明等许多古文明的核心。在印度教等宗教中，太阳也被奉为神明。古埃及神话中的太阳神"拉"（Ra）由次阶神相伴，乘坐太阳帆船在天空中经过。而在古希腊神话中的太阳神是赫利俄斯（Helios），他驾着烈焰马车驰骋在天空中。罗马帝国晚期，在埃拉伽巴路斯（Elagabalus）的统治下，太阳的诞生日被奉为节日，这个节日的名字意为"未被征服的太阳"。

建立科学的认知

古希腊哲学家阿那克萨哥拉（Anaxagoras）是最早给出有关太阳的科学解释的学者之一。他根据推理认为太阳是一个巨大且正在燃烧的金属球，而月球则反射了太阳的光线。

早期学者对太阳的认知

在公元前3世纪，生活在萨默斯的古希腊天文学家阿里斯塔克斯（Aristarchus）首次提出了行星围绕太阳运行的理论。在现代科学发展的初期，太阳能量的源头是令人们感到棘手的谜团。

英国的开尔文勋爵（Lord Kelvin）认为，太阳是一个正在冷却中的液态天体，它向外辐射内部储存的热量。

▲ 古埃及人对太阳神的想象

有趣的事实

赫利俄斯是古希腊神话中的太阳神。白天，他驾驶烈焰马车划过天空，到了晚上，他乘着一只金碗漂回大海，第二天早上再次驾起马车驶向天空。

▼ 由太阳、八大行星与其他天体构成的太阳系

行星
- PLANETS -

▲ 太阳系中令人着迷的太阳和八大行星

太阳系有八大行星。水星是距离太阳最近的行星，它的体积只比月球稍大。金星是距离太阳第二近的行星，它炽热无比。地球位列第三，其表面的 2/3 被水覆盖，而且它是目前唯一一个已知存在生命的行星。火星是排名第四的行星，它是一颗冰冷、到处都是尘埃的浅红色行星。

距离太阳第五远的行星是木星，它是太阳系中最大的行星。土星排名第六，它有着非常有名的行星环。天王星排在第七位，它是唯一一颗侧躺着围绕太阳公转的巨行星。第八大行星为海王星，以猛烈的大风而闻名。2006 年，之前一直被认为是太阳系第九大行星的冥王星被降为矮行星。

水星

水星是太阳系八大行星中最小且距离太阳最近的行星，它与太阳的平均距离约为 5 790 万千米。

质量：3.3×10^{23} 千克（0.055 倍地球质量）

赤道直径：4 879 千米

赤道周长：15 330 千米

卫星数量：无

公转周期：87.969 地球日

自转周期：58.646 地球日

表面温度：−180 ~ 430℃

水星的英文名字"Mercury"源自罗马神话中众神的使者墨丘利

▲ 美国国家航空航天局（NASA）空间探测器捕捉到的水星图像。它显示红色是因为被红色的土壤覆盖

内部构造

水星由大约 70% 的金属和 30% 的硅酸盐组成，密度为 5.427 克／立方厘米，是太阳系中密度第二高的行星。据地质学家估算，它的内核大约占据了其 42% 的体积。此外，水星壳被认为有 100 ~ 300 千米厚。

地形地貌

水星有着与月球近似的被称为"脊背"或"褶皱"的高地、山脉、平原、断崖和山谷。水星上还有陨击坑，其规模从碗形的小坑到直径达 100 千米的环形冲击盆地不等。已知最大的陨击坑名为"卡路里盆地"（Caloris Basin），直径达 1 550 千米。形成卡路里盆地的那次撞击威力巨大，导致了熔岩喷发，并在陨击坑周围留下了一个超过 2 千米高的同心环。

温度

在气候最为极端的地区，水星的表面温度为 −180 ~ 430℃。在近日点，即水星运行至距离太阳最近的位置时，日下点温度可达约 430℃，但是在远日点，即水星距离太阳最远时，温度大约只有 277℃。在太阳无法照射到的地方，平均温度大约仅为 −180℃。

磁场和磁层

尽管水星体积较小，自转周期缓慢（长达约 59 个地球日），但它有个相对较强的磁场。与地球磁场一样，水星磁场也是偶极磁场，具有大小相等、正负相反的两个磁极。根据空间探测器的探测结果，水星磁场的强度和分布是较为稳定的。

▼ 水星表面和月球表面非常相似，崎岖不平，除了具有山谷、平原、盆地、断崖等地形，还到处布满陨击坑和岩块

有趣的事实

尽管距离太阳最近，但水星只是太阳系里平均温度排名第二的行星，八大行星中最热的星球当属金星。

水星的运动

在所有行星中，每87.969个地球日绕行太阳一周的水星有着最大的轨道偏心率。通过测量水星每5个地球日走过的距离，我们可以得知它在越接近近日点时速度越快。

水星的轨道和轴向

水星相对于黄道的轨道倾角为7°。它的轴向倾角几乎为零。如果观测者站在水星表面的某些特定位置，他将会看到太阳只升到半空，然后在再次升起前转头落下，这一切都发生在同一个水星日内。

关于经度设定

水星上的零经度线由水星表面最热的两个点确定。水星赤道上最热的两个点分别位于西经0°和西经180°线上，赤道上最冷的点则分别位于西经90°和西经270°线上。

▲ 月亮始终以同一面朝向地球，而水星每绕太阳公转一周时就会自转1.5周

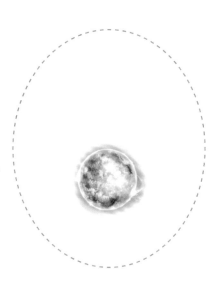

▶ 水星的轨旋共振为3：2，即自转3次的时间等于围绕太阳公转2次的时间

轨旋共振

许多年来，天文学界一直认为这颗行星被太阳潮汐锁定，在绕轨道运行一周的过程中始终保持同一面朝向太阳，正如月球始终以同一面朝向地球一样。然而事实并非如此。水星每绕太阳公转2圈，就会同时完成3次自转。

观测

由于水星距离太阳非常近，我们很难自太阳耀眼的光芒中分辨出它，所以水星观测难度很高。观测水星只能在清晨或黄昏时分很短的一段时间内进行。此外，我们也可以利用日全食来观测水星。正如月球和金星一样，水星就地球上的观测点来说也会有不同的相位变化。

有趣的事实

水星表面长有"皱纹"。随着铁核心的冷却收缩，水星的表面开始起皱。科学家们将这些褶皱命名为"叶状悬崖"。这些悬崖可高达1.6千米，长达数百千米。

金星

金星是距离太阳第二近的行星，在夜空中的亮度仅次于月球。它看上去似乎一直不曾远离太阳。我们在地球上有时白天也可以观测到金星。金星与地球的大小相似，又被称为地球的孪生姊妹，因其明亮耀眼，故在西方世界以罗马神话中爱与美的女神维纳斯的名字来命名。

质量：$4.868×10^{24}$ 千克（0.815 倍地球质量）

赤道直径：12 103.6 千米

赤道周长：38 025 千米

卫星个数：无

公转周期：224.7 地球日

自转周期：243 地球日

表面温度：465 ~ 485℃

金星，第二大的岩质行星，它的英文名字"Venus"来自罗马神话中爱与美的女神维纳斯

▲ 金星上的大气压力是地球上的 92 倍

物理特征

金星因其与地球具有相似的大小、质量、地质成分以及距太阳的距离，有时会被人们称为地球的"姊妹星"。然而，金星有一些与地球截然不同的特征。在四颗岩质行星中，金星的大气密度最高，其中二氧化碳的含量超过 96%。尽管水星离太阳最近，但金星的表面温度近 500℃，是目前太阳系所有行星中最热的一个。金星没有能将碳转化为岩石的碳循环，也没有任何可以将碳吸收为生物质能的有机生物。

早期的认识

中国古代，人们将金星看成两个天体。它在清晨出现时被称为"启明"，在傍晚出现时被称为"长庚"。古希腊人和古罗马人也有类似的看法。前者分别将早晚出现的金星称为"带来光明之星"（Phosphorus）和"黄昏之星"（Hesperus），后者则分别称其为晓星（Lucifer）和晚星（Vesper）。巴比伦人认识到了这二者实际为同一个天体，并在他们的泥板中称之为"光明的夜空女王"。

金星非常明亮，人 ▶ 们有时甚至可以在正午晴朗的天空中看到它，当太阳接近地平线时，它就更容易被发现了

有趣的事实

由于金星致密的大气以及其中的浓硫酸云层，从金星的外部很难观测到它的表面，所以人们一度认为金星有可能适宜生命的存在。很久之后，科学家才观测到金星表面的极端高温和恶劣气候。

金星的运动与地质

金星与太阳的平均距离约为 1.08 亿千米，公转周期为 224.7 个地球日。所有行星的轨道都呈椭圆状，不过金星的轨道似乎更接近圆形。以地球的北极为基点进行观测，我们会发现太阳系中所有绕太阳公转的行星都以逆时针的方向自转，而金星却是以顺时针的方向自转，即所谓"逆行"。金星的自转周期为 243 个地球日，一个金星日比一个金星年还要长。金星在赤道处的转速约为 6.5 千米 / 时。

有关卫星

金星没有天然的卫星，尽管小行星 2002 VE68 目前与其保持着准卫星轨道关系。有研究表明，数十亿年前的一次剧烈的撞击事件曾给金星带来了至少一颗卫星。该项研究还指出，此后大约 1 000 万年的另一次撞击改变了金星的自转方向，金星的卫星从此逐渐向内螺旋接近母星，直到最终与金星相撞并合体。

金星的相位

透过天文望远镜观察，金星在沿轨道运行时会显示出如月球一样的周期性相位变化。当和地球隔日相望时，金星朝向地球的一面完全明亮，呈现为"满月"相位；当金星与太阳的角度差最大时，金星呈现"弦月"相位；而当金星处于地日之间时，它呈现为"新月"相位，此时如果太阳、金星与地球处于同一直线上，就有可能出现罕见的"金星凌日"现象。

▲ 由于"逆行"自转，从金星上看，太阳是从西方升起的

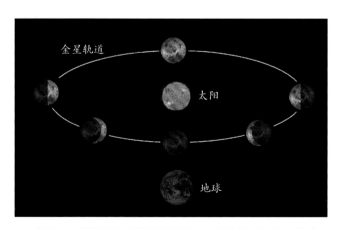

▲ 从地球上看到的金星的不同相位。如同绕地球公转的月球一样，在金星绕日公转时，阳光将照亮它的不同部分

金星的表面

金星的大气压力和表面温度极高，而表面的风速较缓慢。金星的表面看上去到处是固化不久的熔岩。远远望去，金星外表似乎和其他岩质行星没什么两样。然而，多亏了苏联金星 13 号探测器拍摄到的一些照片，向我们展示了其表面纵横交错的熔岩流、火山和山脉，我们才得以更真切地看到金星的表面；目前已知金星上存在 1 600 多座火山，这使金星成为太阳系中火山最多的行星。

金星凌日

金星凌日是指金星运行到太阳和地球（或另一颗行星）之间并在日面上显现的天文现象。在此过程中，金星就像在太阳表面移动的一个小黑点。凌日的时间通常持续数小时。金星凌日类似于月球引起的日食现象。凌日时的金星看上去更小，而且在日面上移动得非常缓慢，这是金星距离地球更加遥远的缘故。

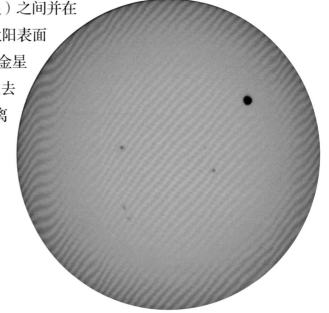

▲ 在可预测的天文现象之中，金星凌日可谓极为罕见。在这张图中，我们可以看到金星的影子落在太阳上（右上角黑点）

科学上的重大意义

金星凌日在历史上具有重要的科学意义，因为借助这一现象，科学家们得以首次测量了太阳系的大小。英国天文学家埃德蒙·哈雷（Edmond Halley）在 1716 年提出可以借助金星凌日的现象，来计算出准确的地日距离。2012 年，金星凌日再次出现，科学家们借此进行了一些研究项目，特别着手改进了探索系外行星的技术。

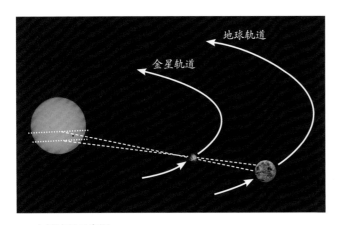

▲ 金星凌日示意图

历史上的金星

来自古印度、古希腊、古埃及、古巴比伦和古代中国的观测者们都知道金星的存在并且记录了它的运行轨迹。据称，古希腊哲学家毕达哥拉斯（Pythagoras）是西方世界第一位发现这个早晚都会出现的明亮天体是同一颗星星的学者。但现有证据表明，上述古文明均未发现过金星凌日现象。

八年之痒

目前来说，金星凌日现象通常出现在 6 月或 12 月，每次发生的时间会略有变动。金星凌日通常以两次为一组，两次间隔 8 年，然而每两组凌日之间却会间隔 100 多年。绝大多数人一生中最多只可看到 2 次金星凌日，甚至可能一次也看不到，而仅有极少数人可以看到 4 次。

▲ 2012 年 6 月 5 日，在加拿大安大略省里士满山，人们在大卫·邓拉普天文台附近观看金星凌日的奇观

地球

地球是距离太阳第三近的行星，同时也是内太阳系最大的岩质行星，比水星、金星和火星都要大。

地球的大小与地日距离

　　地球的平均半径约为 6 371 千米。然而，地球并不是一个规则的球体，它的自转导致了赤道部分的隆起。地球的赤道半径约为 6 378.14 千米，而两极之间的极半径约为 6 356.75 千米，两者相差约 21.39 千米。地球距太阳的平均距离约为 1.496 亿千米。

地球的周长和密度

　　地球的赤道周长约为 40 076 千米，但两极的周长仅约为 39 941 千米。实际上，地球是一个两极稍扁而赤道略鼓的不规则"椭球体"。地球有含有大量金属的地核和由造岩物质构成的地幔，密度为 5.51 克 / 立方厘米，是太阳系中密度最大的行星。尽管木星的质量是地球的 318 倍，但是它主要由氢气等气体构成，因此密度比地球小。

地表最高点和最低点的示意图

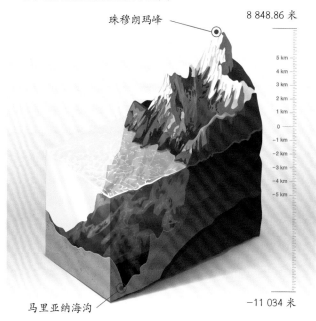

珠穆朗玛峰　　8 848.86 米

马里亚纳海沟　　−11 034 米

▼ 太阳发出的光要经过 8 分 20 秒才能到达地球

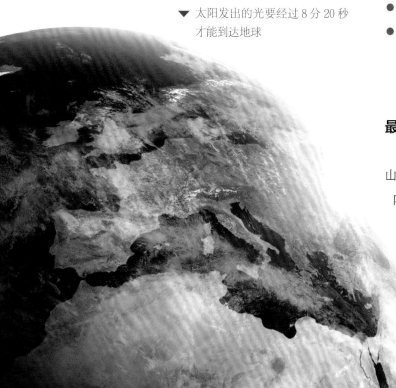

地球的质量、体积与表面积

● 地球的质量为 $5.972\ 37 \times 10^{24}$ 千克；

● 体积为 $1.083\ 21 \times 10^{12}$ 立方千米；

● 表面积约为 5.1 亿平方千米，其中约 71%（3.61 亿平方千米）被水覆盖，约 29%（1.48 亿平方千米）被陆地覆盖。

最高点和最低点

　　珠穆朗玛峰海拔 8 848.86 米，是地球上最高的山峰，但它并不是距离地心最远的山峰。厄瓜多尔境内安第斯山脉中的钦博拉索山恰好位于赤道之上，由于地球的赤道半径比极半径大 21 千米左右，所以海拔为 6 384 米的钦博拉索山的顶峰才是离地心最远的位置。

　　地处西太平洋的马里亚纳海沟是地表上的最低点，最深处是斐查兹海渊，大约位于海平面下 11 034 米。

地球的运动

地球绕着一条贯穿南、北两极的假想轴旋转，这条轴被称为自转轴。地球每天绕这个轴自转一周，用时约 24 小时。当地球自转时，面向太阳的地区经历白天，背对太阳的地区则经历黑夜。虽然身处地球之上，我们却无法感知它的旋转，但我们可以通过观察太阳的运动感受到地球的自转。

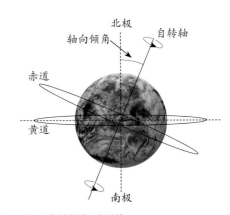

地球在公转的过程中，它的自转轴相对于轨道面（黄道面）是倾斜的，角度为 66° 34′，而地球的赤道面与黄道面的夹角约为 23° 26′，后者又被称为黄赤交角 ▲

周日视运动

天体的周日视运动是由于地球自转，地面上的观测者看到天体于 1 恒星日内在天球上自东向西沿着与赤道平行的小圆转过一周。周日视运动是一切天体最显著的视运动。简单地说，地球的自转让天空看起来好像围绕地球在旋转。

地球轨道

地球绕太阳公转的周期约为 365.24 天，又称 1 恒星年。地球公转的平均角速度是约 0.986° / 天，平均线速度则约为 29.8 千米 / 秒。地球轨道的形状是一个接近正圆的椭圆，地球轨道上距太阳最近的一点，被称为近日点，地球轨道上距太阳最远的一点，则被称为远日点，近日距和远日距二者的平均值即为日地距离，即 1 个天文单位。

有趣的事实

假如地球不存在轴向倾角，那么，我们每两周就会观测到食的现象，月食和日食交替出现。

▼ 季节变化

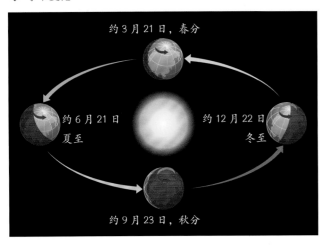

轴向倾角和季节

由于地球有轴向倾角，到达地球表面任意一点的阳光在一年中会随时间发生变化。地球的季节性气候由此产生。当北极朝向太阳时，北半球进入夏季；而当北极背离太阳时，北半球则迎来冬季。在夏季，白昼持续的时间较长，到了冬季，则出现昼短夜长的现象。

北极和南极会出现极昼和极夜现象，一年内大致连续 6 个月是极昼，6 个月是极夜。

地球的构造

地球是一个两极稍扁而赤道隆起的不规则球形。赤道地区的隆起是地球的自转造成的，赤道半径与极半径相差约 21.39 千米。

地球的组成

地球由 4 个不同的圈层构成，包括地壳、地幔、外核和内核。

▼ 地表的 71% 被水覆盖，其余部分由大陆和岛屿构成

化学构成

地球的质量约为 5.97×10^{24} 千克，其中的化学元素主要有铁（32.1%）、氧（30.1%）、硅（15.1%）、镁（13.9%）、硫（2.9%）、镍（1.8%）、钙（1.5%）、铝（1.4%）。一般认为，地核主要由铁（88.8%）构成，此外还含有少量镍（5.8%）、硫（4.5%）以及少于 1% 的微量元素。

外核

外核的顶界面距地表约 2 900 千米。一般认为，地球的外核由熔融的金属铁和镍构成。

内核

内核的顶界面距地表约 5 100 千米。一般认为，地球的内核是固态的，由金属铁和镍的混合物组成。

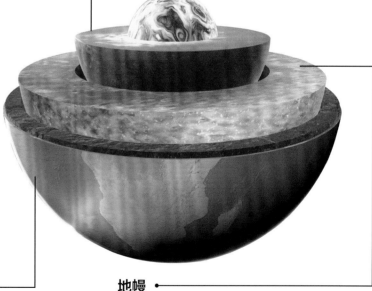

地壳

地壳的厚度是不均匀的，陆壳平均厚度约 33 千米，洋壳较薄，平均厚度约 6 千米。地壳的温度一般随深度的增加而逐步升高，平均深度每增加 1 千米，温度就升高 30℃。

地幔

地幔厚度约为 2 900 千米，主要由致密的造岩物质构成。地幔是地球内部体积最大、质量最大的一层。地幔又可分成上地幔和下地幔两层，下地幔顶界面距地表 1 000 千米，上地幔顶界面距地表 33 千米。

地球是如何形成的？

地球大约形成于 45.5 亿年前，是已知唯一一个存在生命的星球。虽然科学家估计曾经存在于地球上的物种里，超过 99.9% 已经灭绝，但是目前仍有超过 1 000 万个物种将地球当作家园，其中包括人口已超过 75 亿、生活严重依赖地球生物圈及矿物的人类。

地球的诞生

地球所在的太阳系大约在 45.6 亿年前形成。从理论上讲，太阳系的形成始于一片巨大的氢分子云的引力坍缩。它的绝大部分质量形成了太阳，而其他部分则一边旋转一边变得扁平，形成了一个原行星盘。地球很可能起源于这一过程中由气体、冰粒、尘埃组成的星云。原生地球的形成过程持续了 1 000 万 ~ 2 000 万年。此后不久，大约在 45.3 亿年前，月球也随之出现。

地质历史

地球最初的大气和海洋是由火山活动和包括水汽蒸发在内的一系列水循环形成的。此外，小行星、原行星和彗星携带的水和冰也是地球上的水的来源之一。大约 35 亿年前，地球的磁场形成，这有助于阻止大气层被太阳风剥离。随着水蒸气开始在大气中逐渐累积，地球外层也从熔融的状态冷却下来，凝结成固态的地壳。

▲ 地球所在的太阳系的形成

大陆的形成

大陆是在板块构造中形成的，这一过程归根结底是受地球内部持续的热量损失而驱动的。在数亿年里，超级大陆经历了 3 次分分合合。大约在 7.5 亿年前，已知最早的超级大陆罗迪尼亚大陆（Rodinia）开始分崩离析。在 6 亿 ~ 4.5 亿前，分开的陆块合并成潘诺西亚大陆（Pannotia），而后又形成泛大陆（Pangaea）。泛大陆于 1.8 亿年前再次分裂。

大陆漂移

泛大陆　　　　　　劳亚古陆（Laurasia，北）　　　　　现代大陆
　　　　　　　　和冈瓦纳古陆（Gondwana，南）

▲ 由于陆块向四周漂移，它们有时会相互碰撞并促发造山运动。阿尔卑斯山脉和喜马拉雅山脉就是造山运动的产物

地球的历史

我们几乎无法想象一个没有生命存在的地球。但是在最初的数亿年里，地球的确了无生机。早期的生命以原核生物的形态存在。接着，结构相对复杂的真核细胞出现了，它们都是在水中形成的。从单细胞到多细胞再到具有复杂功能结构的生命体，地球生命进化走过了漫长的道路。

月球的形成

月球是地球仅有的天然卫星。与太阳系中的其他卫星相比，月球相对于其所环绕的行星的体积是最大的。根据放射性测定年代法对月球岩石的测定结果，月球形成于太阳系形成之后至少3 000万年。

冥古宙和太古宙

冥古宙是地球历史上最久远的一个时期，一般认为此时生命物质尚未形成。接下来的太古宙始于大约40亿年前，这时地球上出现了原核生物。地球上最古老的岩石可以追溯到大约40亿年前，即在地壳和地球本身形成后不久。太古宙之初，地球已经大幅冷却，但大气层缺少氧气和臭氧层，大多数现代生命体是没法在这样的环境下存活下来的。

生命的诞生

生命的诞生很可能始于产生多种简单有机化合物的化学反应过程，这些有机化合物包括氨基酸这一构成生命的基石。

生命下一阶段的复杂性以自我复制、新陈代谢和细胞膜的出现为三大基本条件。生命体借此便可以生长、获取食物并排泄掉不需要的废物。

地球上最初的生命形式出现在大约40亿年前，那时生命大多是很小的微观形态。直到大约18.5亿年前，拥有完整细胞结构的真核细胞才开始出现。目前，被发现的最早的多细胞生物，是12亿年前中元古代延展纪时期的一种红藻。

自最初的生命诞生以来，地球上的地质环境一直在持续改变。为了适应这些变化，生物物种不断演化，发展出新的生命形式，有些物种在这一过程中繁衍出新的分支，而绝大多数物种则走向了灭绝。

地质年代表

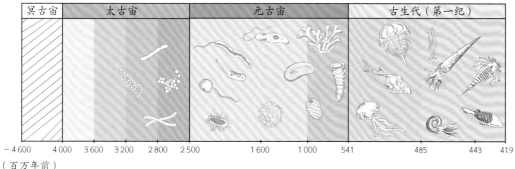

地球的大气层

地球的大气层是围绕着地球的一层薄薄的气体。它包含大约 78% 的氮、21% 的氧、0.9% 的氩、0.03% 的二氧化碳和微量的其他气体。大气层使得地球免受极端温度的影响，阻止紫外线的照射，同时防止热量在夜晚时逸出地球。

▲ 有了大气层，地球上才有了生命

大气层的形成

地球的大气层是在行星脱气的过程中形成的，在这一过程中，二氧化碳、水蒸气、二氧化硫和氮等气体从地球内部通过火山喷发和其他途径释放出来。地球上的生命形式自进化以来也在改变着大气的成分。

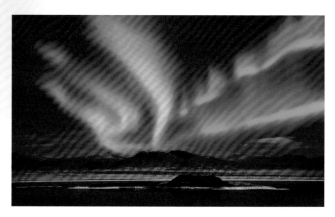

▲ 湖面上方，夜空中的北极光

1. 外逸层： 外逸层是地球大气层的最外层，距离地表 800 千米以上的高空。

2. 热层： 中间层之上及外逸层之下，其顶部离地面约 800 千米。热层的温度随高度的上升而迅速升高。

3. 中间层： 中间层的温度随高度的增加而迅速下降。中间层从地表以上 50 千米一直延伸到 85 千米。

4. 电离层： 从地球上空 70 ~ 80 千米处开始，蔓延数百千米。电离层包含许多离子和自由电子（等离子体）。当阳光照射到原子上并使其失去部分电子时，离子就此产生。

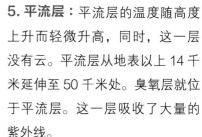

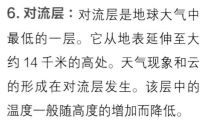

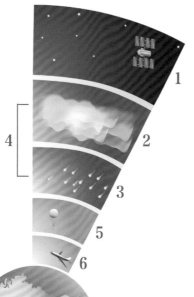

5. 平流层： 平流层的温度随高度上升而轻微升高，同时，这一层没有云。平流层从地表以上 14 千米延伸至 50 千米处。臭氧层就位于平流层。这一层吸收了大量的紫外线。

6. 对流层： 对流层是地球大气中最低的一层。它从地表延伸至大约 14 千米的高处。天气现象和云的形成在对流层发生。该层中的温度一般随高度的增加而降低。

地球的宜居性

如果生命在一颗星球上可以生存,这颗星球就被称作"宜居的",即便那里并不是生命的发源地。地球有液态水——在水中,复杂的有机分子更容易组合和相互作用,而且能够获得足够的能量来维持新陈代谢。地球到太阳的距离,以及它的轨道偏心率、自转速度、轴向倾角、地质历史、自我维系的大气层和具有保护作用的磁场,都对地球当下的气候状况有一定影响。

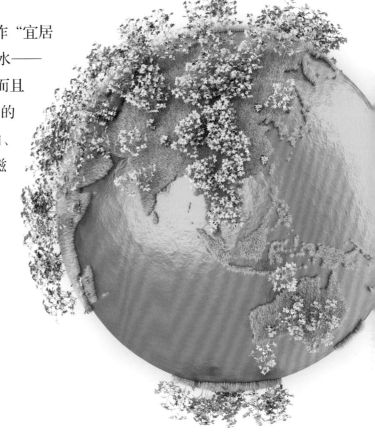

生物圈

地球上生命无处不在。从两极到赤道,从幽暗的海底到距离地面数千米的高空,从冰冷刺骨的大海到干旱贫瘠的山谷,从海底的热泉到地表下方数百米深的地下水,都能发现生命的存在。在过去大约 37 亿年中,地球上的生命繁衍兴旺,几乎适应了我们所能想象到的所有环境。

适宜人类居住的地理空间

据估算,地球表面只有 1/8 的面积适合人类居住。地表大约 71% 的面积被海洋覆盖,剩下的 29% 为陆地,而且几乎有一半的陆地是沙漠、高山或其他不宜人居的地形。

自然资源和土地利用

人类可以从地壳中获取大量的化石燃料,其中包括煤、石油和天然气。地球生物圈则为人类提供了许多生活所需的材料,如食物、木材、药材等。

▼ 人类目前只利用了地球水资源的 0.3%

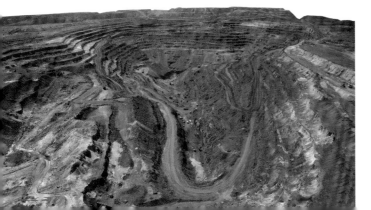

自然灾害与人为灾害

地球上很多地区经常受到热带气旋、飓风和台风等极端天气的影响。地震、山体滑坡、海啸、火山喷发、洪水、干旱及其他灾难同样会给人类赖以生存的环境造成破坏。此外,人类的活动还带来了污染、酸雨、植被丧失和水土流失等人为灾害。

火山喷发经常引起地震、▶
海啸、暴雨和泥石流等
次生灾害

有趣的事实

古希腊数学家、哲学家阿基米德（Archimedes）最早提出地球有可能是圆的,并猜想地球可能绕太阳转动,这个猜想直至哥白尼时代才被人们提出来讨论。

火星

在夜空中，你有时可以看到一颗淡红色的星星，这就是火星。火星是距离太阳第四远的行星，距离太阳大约 2.279 亿千米。它是太阳系中第二小的行星，质量、体积仅比水星略大。

火星的英文名字"Mars"源自罗马神话中的战神玛尔斯

质量：6.42×10^{23} 千克（0.107 倍地球质量）

赤道直径：6 792 千米

赤道周长：211 339 千米

卫星数量：2 颗

知名卫星：火卫一和火卫二

公转周期：686.98 地球日

自转周期：24.62 小时

表面温度：−87 ～ −5℃

物理特征

火星的直径约为地球的一半。它的表面积略小于地球的陆地面积。火星在体积和质量上超过水星，而水星的密度则较高，两颗行星的表面重力是近乎相同的。火星的表面被氧化铁（通常被称为赤铁矿或铁锈）覆盖，呈淡红色，因此它也被称为"红色星球"。由于其他矿物质的存在，我们也能在火星表面看到金色、棕色、棕褐色、绿色等颜色。

名称的由来

火星的英文名字"Mars"源于古罗马神话中的战神。在西方世界的多个文明中，火星通常都代表着男性气质和青春。它的天文符号是个有支箭头指向右上方的圆圈（♂），这一符号也用来表示男性。

内部结构

火星核被硅酸盐火星幔包围着，形成了火星上的地质构造和火山特征，但目前火山似乎处于休眠状态。除了硅和氧外，火星壳中还富含铁、镁、铝、钙、钾等元素。火星壳的平均厚度约为 50 千米，最厚可达 125 千米，而在撞击盆地较薄，如希腊平原只有约 10 千米。反观地球，地壳平均厚约 40 千米。

火星的运动与地质

火星是太阳系中与地球最相似的行星，它的轴向倾角、自转周期与地球相当，但绕太阳公转的周期大约是地球的 2 倍。火星的自转周期平均为 24.62 小时。由于没有大卫星的潮汐作用，火星自转周期变化较小。

▲ 沿轨道运行的火星。它是太阳系由内向外数的第四颗行星

从地球上可见的火星

当火星与太阳的地心经度相差 180° 时，火星就会与太阳形成对立位。每一次对立位都有一定的意义，因为这时在地球上整晚都可以看到高悬明亮的火星。更有意思的是，火星最接近近日点的时候，也就是离地球最近之时。

行星运动的定律

德国天文学家约翰内斯·开普勒（Johannes Kepler）提出了关于行星运动的三大定律。他根据行星运动第二定律计算得出，火星的运行轨迹不可能是圆形的。在此基础上，经过艰苦的计算，他终于发现火星围绕太阳运行的轨道呈椭圆状。

地形地貌

火星是一颗岩质行星，其南、北半球呈现明显的二分性。火星靠近南极的 2/3 表面有大量的

▼ 火星和地球一样拥有多样的地形，火山地形穿插其中，众多峡谷分布各地，而风成沙丘广布整个星球

陨击坑，表面年龄更古老（几十亿年）；而靠近北极的 1/3 表面则大多是平坦的平原，表面年龄更年轻（几亿年）。南部是崎岖的高原，北部是平坦的低地，两个半球之间高度差异显著，这是火星最明显的地理特征。

火星土壤

美国国家航空航天局等机构的研究人员利用好奇号火星车携带的样本分析仪，将登陆火星后获得的第一铲细粒土壤加热到 835℃的高温，结果分解出水、二氧化碳以及含硫化合物等物质，其中水的质量约占 2%。该项研究还认为火星表面土壤可能会像海绵一样从火星大气中吸取水分与二氧化碳。

水文

由于火星大气压强较低，其大气相较于地球过于稀薄，所以火星上无法存在液态水。火星的南、北两极有明显的极冠，曾被认为是由冰组成，但实际上绝大部分为水冰。

有趣的事实

火星南极冰盖中的水冰如果融化，其水量足以覆盖整个火星表面，水深可达 11 米。

火星的大气

太阳系形成过程中，火星是由围绕太阳运行的原行星盘的快速吸积所形成的。由于火星在太阳系中所处的位置，它具有典型的化学特征。沸点相对较低的元素（如氯、磷和硫）在火星上比在地球上更加常见。

火星大气

火星大气层相对较薄，其表面的平均大气压只有地球的 0.6%，如此低的气压使声音传播的距离只有在地球上的 1.5%。随着季节的变化，火星上的气压变化幅度可达 20%。

▲ 由于太阳风的作用，火星大气变得很稀薄

大气组成

火星大气中含有大约 95% 的二氧化碳、3% 的氮气、1.6% 的氩气以及少量的氧气和水汽。火星大气中悬浮着许多尘埃，它们能够吸收蓝光，使得火星的天空变成了黄褐色。

▲ 火星上的尘暴

极冠

火星的南、北两极都有永久性的极冠。在火星的夏半球，极冠的二氧化碳受热升华进入大气，气压升高；冬半球由于二氧化碳凝华，气压下降。进出大气的二氧化碳量可高达 25%，这造成南北压力差，空气便由高压的夏半球流向低压的冬半球。

这一类的季节性活动造成大量尘埃和水汽的迁移，形成了类似地球上的尘暴和幡状云等气象变化。

火星上的季节

火星的自转轴如同地球一样有明显倾斜，因此日照在一年中的变化形成了明显的四季。因为距离太阳更远，火星上的一年大约为地球上的两年，而每个季节的长度也大约是地球上的 2 倍。

由于火星轨道具有更高的偏心率，它的南、北半球四季长度存在显著差异，即北半球的春季和夏季比南半球更长，而南半球的秋季和冬季比北半球更长。

有趣的事实

太阳系已知的最大火山——火星上的盾状火山奥林波斯山，占地约 30 万平方千米，与意大利的面积相当。它的高度大约是珠穆朗玛峰的 3 倍。

火星上的地球凌日

当地球出现在太阳和火星之间且三者连为一线时，火星上的观测者便有可能看到地球凌日的现象。同理，在火星上也可以看到水星和金星凌日。不过，地球凌日较前二者更加有趣，因为每次地球凌日，观测者大多可以在日面上同时看到地球和月球的黑点。

从火星上看

　　人类从未有踏足火星的记录，因此没有人看过地球凌日。下一次地球凌日将发生在 2084 年 11 月 10 日。上一次的凌日发生在 1984 年 5 月 11 日。

从地球上看

　　当火星上可以观测到地球凌日时，火星、地球和太阳恰好排列成一线，地球位于太阳与火星之间，如果从地球上看火星，火星被太阳照亮的一面完全朝向地球，因而显得特别明亮，这种现象被称为"火星冲日"。火星相邻两次冲日的时间间隔约为 779 天，最近的一次火星冲日现象发生在 2020 年 10 月 14 日。

特殊的凌日现象

　　有时候，当地球凌日发生时，地球只是刚刚擦过日面。在这种情况下，在火星的一部分地区可以看到完整的凌日，而在其他地区只能看到地球从日面的边缘擦过（没有食既或生光的阶段）。此外，有可能在火星的某些地方只能看到地球从日面边缘擦过，而在其他地方则完全看不到地球凌日的现象。

▼ 发生地球凌日时，地球会挡住太阳发出的光

▼ 凌日时太阳、火星及其卫星各自的位置

有趣的事实

金星和地球同时凌日的现象极为罕见，下一次同时凌日将发生在公元 571471 年。

木星

木星是太阳系由内向外数的第五颗行星，也是太阳系中体积最大的行星。它是一颗气态巨行星，质量只有太阳的 1‰，但却达到了太阳系中其他行星总质量的 2.5 倍。从地球上观测，木星的亮度可以达到使其反射光足以投射出阴影的视星等（观测者用肉眼所看到的星体亮度）。

罗马人以他们的众神之王朱庇特的英文名字"Jupiter"来命名这颗行星

质量：1.898×10^{27} 千克 (317.8 倍地球质量)

赤道直径：142 984 千米

赤道周长：449 198 千米

卫星数量：79 颗

知名卫星：木卫一、木卫二、木卫三和木卫四

公转周期：4 332.59 地球日

自转周期：9.9 小时

表面温度：−108℃

有趣的事实

和其他七大行星相比，木星上的一天是最短的，只有不到 10 个小时。

木星是夜空中亮度排名第三的天体，仅次于月球和金星 ▶

名称的由来

罗马人以众神之王朱庇特的名字为这颗行星命名。他对应着古希腊神话中的宙斯（Zeus）。对于美索不达米亚人来说，木星是巴比伦城的守护神马尔杜克（Marduk）的占星。而在日耳曼部落的神话中，木星则被视为雷神托尔（Thor）的象征。

地球每隔 398.9 天就会在轨道上超越木星一次，这个时间被称为会合周期。此时，从地球上观测，木星会相对于背景恒星出现明显的逆行运动，好像在夜空中向西移动了一段。

木星和地球的大小对比

地球

木星

观测木星

由于木星的轨道在地球轨道之外，人们在地球上用望远镜观测木星时，它几乎总是呈满月状。只有在航天器飞到接近木星的位置时，人们才会看到新月状的木星。

在地球上，只需一架小型望远镜，你就可以看到木星的伽利略卫星（四颗最大的木星卫星，即木卫一、木卫二、木卫三和木卫四）以及环绕木星大气的明显的云带。借助小口径的望远镜，有时甚至可以看到木星上的大红斑。

木星的公转周期约为 12 个地球年 ▶

星座关系

木星 12 个地球年的公转周期与黄道十二星座相对应，这可能是星座的历史起源。也就是说，每一次木星到达冲位，即是它向东前进了大约 30°，这个距离相当于一个星座的宽度。

木星的运动与磁场

作为一颗行星，木星的质量相当巨大，因此它是太阳系中唯一一颗与太阳的质心位于太阳本体之外的行星。不过，这一质心也只在太阳半径之外 7% 的位置上。木星和太阳之间的平均距离约为 7.786 亿千米。与地球轨道相比，木星的公转轨道有 1.31° 的倾斜。木星的轴向倾角相对较小，因此它没有像地球和火星那样明显的季节变化。

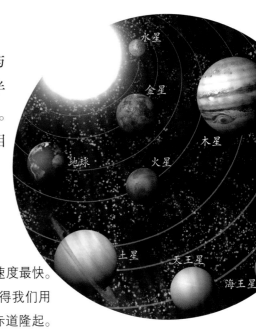

最快的自转

在太阳系的所有行星中，木星的自转速度最快。它的一次绕轴自转不到 10 小时，这使得我们用业余望远镜就能很容易观测到它的赤道隆起。木星是一个扁平的球体，也即它的赤道直径比极直径长。由于木星并非固体，它的极区大气层的自转周期要比赤道处的长大约 5 分钟。

强大的磁场

木星的磁场非常强大，其背对太阳一面的磁场甚至延伸至土星轨道。它的强度达到地球磁场的 14 倍，是太阳系中除太阳黑子以外最强的磁场源。天文学界一般认为木星的磁场由其液态金属氢核心中的涡流产生。

木星的偶极磁场 ▶

▼ 在木星磁层内运行的卫星，得以免受太阳风的影响

磁层

木星磁层的范围大而且结构复杂，距离木星 140 万～700 万千米的巨大空间都是木星的磁层。木星的四颗伽利略卫星的轨道全都位于磁层内，受到保护而得以免受太阳风的侵袭。

木星的大气与结构

木星是外太阳系四颗巨行星中最大的一颗，而且与其他巨行星一样，没有可以明确界定的固体表面。木星的密度为 1.326 克 / 立方厘米，在巨行星中排名第二，但远远不及四颗岩质行星。

木星的大气

木星有着太阳系内最大的行星大气层，其高度超过 5 000 千米。木星的高层大气由体积占比 88% ~ 92% 的氢气和 8% ~ 12% 的氦气组成。如果按质量计算，木星大气层中的氢和氦分别占总质量的 75% 和 24%，剩余质量的 1% 为其他元素。

内层中的物质密度较高，含有质量占比大约是 71% 的氢、24% 的氦和 5% 的其他元素。木星大气包含微量的甲烷、水汽、氨以及硅基化合物，也有极少量的碳、乙烷、硫化氢、氖、氧、磷化氢、硫等。最外层的大气含有结晶的氨。

木星的内核

学界一般认为木星有一个由多种元素混合而成的致密内核，它被一层由液态金属氢和少量氦组成的物质包覆着。这个致密内核有可能包含着岩石、金属和一些氢化物，但其详细的成分仍有待进一步的研究。

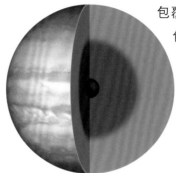

◀ 木星内部结构示意图

有趣的事实

大红斑是木星上的一处大型风暴，大得在地球上用小口径的望远镜就可以观测到，因此早在 1831 年，人们就知道了它的存在。

大红斑

木星最著名的特征是大红斑，它是比地球还大的一个持久性反气旋风暴。一些数学模型表明，这个稳定的风暴可能是木星的永久特征之一。根据哈勃空间望远镜拍摄到的影像，大红斑的附近还存在着其他类似的风暴气旋。

▼ 木星的行星环包括内层的哈洛环、明亮主环和外层薄纱环

行星环

若隐若现的木星环主要有三个组成部分：由颗粒组成的哈洛环、相对明亮的主环以及外层的薄纱环。与主要由冰组成的土星环不同的是，木星环似乎主要是由尘埃组成的。主环很可能由木卫十五和木卫十六喷射出的物质组成。由于木星强大的引力作用，本应落回卫星上的物质被木星吸引而形成了行星环。

土星

土星是太阳系从内向外数第六颗行星，也是太阳系中仅次于木星的第二大行星。它以罗马神话中的农业之神萨图恩的名字命名，其天文符号象征着神的镰刀。土星是一颗气态巨行星，平均半径大约是地球的 9 倍，平均密度约为地球的 1/8，质量却是地球的 95 倍多。

土星的英文名字 "Saturn" 源自罗马神话中的农业之神

质量：5.685×10^{26} 千克（95.16 倍地球质量）

赤道直径：120 536 千米

赤道周长：378 675 千米

卫星数量：82 颗

知名卫星：土卫六、土卫五和土卫二

公转周期：29.46 地球年

自转周期：10.7 小时

表面温度：−139℃

有趣的事实

土星有着太阳系中最明显的行星环，其主要由冰粒和无定型的碳构成。土星环从距离土星赤道 7 000 千米的位置上延伸至 80 000 千米处，但平均厚度仅有 10 米。

观测土星

土星是我们肉眼可见的五颗行星中最远的一颗，其他四颗分别为水星、金星、火星和木星。在夜空中肉眼可见的土星是一个明亮的淡黄色光点，但要清楚地观测到土星环则要借助于一定的光学仪器。月掩土星是一种罕见的天文现象，这时地球、月球、土星刚好处在一条直线上，通过肉眼即可见，月球慢慢掩盖了土星，而一段时间后土星会重新出现在我们的视野中。

快速旋转的巨行星

土星的自转速度非常快，每 10.7 个小时就完成一次自转。土星的外形是一个椭球体，即极轴相对扁平而赤道更加隆起。土星赤道隆起的程度高于其他气态巨行星。尽管土星的质量是地球的 95 倍多，但它却是太阳系中唯一密度比水还小的行星。有趣的是，如果我们将土星放入一个浩瀚无边的海洋，它将会浮在海面上！

▲ 土星与地球的大小对比

土星环及卫星

美丽的土星环是由一系列同心的圆环组成的，环与环之间存在一定的空隙。土星环最早由意大利天文学家伽利略·伽利雷（Galileo Galilei）在 1610 年 7 月用自制的望远镜观测到。1659 年，荷兰天文学家克里斯蒂安·惠更斯（Christiaan Huygens）指出它们是与土星本体分离的光环。

土星的卫星为数众多。土卫六是土星最大的卫星，也是太阳系中唯一一颗拥有浓厚大气层的卫星。

◀ 土星及土星环的模拟图

土星的运动与磁场

土星和太阳之间的平均距离约为14.335亿千米。土星用大约29.46个地球年才能绕太阳运行一圈。土星上也有四季，只是每一个季节的时间长达7个地球年，而且因为距离太阳十分遥远，即使是在夏季也是极其寒冷的。

一颗气态巨行星

土星被称为气态巨行星，但它并不完全是气态的。土星有一个固体内核，但没有明确的固体表面，其内核包括岩石和冰，外围由数层金属氢和气体包覆着。自转使土星呈现出椭球体的形状，赤道半径和极半径相差近10%。土星的大气层通常很平静，偶尔会出现一些类似于在木星上能看到的明显特征，例如1990年，哈勃空间望远镜曾在土星的赤道附近观测到一块极大的白斑。

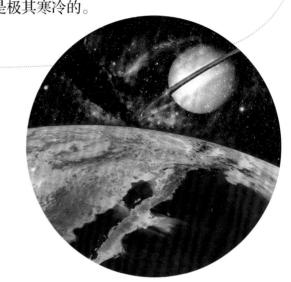

土星的自转模式

土星的自转速率根据所在纬度的不同而有所不同。土星上的风速明显比木星快，可高达1800千米/时。

磁层

土星的内生磁场为偶极磁场。它在赤道附近的强度大约是木星磁场的1/20，但比地球磁场强大。由于强度远比木星磁层微弱，土星的磁层仅延伸至土卫六轨道之外。土星磁层的形成机制可能与木星是类似的，即由金属氢层中的电流引起。土星的磁层和地球一样，会产生极光。

有趣的事实

土星的大气压是地球的1 000倍。它不但可以把气体液化，也足以粉碎任何人造航天器。

◀ 因为大部分由气体组成，土星又被称为气态巨行星

土星的大气与结构

土星外围的大气层包括 96.30% 的氢和 3.25% 的氦，还含有少量的氨、乙炔、乙烷、磷化氢和甲烷等。土星的上层大气与木星相似，也有着一些条纹，但土星的条纹比较暗淡，并且赤道附近的条纹相对较宽。

▶ 土星最主要的构成
元素是氢和氦

土星的大气

土星的大气层有着明显的分层。从底部延伸至大约 10 千米高的一层，主要由水冰构成，之后是高约 50 千米，由硫化氢、氨冰构成的分层，再上面是延展约 80 千米的氨冰云，云层之上的 200 ～ 270 千米则由数层氢和氦构成。土星大气的高度越高，越远离其核心，温度就变得越低。

内部结构

一般认为，土星的内部与木星相似，有一个类似于地球的岩质核心，氢和氦包裹在它的周围。土星内核的构成与地球类似，但密度更大，其质量是地球地核的 9 ～ 22 倍。在核心之上，有一层较厚的液态金属氢层，然后是数层的液态氢和氦层，最外层是厚达 1 000 千米的大气层。

牧羊犬卫星

"牧羊犬卫星"是指能给环带以力学影响，保护光环使之不致破裂四散的卫星。对于土星而言，担负这一职责的卫星是土卫十六和土卫十七。在太阳系中，除了土星有牧羊犬卫星外，天王星也有牧羊犬卫星。

有趣的事实

尽管土星的平均温度很低，但它有非常炙热的内核，核心区的温度高达 11 700℃。因此，土星向太空散发的能量是它从太阳接收到的能量的 2.5 倍。

◀ 太阳系中的其他巨行星也有行星环系统，但土星环最大且最耀眼

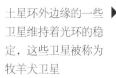

土星环外边缘的一些卫星维持着光环的稳定，这些卫星被称为牧羊犬卫星 ▶

天王星

天王星是太阳系从内向外数的第七颗行星。在太阳系中，它的体积排名第三，质量则排名第四。它的内部结构和大气与木星、土星有着较大的不同。天王星的大气主要由氢和氦构成，但其中还含有很多由水、氨和甲烷结成的"冰"。

▲ 在晴朗夜空中观测到的巨行星天王星

天王星的英文名字"Uranus"源自希腊神话中的天空之神乌拉诺斯

质量：8.68×10^{25} 千克（14.536 倍地球质量）

赤道直径：51 118 千米

赤道周长：160 592 千米

卫星数量：27 颗

知名卫星：天卫一、天卫二、天卫三、天卫四、天卫五

公转周期：84 地球年

自转周期：17.2 小时

表面温度：−197 ℃

▲ 英国天文学家威廉·赫歇尔于1781年3月13日发现了天王星

关于天王星的一切

天王星的直径约为地球的 4 倍。与其他气态巨行星一样，天王星没有明确的固体表面。我们所观测到的实际上是其大气中富含氢的甲烷冰云。甲烷吸收了太阳光中的红色光波，因此天王星表面呈蓝绿色。天王星有行星环系统、一个磁层和许多卫星。相对于其他行星，天王星最特别的地方在于它的轴向倾角高达 97.8°，几乎是"躺"在了它的公转轨道平面上，因而它的南、北两极也"躺"在其他行星赤道的所在平面上。

有趣的事实

和地球以及其他大多数行星相反，天王星以逆行的方向旋转。

名称的由来

天王星的发现者、英国天文学家威廉·赫歇尔最初用当时英王乔治三世的名字为天王星命名，但后来天文学家以希腊神话中的天空之神乌拉诺斯，即农神（象征土星）的父亲、宙斯（象征木星）的祖父的名字为其命名。天王星的名字是八大行星中唯一取自希腊神话而非罗马神话的。

最小的巨行星

天王星的质量大约是地球的 14.5 倍，在巨行星中是最小的。它的密度是 1.29 克 / 立方厘米，在巨行星中仅高于土星。天王星质量中的绝大部分由水、氨、甲烷等结成的冰构成，而氢和氦只占其总质量的一小部分，二者质量之和为 0.5 ~ 1.5 倍地球质量。

天王星的运动

天王星到太阳的平均距离约为 28.725 亿千米，到达这颗行星的阳光强度仅为地球上的 1/400。天王星的环系统在太阳系中非常独特，由于行星本身"侧躺"在公转轨道上，当我们从地球上看时，它的环像是环绕着标靶的圆环，而卫星则像绕钟行走的指针。

自转

天王星的自转周期约为 17.2 小时。它的上层大气沿行星自转的方向可以产生十分强烈的风。在天王星的某些纬度上，大气移动的速度非常快。靠近南极地区的风在 14 小时之内就能环绕行星一周。

轴向倾角

天王星的轴向倾角为 97.8°，它的自转轴与沿太阳公转的轨道平面几乎平行。如果说其他七大行星像是在轨道平面上旋转的倾斜的陀螺，天王星在运行时则更像一个斜躺着滚动的球体。天王星的季节变化因此完全不同于其他行星。它的一个极点会持续地指向太阳，经历长达 42 个地球日的极昼，另一个极点则背向太阳，经历同样时长的极夜。只有在赤道附近狭窄的区域内存在快速的日夜交替现象。

可见度

在冲日位置时，天王星在黑暗且无光污染的天空中是我们肉眼可见的。观测者在城市里用双筒望远镜也能很容易地看到天王星。使用大型业余天文望远镜进行观测时，天王星看起来像一个苍白的青色圆盘。如果望远镜的口径在 25 厘米以上，观测者甚至可以看到天王星上的云层形态以及它的一些较大的卫星，如天卫三和天卫四。

与其他行星不同，天王星"侧躺"着绕太阳公转

天王星的轴向倾角

97.8°

有趣的事实

天王星的 27 颗天然卫星的英文名字都出自大文豪威廉·莎士比亚（William Shakespeare）与英国诗人亚历山大·蒲柏（Alexander Pope）的著作。

天王星的大气与结构

天王星是一颗冰巨星。它的内核是固态的，中间的幔是由水、氨和其他挥发性物质组成的流体，最外层则是氢与氦组成的大气。如果你试图让一艘航天器降落在天王星上，它将穿过由氢和氦组成的上层大气，并沉没在它的液态冰幔之中。

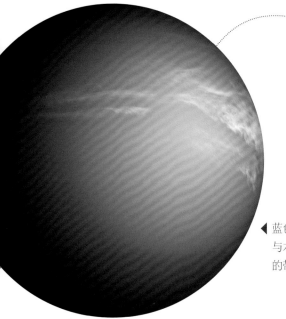

◀ 蓝色的天王星有着与木星和土星类似的带状结构

大气

　　天王星的大气中含有氢和氦，更重要的是，甲烷的含量仅次于氢和氦。甲烷吸收了太阳光谱中的红光部分，而将蓝色光谱反射回太空。天王星大气的上层含有少量的一氧化碳和二氧化碳，很可能来自落入的彗星和其他外部天体。

天王星上云的形态

　　蓝色的天王星有着像木星和土星那样的带状结构。然而，这些带状区域十分黯淡，因此只能在增强图像中被看到。1986 年，美国国家航空航天局发射的旅行者 2 号空间探测器飞越这颗行星，观察到 10 种横跨整个行星的云的形态。它还发现当时可见的天王星南半球可以被细分成两个区域：明亮的极区和暗淡的赤道带状区。两个区域的分界大约在南纬 45° 附近。

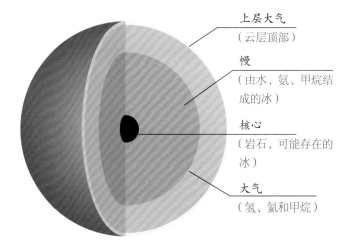

上层大气
（云层顶部）

幔
（由水、氨、甲烷结成的冰）

核心
（岩石、可能存在的冰）

大气
（氢、氦和甲烷）

▲ 天王星内部结构示意图

▼ 天王星上的带状区域并不明显，其中一条位于南纬 45° ~ 50° 这个区域的带状物是天王星表面最突出的特征之一

8 000 千米

有趣的事实

借助高分辨率影像技术，科学家们发现天王星两个半球的云彩是有区别的，北半球的云彩较小、较尖锐和明亮。

海王星

海王星是太阳系中与太阳的距离最远的行星。它的体积在八大行星中位列第四，质量则排名第三。海王星的质量是地球的 17.15 倍，绕太阳公转的平均距离为 30.1 个天文单位。

有趣的事实

海王星有 14 颗卫星，其中最有趣的一颗是海卫一，这是一个以"氮冰"为主要表面成分的冰冻世界。

质量：1.024×10^{26} 千克（17.15 倍地球质量）

赤道直径：49 528 千米

赤道周长：155 597 千米

卫星数量：14 颗

知名卫星：海卫一

已知行星环：5 个

公转周期：164.79 地球年

自转周期：16.1 小时

表面温度：−201℃

海王星的英文名字"Neptune"源自罗马神话中的海神尼普顿

大气层由氢、氦和甲烷等气体组成

幔由水、氨和甲烷结成的冰组成

内核主要由岩石构成，可能含有冰

▲ 海王星内部结构示意图

冰巨星

海王星的大气层主要由氢和氦以及少量甲烷构成，可能还有一些氨气。天文学家通常将天王星和海王星一起归为"冰巨星"。鉴于海王星呈现出的蓝色相比天王星更加鲜艳，科学家认为它的大气中可能还含有某种目前不得而知的成分。

作为典型的冰巨星，"海王星"在天文学界通常被用来指代有着类似海王星质量的系外天体，正如天文学家们常常谈论的那些系外"木星"一样。

质量和结构

海王星的质量是地球的 17.15 倍，却只有木星的 1/18。海王星的平均密度为 1.638 克／立方厘米，比天王星略大。

海王星的内核与天王星类似，其质量仅约为 1 个地球质量，主要由冰和岩石组成。海王星核心温度可能高达 7 000℃，与太阳表面的温度相接近。这颗行星的蓝色外观部分源于大气层中的甲烷。海王星表面温度为 −201℃，是太阳系中温度最低的行星，也是最接近于绝对零度的行星。

◀ 海王星在构成上与天王星更近似，而与质量更大的木星和土星这两颗气态巨行星有所不同

海王星的运动

海王星与太阳的平均距离约为 44.991 亿千米。它每 164.79 个地球年才能完成一次公转。因此，自 1846 年被发现至今，海王星刚刚完成一次绕日公转。

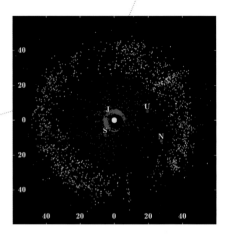

轴向倾角

海王星的轴向倾角为 28.32°，与地球（23.4°）和火星（25.19°）相近。因此，海王星上有着明显的季节变化，而漫长的轨道周期意味着那里的一个季节要持续 40 个地球年。

特洛伊天体

特洛伊天体是指轨道与行星或卫星轨道交叠的小行星或卫星。海王星拥有许多环绕太阳公转的特洛伊天体。它们与海王星保持着 1∶1 的共振关系。其中的一些在轨道上非常稳定，它们更可能是和海王星同时形成，而不是被海王星捕获的。海王星的卫星海卫十四（Hippocamp）很可能是一个被海王星捕获的天体，它已经存在了大约 12 500 年，并将继续存在 12 500 年。

▼ 海王星这颗蓝色星球要用 165 个地球年左右的时间才能环绕太阳一圈

轨道共振

海王星的轨道对处于其外围的柯伊伯带有着极大的影响。柯伊伯带是一个满布着直径从几千米到百万米的冰质小天体的环状结构，类似于小行星带，但范围大得多。

轨道共振是天体力学中的一种效应。当在轨道上的天体就周期来说形成简单的整数比时，二者就存在着轨道共振。在多数的情况下，这会导致"不稳定"的互动，处于共振中的天体将互相交换动能甚至转移轨道，直到共振不再存在。

柯伊伯带中已知存在超过 200 个天体与海王星的轨道共振频率为 2∶3。处于这种共振频率的天体，每当海王星完成 3 次公转，它们就会完成 2 次公转。柯伊伯带中最大的天体——冥王星是其中的一员，而这一类型的小天体则被统称为冥族小天体（plutino）。冥王星时常会穿越海王星的轨道，但 2∶3 的共振确保它永远不会与海王星发生碰撞。3∶4、3∶5、4∶7、2∶5 共振较为少见。

有趣的事实

海王星的天然卫星中最大且唯一拥有足够质量成为球体的海卫一在海王星被发现的 17 天后由英国天文学家威廉·拉塞尔（William Lassell）发现。

海王星的大气与磁场

海王星的内部结构与天王星类似。它的大气层占其质量的 5% ~ 10%，其厚度占海王星半径的 10% ~ 20%。海王星内核的压力是地球表面大气压的数百万倍。从大气层向下，高度越低，就聚集了越多的甲烷、氨和水。其核心部分由铁、镍和硅酸盐组成。

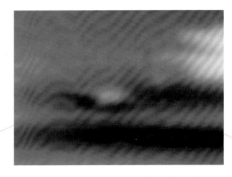

▲ 这张由哈勃空间望远镜拍摄的照片显示，在海王星南半球的一片明亮的云层附近，存在一个直径约为 4 800 千米的暗色涡旋

大气

海王星的大气层可以分成对流层、平流层、热层和外逸层。对流层的温度随高度的升高而降低，之上的平流层的温度随高度的升高而增加。平流层的上方是热层，而热层逐渐过渡为外逸层。

不太寻常的热层

海王星是太阳系中温度最低的行星，然而它的热层的温度却高达 477℃ 左右。天文学家至今还不清楚其中的热量从何而来。海王星距离太阳如此遥远，不太可能从来自太阳的紫外线辐射中获得足够的热量。海王星的热层还含有少量的二氧化碳和水，它们很可能来自太空中的流星和星尘。

磁层

海王星的磁层和天王星类似，有个倾斜度很高的磁场。它的磁场中有非偶极成分，包括强度可能超过偶极矩的强力四极矩，这是造成其磁场复杂几何结构的主要原因。相比之下，地球、木星和土星只有相对较小的四极矩。

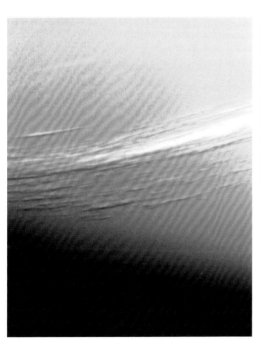

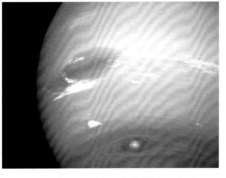

▲ 海王星有非常剧烈的气象活动。人类目前已经观测到面积如亚欧大陆般大小的黑斑、巨大的风暴和环状的云带。海王星接收的太阳能远远不及地球，不过它的气象活动远比另一颗冰巨星——天王星活跃

◄ 海王星高层的云投射在低层云的顶部上的阴影

有趣的事实

海王星有着太阳系内最猛烈的风，其风速可以高达 2 000 千米 / 时。相对而言，地球上的最大风速为 17 级，即 202 ~ 220 千米 / 时。

太空中的火山

火山的底部为行星壳之下的岩浆库。当压力升高时，火山就会喷发。气体和岩石从火山口喷涌而出，溢出或向空气中喷出熔岩碎片。火山喷发会引起横向爆炸、熔岩流、高温火山灰流、泥石流、雪崩、落尘和洪水。众所周知，火山爆发足以摧毁整片森林。

火星上的地质活动已经停止，奥林波斯山的规模亦不再增加 ▶

1. 冒纳罗亚火山

冒纳罗亚火山位于夏威夷岛的中南部，是地球上最大的火山，由一系列活跃程度各不相同的火山岛组成。它是一座盾状火山，冬天时山顶常常被雪覆盖，自 1843 年第一次有明确记载的喷发以来，它已喷发了 30 多次。

冒纳罗亚火山 ▶

3. 奥林波斯山

奥林波斯山由一个高 22 千米、宽 700 千米的中心结构组成。它是火星上的一个地标性地貌。它有珠穆朗玛峰的 3 倍高，是太阳系中最高的山。它的惊人规模归功于火星壳的稳定性以及可能超过 10 亿年的长期积累。

2. 维苏威火山

当地球大陆板块相互挤压时，摩擦生热会导致火山活动。意大利那不勒斯附近的维苏威火山就是这样形成的。

这处火山并不经常喷发，而一旦喷发就会造成灾难性的后果。空气中会充满火山灰，附近海域也会发生海啸。

▲ 地球上的休眠火山——意大利的维苏威火山

伽利略号探测器在第九次绕行木
星时捕获的影像,显示出了木卫
一上的两处火山烟柱 ▶

4. 金星上的玛阿特山

金星表面是一个火山平原,由8 000多万年前熔岩
流硬化成型。它超过3/4的地形都是由此形成的。金星
上耸立着几百座火山,其中最高的是玛阿特山,山峰有
5千米高。如果玛阿特山是活火山,这就可以解释为何
金星的大气中含有二氧化硫和甲烷。

▲ 美国国家航空航天局利用麦哲伦号探测器
的雷达拍摄到金星上玛阿特山的图像

5. 木卫一上的火山

木卫一是太阳系中火山活动
最活跃的天体。1979年美国国家
航空航天局的旅行者2号探测器首次
观测到木卫一上的火山喷发。1989年升
空、1995年进入环木星轨道的伽利略号探测
器,在每一次飞越木卫一时都能观测到火山喷发。木
卫一上的火山活动是如此剧烈,以至于我们在其表面上
找不到陨击坑的踪迹,因为它们会被喷出的火山物质迅
速填满。木卫一上的火山喷出硫黄、二氧化硫气体和火
成碎屑,它们有时会飞溅到500千米高的太空中。

6. 海卫一上的火山

旅行者2号探测器在飞越海王星的卫星海卫一时,
发现了像间歇泉一样从其表面喷出的烟流。这是"低温
火山作用"的结果。这种活动是因为阳光穿透了覆盖其
表面的氮冰区域而触发的。地下结冰的物质经过加热蒸
发,产生了温室效应。

▼ 从旅行者2号上看到的海卫一

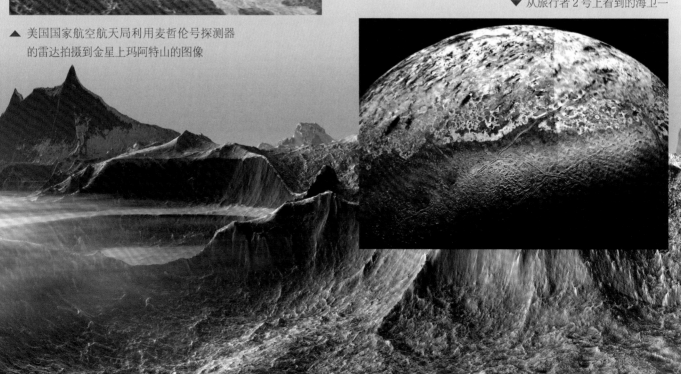

陨石撞击

 小天体撞击岩质行星的表面时会在行星表面形成陨击坑。这种地质结构是由于小行星、彗星等撞击行星或卫星而形成的。月球、火星和水星的表面有星罗棋布的陨击坑。地球在早年也曾受到极其剧烈的撞击，这些陨击坑不断地受到地质活动、火山活动和风化作用的侵蚀，大多已经不复存在。目前，地球的陆地上只留有大约 150 个可辨认的陨击坑，其中大多数分布在北美、欧洲和澳大利亚的地质稳定的克拉通（又称古陆核，指陆壳上长期稳定的构造单元）内。

小行星的撞击

　　小行星在撞击行星的表面时，会形成巨大的冲击波。这个冲击波从撞击点向外扩散，使岩石崩裂，形成一个比小行星自身体积更大的大洞。撞击会向四面八方喷射物质。小行星被粉碎成小块，还可能被熔化或蒸发。强大的撞击力甚至能熔化地上的一些岩石。如果撞向行星的小行星足够大，那些被推到陨击坑边缘的物质就会落回陨击坑中心，接着，陨击坑下面的岩石向上推，在陨击坑里就会形成一个中央峰。这些大型陨击坑的边缘也可能会下降，形成阶地，向下延伸到陨击坑中。

- 坑唇山脊：陨击坑的边缘。陨击坑形成时坑内物质被堆到边缘处，致使此处高于附近的地势。
- 抛射物：在撞击时从陨击坑中抛出的岩石物质。它们以碎片的形式从隆起的边缘向外散布到行星表面。
- 坑纹：从陨击坑及所形成的冲击激波中扩散开的辐射纹，某些情况下其延伸距离相当遥远。

陨击坑的结构

- 坑底：陨击坑碗形或平整的底部，通常低于毗邻的地面。
- 中央峰：在大型陨击坑坑底中央形成的结构。当陨击坑的直径超过几十千米时，它较容易发生塌陷，落回陨击坑的物质堆积起来，形成了中央峰。与此同时，陨击坑下方的岩石发生回弹，使中央峰变高。
- 坑壁：陨击坑的内壁，通常较为陡峭。当陨击坑边缘的抛射物因重力发生掉落时，它们有可能形成阶梯状的坑壁。

陨石撞击地球 ▶

陨击坑的类型：

1. 简单陨击坑：这类坑呈小碗状，坑壁光滑。这一类陨击坑的直径一般小于 4 千米。

2. 复杂陨击坑：复杂陨击坑一般比较大，中心有一座中央峰，有阶地结构及环状结构。

3. 陨击盆地：当撞击天体的直径超过300 千米时，它有可能在行星上形成陨击盆地。它们的直径往往超过数百千米且没有中央峰。月球上最大的陨击盆地直径达 2 500 千米，深度超过 12 千米。空间探测器在火星和水星等其他行星上也发现了陨击盆地的存在。

▲ 坑壁光滑的简单陨击坑

火星上的陨击坑

火星表面遍布着大大小小的陨击坑，坚忍环形山（较大的陨击坑又称环形山）就是其中一个。它位于火星的子午高原区域，直径约130 米。2004 年，美国国家航空航天局的机遇号火星车用 6 个月的时间对这个陨击坑进行了细致的考查。

月球上的陨击坑

代达罗斯环形山是在月球上的陨击坑之一。它的直径约93.6 千米，有中央峰结构。这个陨击坑是在小行星撞击月球表面后经反弹再次撞击而形成的。该陨击坑磨损度一般，坑沿边缘尖峭，坑壁有清晰的阶地结构。

弗里德堡陨星坑

一般认为，弗里德堡陨星坑是在 20 多亿年前形成的。它目前被认为是地球上已确认的最大陨击坑，位于南非共和国自由邦省。弗里德堡陨击坑的直径为 250 ~ 300 千米。2005 年，弗里德堡陨星坑由于其独特的地质景观被联合国教科文组织列入世界遗产。

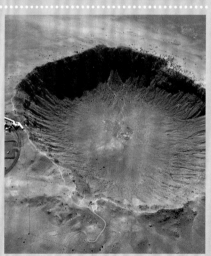

马尼夸根陨星坑

马尼夸根陨星坑是世界上第五大陨击坑，位于加拿大。它是由2.14 亿年前一颗直径达 5 千米的小天体撞击而形成。经过漫长的风化和侵蚀，这个陨击坑目前成了一个直径 72 千米左右的环形湖，又被称为"魁北克之眼"。

行星环

太阳系中最大的四颗行星都有自己的行星环，其中以土星环最为瑰丽壮观。意大利天文学家伽利略于 1610 年首次用望远镜看到了土星环。现在，随着科技的进步，人类对行星环有了进一步的了解。这些巨大的行星环内的物质有可能是硅酸盐或冰的尘粒，也可能是较大的岩石块。

▲ 天王星环

木星环

木星环没有土星环那么耀眼，因此，直到 1979 年，美国国家航空航天局的旅行者 1 号探测器才第一次发现了它的存在。目前，观测者在地球上只有用大型望远镜才能对木星环进行观测。

木星环可分为 3 个主要部分：最内层的哈洛环、相对光亮而且特别薄的主环，以及外部相对暗淡的薄纱环。木星环主要由尘埃组成，其中主环及哈洛环中的尘埃是木卫十六、木卫十五等天体在高速撞击的过程中喷出的。

天王星环

天王星环是继土星环之后第二个被发现的行星环系统。1977 年，美国天文学家詹姆斯·埃利奥特（James Elliot）和他的同事从地球上进行太空观测时发现了这一环系，比旅行者 2 号探测器的发现早了 9 年。他们原本想通过天王星的一次恒星掩星来研究天王星的大气层。所谓掩星，是指行星在穿过恒星和地球之间时，会暂时遮挡住恒星的光线。埃利奥特及其同事发现，在天王星遮蔽恒星的前后，在天王星大气层上方相当远的地方，恒星发出的光会短暂变暗大概 5 次。亮度降低的现象表明天王星被 5 个窄环所环绕。后来，天文学家又陆续发现了天王星的另外 8 个环。

▲ 一颗负责拍摄土星图像的人造卫星

▲ 17 世纪，意大利天文学家、数学家和工程师乔凡尼·卡西尼（Giovanni Cassini）首次发现了土星的四大卫星以及土星环中的卡西尼环缝

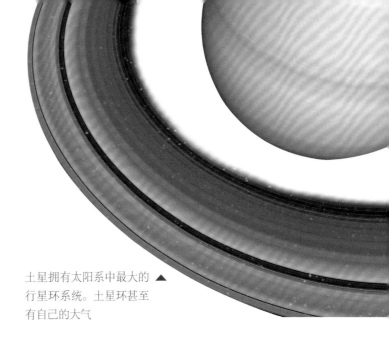

土星环

　　土星有着巨大而独特的行星环系统。几个世纪间，自从望远镜首次被用来仰望天空以来，土星环一直备受天文爱好者的追捧。根据旅行者1号及2号探测器发回的图像，科学家发现土星环实际上是由数以万计稀薄的小环和空隙构成的复杂结构。土星环上最大的缝隙，如卡西尼环缝和恩克环缝，从地球上就可观测到。受到土星磁场的影响，土星环上的物质正以光环雨的形式落回土星，有学者预计土星环将在1亿年内彻底消失。

土星拥有太阳系中最大的 ▲
行星环系统。土星环甚至
有自己的大气

▲　这幅艺术渲染图勾勒了卡西尼号探测器
　　所揭示的土星环之间的缝隙

光环粒子

　　土星环由数以十亿计的颗粒组成，它们从沙粒大小的物质到山峰大小的块状物体不等。这些环主要由水冰组成，它们在太空中运行时也会吸引岩质流星体。虽然在业余天文学家看来，土星环似乎是一个单一整体的环，但它其实存在着许多缝隙。

卡西尼环缝

　　土星环依照它们被发现的时间依序以英文字母来命名。除了一个宽度达到4 800千米的卡西尼环缝外，这些环彼此之间都相隔不远。从内开始数，土星的3个主环分别被命名为C环、B环和A环。卡西尼环缝是土星环中最大的缝隙，介于B环与A环之间。此外，科学家最近还发现了一些较暗的环。D环是一个离土星最近且光亮极其微弱的土星环。F环是A环外的一个狭窄的环。在那之外，还有两个更暗的环，分别为G环和E环，它们从任何角度来说都显示出巨大的结构，其中一些结构与土星众多卫星的引力扰动有关，但其他大部分仍无法解释。

有趣的事实

多数的行星环被认为是不稳定的，经过数千万或数亿年的岁月后就会消失。

▼　在土星众多的行星环中，B环体积最大，亮度最高，质量也最大

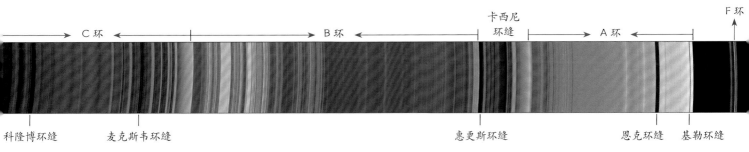

| C环 | B环 | 卡西尼环缝 | A环 | F环 |

科隆博环缝　　麦克斯韦环缝　　　　　　　　　　　　惠更斯环缝　　　　　　恩克环缝　　基勒环缝

太空风暴

土星、木星、海王星和天王星这 4 颗巨行星的表面都会形成巨大的风暴。巨行星的上层大气形成与它们的赤道平行的带状结构并进行推进。当气体聚集在行星周围高速流动时，就会形成云和风暴。木星上的风暴经常以人们容易看到的白点和黑点的形式出现，它们与木星的高层大气形成了鲜明对比。

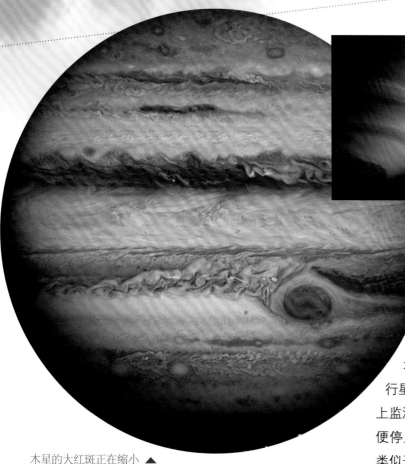

木星的大红斑正在缩小 ▲

◀ 在土星南半球上，一对大气中的"龙"正围绕着一个中心旋涡旋转

大红斑

大红斑是木星南半球大气中的一场巨大而持久的风暴。大红斑沿逆时针方向旋转，已经持续了至少 350 年。它的颜色有时会出现巨大的变化，从橙红色变成浅红色甚至白色。大红斑宽达 2.4 万 ~ 4 万千米，它是如此巨大，甚至可以容纳 2 ~ 3 个地球。1664 年，英国科学家罗伯特·胡克（Robert Hooke）首先发现了大红斑。乔凡尼·卡西尼在次年也对木星上的这个永久性斑点进行了描述。

龙形风暴

龙形风暴是于 2004 年 9 月中旬发现的强大的无线电辐射源。风暴发出的无线电波类似于地球上闪电产生的短暂静电喷发。只有在风暴从行星暗面的地平线上升起时，才能从卡西尼号探测器上监测到这些喷发；当风暴由暗面转到阳光下时，喷发便停止了。这种开 / 关模式在数周之内重复了许多次，类似于时钟一样的重复性表明了风暴和无线电爆发之间的相关性。科学家们得出结论，这是一场巨大的雷暴，其降水产生的电力与地球上的雷暴一样。风暴的能量可能来自土星大气的深层。

通过对土星大气几个月来的观测影像进行研究，科学家们根据成像发现，龙形风暴发生的位置，是在土星大气中早些时候产生过大型明亮的对流风暴的同一位置。换句话说，这场风暴似乎是一场长期存在于大气深层的风暴，它周期性地喷发出明亮的白色羽状物，并随着时间的推移而逐渐消退。早在 2004 年 7 月的一次观测结果也显示其与强烈的无线电爆发有关。

土星极光

科学家们于 1979 年首次观测到了土星的极光。几十年后，这些闪耀的光带仍在吸引着天文学家。它们高得惊人，出现在土星两极上方数百千米的高空。不像地球上的极光在短短几个小时后就会消失，土星上的极光可以持续好几天。极光是由太阳能量加速的高速粒子与行星大气中的气体碰撞而产生的。触发这些极光的过程类似于荧光灯发光的原理。

▲ 这些斑点呈椭圆形，大小为 13 000 千米 × 6 600 千米，大致相当于地球大小

有趣的事实

火星上的沙尘暴是太阳系中最大的尘暴。它们可以覆盖整个星球长达数月。因为太阳光被遮挡了，勇气号和机遇号火星车也受到了严重影响，它们的太阳能电池板被尘埃完全覆盖。

大黑斑

大黑斑是位于海王星南半球大气中的一场巨大的反气旋风暴，其大小与地球接近。据观测，围绕在大黑斑周围的风速有时可高达 2 400 千米 / 时，这是太阳系中有记录以来在所有行星上产生过的最强的风。1989 年，旅行者 2 号探测器在飞越海王星时首次发现了它的存在。然而，1994 年，当哈勃空间望远镜对海王星进行观测时，这个大黑斑却消失了，一个新的黑斑出现在海王星的北半球。

活跃的天气系统

大黑斑是一个非常活跃的天气系统，它产生了大量的白云，类似于地球上的高空卷云。然而，不像地球的卷云是由水冰组成的，海王星的卷云是由冰冻的甲烷晶体组成的。海王星的云由速度为 2 000 千米 / 时的风驱动。海王星上的风是太阳系中所有行星中风速最高的风。如此高速的风是如何在离太阳这么遥远的行星上形成的，仍是个未解之谜。

▲ 土星的极光风暴是太阳风作用的结果

▲ 土星上的明亮形状实际上是极光，它们可以持续数日

寻找太空中的水

太空中存在液态水吗？这是一个引起广泛兴趣的话题，因为人们通常认为液态水是生命存在的关键条件之一。地球表面有 71% 的面积被海水覆盖，是已知的唯一一颗拥有稳定液态水体的行星，地球上的生命最早是在海洋中孕育出来的。

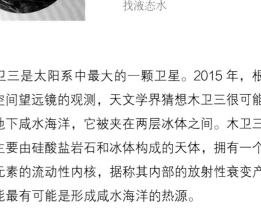

▲ 借助哈勃空间望远镜，天文学家推想在木卫三的地下可能埋藏着一片咸水海洋

◀ 人们一直没有放弃在火星上寻找液态水

沙漠化的火星

火星上的水几乎都是以冰的形式存在，只有少量以水蒸气的形式存在于大气中。液态水可能在火星表面短暂出现过，但必须符合一定的条件。火星表面的平均大气压强只有 600 帕（仅为地球海平面平均气压的 0.6%），而且火星整体的平均气温太低（-63℃），水要么会快速蒸发，要么会冻结成冰，因此火星上没有大面积液态水的存在。

土卫二

土卫二是土星的第六大卫星。2005 年，卡西尼号探测器在掠过土卫二时，发现了其南极地区喷射出富含水分的羽状物。2015 年，美国国家航空航天局根据卡西尼号的探测数据，宣布土卫二表面冰层的下面有全球性海洋，海洋底部有水热活动，即存在海底热泉。土卫二南极附近的冰火山在喷发时也会向太空喷出大量水汽以及其他挥发物。这一发现引起了人们对土卫二上是否有生命存在的探寻。

木卫三

木卫三是太阳系中最大的一颗卫星。2015 年，根据哈勃空间望远镜的观测，天文学界猜想木卫三很可能有一个地下咸水海洋，它被夹在两层冰体之间。木卫三是一颗主要由硅酸盐岩石和冰体构成的天体，拥有一个富含铁元素的流动性内核，据称其内部的放射性衰变产生的热能最有可能是形成咸水海洋的热源。

木卫二

科学家们达成了共识，认为木卫二的表面下存在一层液态水。木卫二非常寒冷，两极的最低温度可达 -223℃，因此其表面覆盖着一层冻结的冰，然而潮汐力产生的热量使得其下方的水保持着液态。此外，木卫二的大气虽然稀薄，但氧气却是其中最主要的成分。鉴于这些迹象，一些科学家建议向木卫二派出着陆器，以寻找这一天体上的生命迹象。

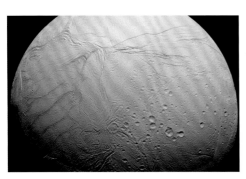

◀ 蓝绿色的"老虎斑纹"被认为是土卫二间歇泉的源头

木卫二的冰层表面布满了裂缝、暗斑相交错的地形，它们很可能是冰火山或间歇泉的喷发造成的 ▶

矮行星
-DWARF PLANETS-

▲ 谷神星、冥王星、妊神星、鸟神星和阋神星均被归为太阳系中的矮行星

　　"矮行星"这一分类的产生是天文学界关于冥王星是否应该被称为行星这一激烈争论的结果。自冥王星于 1930 年被发现以来，它一直被认为是太阳系的第九大行星。然而，在 2006 年，国际天文学联合会（International Astronomical Union，IAU）对"行星"进行了定义，太阳系中只有 8 个天体有资格被归入这一类别。矮行星与行星最主要的区别在于它是否能够清除其轨道附近的小天体。

冥王星

冥王星是唯一一颗曾被当作行星的矮行星。它现在被认为是柯伊伯带已知最大的成员之一。它曾被认为是太阳系第九大行星，也是离太阳最远的一颗行星。它是质量仅次于阅神星的第二大矮行星。

据估计，冥王星的直径不到地球的1/5，或者说只有月球的2/3

冥王星

质量：1.305×10^{22} 千克
（0.002 18 倍地球质量）

卫星数量：5 颗

知名卫星：冥卫一

轨道半长轴长度：58.74×10^8 千米
（39.26 天文单位）

表面温度：$-229\,℃$

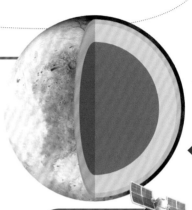

► 理论上冥王星的结构

有趣的事实

11 岁女孩维尼夏（Venetia）以罗马神话中冥界之神普鲁托（Pluto）的名字为冥王星命名。之后她的祖父向牛津大学天文学教授赫伯特·霍尔·特纳（Herbert Hall Turner）提出了这个建议。

内部结构

放射性成分的衰变最终会将冰加热至可以从岩石中分离出来，因此科学家们认为冥王星的内部结构与众不同，原始物质已经沉降入一个被冰幔覆盖的致密内核中。即使在今天，这种加热状态仍可能在继续进行，在核－幔交界处形成一层地下流体海洋。

不固定的大气层

冥王星的轨道偏心率大，轨道形状呈极扁的椭圆形，这意味着它与太阳的距离会有明显变化。冥王星的轨道不时会进入海王星的轨道。当冥王星离太阳越来越近，温度越来越高，其表面的冰就会融化，暂时形成一个稀薄的大气层。在大多数情况下，大气由氮和甲烷组成。冥王星的低重力使它的大气层比地球更厚。随着冥王星离太阳越来越远，温度越来越低时，周围可见的气体又再次回到了它的表面。当冥王星离太阳最远时，它的大气层又变得几乎可以忽略不计了。

冥王星的表面

冥王星的表面是太阳系中最冷的地方之一，温度约为 $-229\,℃$。很长一段时间以来，天文学家对它的表面了解不多，但通过哈勃空间望远镜的进一步观测，人们得知冥王星色彩丰富，表面呈现出红、黄、灰三种颜色，在赤道处还有一个可能富含一氧化碳的奇特亮斑。

▲ 太阳和矮行星冥王星

冥王星的卫星

冥王星有一个非常大的卫星——冥卫一（Charon，源自希腊神话中将灵魂运送到阴间的恶魔卡戎），它几乎有冥王星一半大小。冥王星和冥卫一相距 19 640 千米，比伦敦到悉尼的飞行距离还短。冥卫一绕冥王星公转一周需 6.4 个地球日，同时冥王星也自转一周，即一个冥王星日。冥卫一在冥王星表面同一地点的上空盘旋，且总是用同一面对着冥王星，这种现象被称为潮汐锁定。

冥王星略带红色，而冥卫一则显得灰不溜秋。科学家们猜测，冥王星上覆盖着氮和甲烷，而冥卫一上则为普通的水冰。与太阳系大多数行星和卫星相比，冥王星 - 冥卫一系统相对于太阳来说是朝一方倾斜的。另外，冥王星的自转方向与其他轨道天体相比是逆行的——它由东向西旋转。

▲ 冥卫一是矮行星冥王星已知的五颗卫星中最大的一颗

冥王星和它的卫星冥卫一 ▶

冥王星的形成与来源

有关冥王星和冥卫一形成原因的主要假设是，一个处于形成过程中的冥王星被另一个类似大小的天体击中，大部分物质结合成为冥王星，而其余分离出去的物质则形成了冥卫一。

冥王星的其他卫星

冥卫二（Nix，于 2005 年被发现）、冥卫三（Hydra，与冥卫二共同于 2005 年被发现）、原编号为 P4 的冥卫四（Kerberos，于 2011 年被发现）、原编号为 P5 的冥卫五（Styx，于 2012 年被发现）。

谷神星

谷神星是目前矮行星类别中最小的一颗。它是位于火星和木星轨道之间的小行星带中最大的天体。它由岩石和冰组成，直径 952 千米，质量在小行星带中位列第三。

谷神星

质量：9.43×10^{21} 千克
（0.000 15 倍地球质量）

直径：952 千米

卫星数量：无

离太阳平均距离：4.137×10^{8} 千米
（2.77 天文单位）

表面温度：−143 ~ −73℃

鉴于谷神星富含冰、水和矿物质，它是人类移民的首选目标

有趣的事实

谷神星与地球的距离很近，质量也很小，这使得一些科学家认为，它可能成为载人登陆任务的潜在选址或载人深空任务的发射地点。

▼ 它是内太阳系中最大的小行星和唯一的矮行星

谷神星的特点

谷神星的密度为 2.09 克 / 立方厘米，这使得科学家们得出结论，即谷神星大约 1/4 的质量来源于水。这意味着这颗矮行星比地球有更多的淡水。在 −38℃ 的低温下，谷神星表面的水会发生转化，可能会形成稀薄的大气层。

历史和发现

▼ 谷神星和地球及月球的大小对比

意大利天文学家朱塞佩·皮亚齐（Giuseppe Piazzi）发现了当时被认为是一颗行星的天体，并以罗马神话中的谷物和丰收女神刻瑞斯（Ceres，对应希腊神话中的得墨忒耳）的名字为其命名。10 年之内，人们在同一区域内发现了 4 个新的天体，它们在当时都被认为是行星。将近 50 年后，谷神星被降级为小行星。2006 年，谷神星又被升级为矮行星。它无法到达行星的地位，因为它无法用引力清除其轨道上的碎片。

谷神星是由什么组成的？

谷神星薄而多尘的壳层被认为是由岩石构成的，其中心位置还有一颗岩质内核。从地球上对谷神星的观测表明，谷神星的表面有着富含铁的黏土。人们同样还在谷神星上发现了碳酸盐的痕迹，这使得谷神星成为太阳系中已知少有的含有这些矿物质的天体之一，另外两个是地球和火星。碳酸盐被认为是反映潜在宜居度的指标。

近距离观察矮行星谷神星 ▶

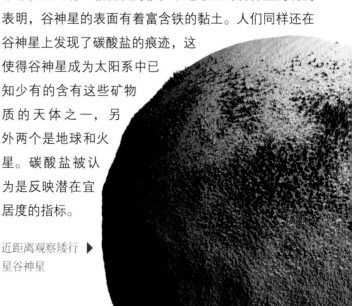

妊神星

妊神星是离太阳第三近的矮行星。它有着独特的细长外形，这使它成为所有矮行星中最不接近球形的一颗。它是太阳系中自转最快的天体之一。它每 4 个小时就完成一次绕轴自转。快速旋转使这颗矮行星形成了这种独特形状。与冥王星和阋神星一样，妊神星也在柯伊伯带进行绕日公转。它是于 2003 年 3 月由西班牙内华达山脉天文台发现的。2005 年，也就是它的卫星被发现的那一年，官方宣布了这一发现。

▲ 妊神星和它的两个卫星，妊卫一（右下）和妊卫二（左上）

妊神星

质量：4.006×10^{22} 千克（0.000 66 倍地球质量）

赤道半径：620 千米

半长轴长度：816 千米

卫星数量：2 颗，即妊卫一和妊卫二

表面温度：−241℃

妊神星的自转速度和起源自碰撞的历史使它成为迄今为止发现的密度最大的矮行星之一

有趣的事实

妊神星的表面也有一个暗红色的斑点，那里可能比周围的冰含有更多的矿物质和有机化合物。

分类

妊神星是一个类冥天体，即位于海王星轨道之外的矮行星。妊神星曾被划归为柯伊伯带天体，直至国际天文学联合会将其重新归类为太阳系中的第五颗矮行星，紧随谷神星、冥王星、阋神星和鸟神星之后。妊神星是以夏威夷的生育女神哈乌美亚（Haumea）来命名的，它的两个卫星妊卫一（Hi'iaka）和妊卫二（Namaka）的名字则源自女神的两个女儿希亚卡和娜玛卡。

特征

● **大小**：妊神星的大小约为冥王星的 1/3。它是太阳系中已知自转速度最快的大型天体。

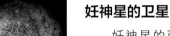

▲ 冥王星、鸟神星和妊神星（前排）

● **公转轨道**：妊神星绕太阳公转需要 285 个地球年。在离太阳最近时，它距离太阳只有 34.7 个天文单位；而在离太阳最远时，则会超过 51 个天文单位。

● **组成**：因为不同物质的拉伸程度不同，这颗矮行星的高转速让研究人员得以确定它的密度，也因此认为它几乎完全由岩石构成。另一方面，对这颗行星的观测让人们看到了它明亮而略带闪光的表面。研究人员推测，这颗矮行星的大部分内部结构都很粗糙，其表面覆盖着一层薄薄的冰壳。

妊神星的卫星

妊神星的两颗卫星比其自身要小得多。其中较大的一颗——妊卫一，质量大约是妊神星的 1%，另一颗小一些的、昏暗的妊卫二则只有妊神星质量的 0.05%。

妊卫一于 2005 年 1 月 26 日被加州理工学院的迈克尔·布朗（Mike Brown）所带领的太空专家团队发现。2005 年 6 月 30 日，同一团队发现了妊卫二。

鸟神星

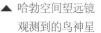

鸟神星是外太阳系中的一颗矮行星。它是第四个被确定为矮行星的天体。它被发现时，几乎正是阋神星在竞争太阳系第十大行星地位的同一时间。正是在这时，国际天文学联合会给出了行星的明确定义。因此，鸟神星和阋神星被归类为矮行星。阋神星要大于冥王星，因此冥王星也被降级成了矮行星。

◀ 鸟神星在太阳系中的位置　▲ 哈勃空间望远镜观测到的鸟神星

有趣的事实

矮行星不和八大行星在同一轨道平面上运行，而是在其上、下方来回穿梭。

"复活节兔子"

2005 年 3 月，帕洛玛山天文台的一个天文学家团队首次观测到了鸟神星。这颗小行星最初被称为 2005 FY9（编号为 136472），科研团队昵称其为"复活节兔子"。2008 年，根据国际天文学联合会以创造之神命名传统柯伊伯带天体的规则，将它的名字正式定为鸟神星（"Makemake"，这个名字源自太平洋东南部复活节岛拉帕努伊族神话中，创造人类并掌管生育的神）。

▲ 太空中鸟神星的亮度

▼ 鸟神星是柯伊伯带中名列冥王星之后亮度第二的天体。

特征

鸟神星是外太阳系已知的最大天体之一，仅比冥王星略小、略暗。科学家们认为它大约有冥王星的 2/3 大小。它的轨道在冥王星轨道范围之外，绕太阳公转一周大约需要 310 个地球年。

- 表面物质：鸟神星呈红棕色，这使得科学家们认定它的表面含有一层甲烷。也有迹象显示出冰冻乙烷和冰冻氮的存在。
- 位置：与除谷神星之外的所有已知矮行星类似，鸟神星在柯伊伯带中穿行，这是太阳系外边缘的一个充斥着冰和岩石的区域。
- 自转：鸟神星每 22.5 小时绕轴自转一次，它的一天只比地球稍短一些。

鸟神星的卫星

2016 年，小行星中心宣布发现了鸟神星的卫星——S/2015（136472）1，昵称 MK2，暂无正式中文名称，按照卫星命名习惯将其称为"鸟卫一"。这颗卫星的发现有助于测定鸟神星的质量和密度，此前只确定了这颗矮行星没有大气层，这显然不同于与之相似的冥王星。

阅神星

阅神星的英文名字源自希腊神话中掌管不和与争斗的女神厄里斯（Eris），她引发了众神之间的羡慕和忌妒，最终导致了特洛伊战争。阅神星是一颗类冥天体，也就是说，这是一颗海外矮行星。它的轨道特征更明确地将其归类为散盘型天体（Scattered Disk Object, SDO）。科学家们相信，它是在太阳系形成时，在海王星的引力作用下，从柯伊伯带被"分散"到更遥远而不同寻常的轨道上的。

▲ 太阳系各天体的大小对比

冥王星　阅神星

特征

- 轨道：阅神星的轨道周期为 558 个地球年。
- 反射率：研究表明，阅神星表面的反射率比地球上的雪更强，这表明它被一层薄薄的冰覆盖着。
- 表面物质：阅神星发出的红外光表明其含有甲烷冰，它的表面可能与冥王星和海卫一相似，其中冥王星是在阅神星被发现前已知的唯一一颗表面有甲烷的海外天体（Trans-Neptunian Object, TNO），海卫一的表面实际上也存在着甲烷。
- 外观：阅神星看起来几乎是灰色的。凝结的甲烷均匀地覆盖在它的表面，减少了反射率对比，同时遮住了所有红色的索林斯（太空中由太阳紫外线照射形成的简单的有机化合物）沉积。即便在反射率较低的地区，它和太阳的距离也能使甲烷凝结于其表面。

有趣的事实

阅神星的体积足以容纳小行星带中的所有天体。不过，它还是比地球的卫星月球小，直径大约只有月球的 2/3，体积则为月球的 1/3。

阅神星的卫星

国际天文学联合会授予阅神星官方名称时，它的卫星阅卫一也以阅神的女儿迪丝诺美亚（Dysnomia，违法女神）的名字来命名。阅卫一绕阅神星公转一周需要两个星期的时间。它的大小大约是阅神星的 1/8，在已知的矮行星卫星中，只有冥卫一比阅卫一大。天文学家目前正在研究阅卫一和阅神星之间的关系。更好地了解它们之间的相互作用，能够让天文学家测量出这颗矮行星和它的卫星的质量。

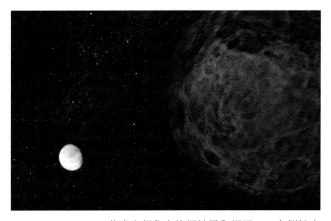

▲ 艺术家想象中的阅神星和阅卫一。右侧较大的是阅神星，左侧灰色小球体为阅卫一

海外天体

我们太阳系的外边缘并非空无一物。在冥王星的轨道附近甚至轨道之外，有着许多由岩石和冰组成的大型球状天体。天文学家给海王星外的所有天体起了个名字，称这些结冰的天体为海外天体，指的是太阳系中绕太阳公转的平均距离大于海王星的小行星。这一空间的三个组成部分分别是柯伊伯带、散盘和奥尔特云。

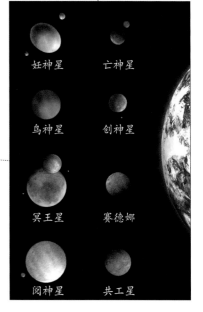

已知的大型海外天体▶
以及它们各自的卫星

分布与归类

从与太阳的距离和轨道情况来看，海外天体主要分为下列两大类：

● 柯伊伯带天体

它又细分为以下两种——

共振天体：它们与海王星发生轨道共振。

经典柯伊伯带天体：它们没有这样的共振，在几乎为圆形的轨道上运动，不受海王星的干扰。

● 散盘型天体

通常包含那些离太阳较远的天体，其轨道极其不规则，比如阋神星。

外观

● 密度：小型海外天体被认为是岩石、冰以及一些有机物质（如索林斯）的低密度混合物。另一方面，妊神星的高密度表明，其非冰含量非常高。

● 颜色：海外天体显示出很多种颜色，从蓝灰色（中性）到鲜红色。颜色分布似乎是均匀的。经典柯伊伯带天体看上去是由两种不同的颜色群体组成：所谓冷群体（倾斜度 < 5°），只显示红色；所谓热群体（倾斜度更高），显示从蓝色到鲜红色的所有颜色种类。

● 直径测量：海外天体的直径很难确定。对于轨道元素众所周知的大质量天体（如冥王星），恒星掩星时就可以精确地测量其直径。对于其他的大型海外天体，可以通过热测量来计算其直径。

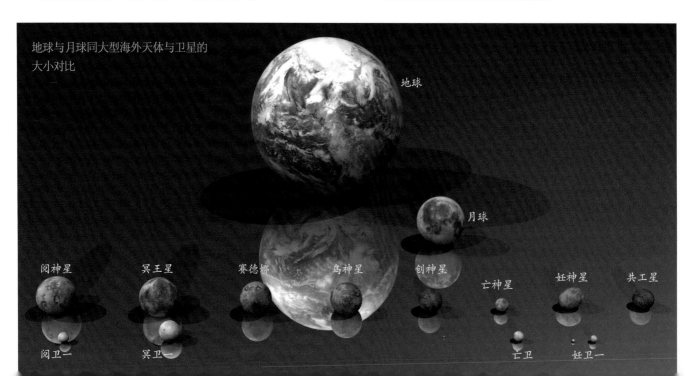

地球与月球同大型海外天体与卫星的大小对比

卫星
- SATELLITES -

▲ 太阳系中已发现约有 205 个围绕八大行星运转的天然卫星

　　卫星可以是围绕行星或恒星运行的天然卫星、行星或航天器。例如，地球是一颗围绕太阳运行的卫星。同样，月球也是一颗卫星，因为它绕着地球旋转。通常来说，"卫星"一词也指发射到太空并围绕地球或太空中的其他天体运行的航天器。

　　人造卫星正环绕着地球运行。其中一些负责拍摄地球的照片，帮助气象学家预测天气和追踪飓风，另一些则负责拍摄其他行星、太阳、黑洞、暗物质或遥远星系的照片。这些照片能帮助科学家更好地了解太阳系和宇宙。

地球的卫星

月球是地球唯一的一颗天然卫星。它虽然不是太阳系中最大的天然卫星，但就卫星与行星的体积和质量比来说，它是整个太阳系中最大的一颗。月球是一颗冰冷的岩质天体，直径约为3 476千米。它自身不发光，其表面会反射太阳光。

晚于地球形成

月球被认为是在大约45.27亿年前形成的，仅比地球稍晚一些。尽管过去关于月球的起源有很多假说，但目前最被广泛接受的解释是，月球是由地球和一个火星大小的天体忒伊亚相撞后留下的残骸所形成的。

月球大气

月球的大气层非常稀薄，所以一层尘埃可以在月球表面静静地存在几个世纪。没有什么大气层的话，热量就无法维持在月球表面附近，因此温度变化很大，在 −153 ~ 134℃这个范围内反复波动。

月相

月球自转一周的时间与绕地球公转一周的时间相当接近，因此月球总是以同一面面对地球。当它在轨道上运行时，随着阳光照射到其表面的不同区域，它所呈现的外观也不断变化。运转过程中，阳光照射到月球正面的面积先是减少，复而增加。当它面对太阳时，它就被完全照亮。我们将这一时期称为满月。这些不断变化的形态被称为月相。月相周期平均为29.5天。

▼ 月球表面

内部结构

月球有其独特的月壳、月幔和月核。月核非常小，仅占月球总质量的1% ~ 2%，半径约为350千米。它主要由铁组成，但也可能含有大量的硫和其他元素。岩质月幔厚约1 330千米，由富含铁和镁的致密岩石构成。上方的月壳大约有50千米深。

月壳的最外层由于受到了许多巨大的冲击而破碎，形成了一片碎裂区，而完整的物质则在地下约9.6千米深的地方得以保存。

引力

因为质量较小，月球的引力比地球小得多，所以一个人在月球上称得的体重大约是地球上的1/6（16.5%）。

▲ 月相

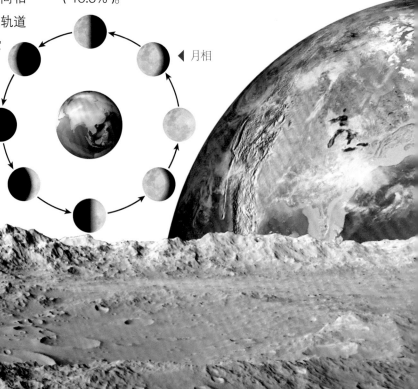

月球土壤

月球表面覆盖着一层数米厚的泥状层，这种泥状物质非常细腻。随着越来越深入，颗粒变得越来越大。坚硬的岩石位于地下大约 5 米深处，山区的土壤厚度则为 10 米。小行星对月球表面的撞击导致土壤以 20 千米/秒的速度形成。结果，岩石被压扁，形成了环形山。

月球表面

月球的表面是在月球出现几年之后形成的。持续数十亿年的小行星雨之后，火山将物质从月球内部喷发出来，填满了低洼地区。我们从地球上看到的月球上的斑点则是由小行星撞击而形成的环形山。

蓝月亮

蓝月亮（blue moon）指一个月内出现的第二次满月现象。月亮每 29.5 天围绕地球轨道运行一圈，公历大多数的月份却有 30 天或 31 天，因此，当某个月的月初出现满月时，我们就有机会在那个月观察到第二次满月。平均来说，这一现象每 2～3 年就会发生一次。

月亮真的是蓝色的吗？

满月的日期并不影响月亮的颜色。蓝月亮现象出现时的月亮通常是珍珠灰色的。有趣的是，人们一度几乎每晚都能看到蓝色的月亮。满月、半月和新月都是蓝色的。在某些夜晚，它们还会呈现为绿色。事实上，这与蓝月亮现象并不相关。

为何月亮会变成蓝色？

1883 年，印度尼西亚喀拉喀托火山喷发。科学家们认定这次喷发等同于 1 亿吨核弹的爆炸威力。火山灰被带到了地球大气层的最顶端，使月亮变成了蓝色。喀拉喀托火山的火山灰就是月亮呈现蓝色的原因。月球反射出的白光穿过云层，闪耀出蓝色光芒，偶尔还会变成绿色。蓝色的月亮在火山喷发后持续了数年。其他强度较弱的火山也曾使得月亮变成蓝色。1983 年，墨西哥埃尔奇琼火山爆发后，人们也观测到了蓝色的月亮。有报道称，1980 年的圣海伦斯火山和 1991 年的皮纳图博火山也造成月亮呈现出了蓝色外观。

月球在已知密度的卫星中排行第二 ▶

月食

月食发生在月球穿过地球后方进入本影（阴影）的时候。这只有当太阳、地球和月球正好对齐且地球位于中间时才会发生。因此，月食只能发生在满月的夜晚。

月食的种类

当月球穿过地球的半影区时，就会发生半影月食。半影会导致月球表面轻微变暗。有一种特殊的半影月食叫作全半影月食，在此期间，月球完全位于地球的半影内。全半影月食比较罕见，它发生时，月球最接近本影的部分会比月球的其他部分看上去多多少少要暗一些。月球的一部分进入本影时，则会发生月偏食。

当月球完全进入地球本影时，人们可以观测到月全食，这种现象最多可以持续将近 107 分钟。

然而，从初亏到复圆，即月球第一次和最后一次与阴影接触的总时间要长得多，可能持续长达 4 个小时。

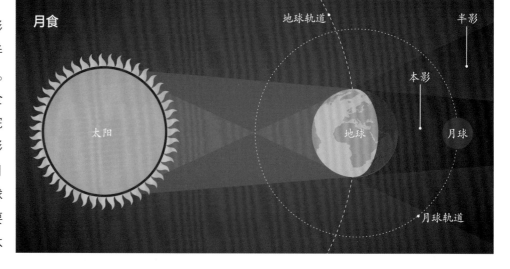

月食

地球轨道 半影 本影 太阳 地球 月球 月球轨道

地平线月食

太阳和月食同时被观测到的现象，被称为"月食伴日"。这只能发生在日落之前或日出之后。这两个天体都将出现在略高于地平线且在天空中几乎正对着的位置。这种情形引发出一种被称为地平线月食的现象。虽然月球处于地球的本影中，人们却能同时看到太阳和月食，这是由于光通过地球大气层的折射，使得两者呈现在天空中的位置都比它们实际的位置要高。

▲ 与日食不同，在观测月食时不必采取特别的防护措施，因为月球在月食时比满月时暗淡

有趣的事实

与日食只能在地球上某个特定的小范围内观测所不同的是，月食基本可以从地球上任何身处夜晚的地区观测。月食会持续数个小时，而日全食由于月球遮住太阳而形成的阴影面积较小，即便是在特定地点观测也只能持续几分钟。

过程

月食的全过程由月球和地球阴影的接触分为下面几个阶段：

半影食始：半影月食开始。地球的半影与月球的外缘接触。

初亏：月偏食开始。地球的本影接触到月球的外缘。

食既：月全食开始。月球全部进入地球的本影区内。

◁ 月食的不同月相

食甚：月全食的巅峰阶段。月球与地球本影中心最接近的时刻。

生光：月全食结束。月球的外缘离开了地球的本影区。

复圆：月偏食结束。月球表面不再和地球的本影区接触。

半影食终：半影月食结束。月球完全离开了地球的半影区。

许多早期文明都利用月亮的月相周期来计算时间。实际上，有些历法与月相是同步的。希伯来历、中国的夏历等都属于阴历。

血月

由于其微红的色泽，食既中的月亮有时被称为"血月"。最近的一次血月发生在 2019 年 1 月 21 日，美洲和西欧的数百万人都能看到这一现象。

月食与日食

日食和月食常常会被混淆。虽然它们都涉及太阳、地球和月球之间的位置关系，但两种现象的位置是全然不同的。月球穿过本影时并不会完全消失，因为地球大气层将太阳光折射到了影锥中。如果地球没有大气层，月球在月食时将会完全变黑。之所以会显示出红色，是因为月球反射的光线在到达观测者的眼睛之前必须经过地球大气层中一层又长又密的散射层。

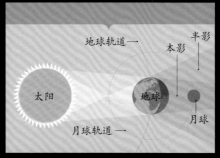

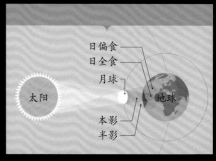

▲ 月食发生在满月时的夜晚，地球处于太阳和月亮之间；而日食发生在新月时的白天，这时月亮处于地球和太阳之间

月球潮汐

月球的引力作用于地球，导致海平面周期性的涨落，即所谓"潮汐"。高潮指水向上涨起，低潮是指水向下退去。受到月球引力的作用，地球上离月球最近的一侧会出现高潮，而由于水的惯性，这也发生在离月球最远的一侧。低潮则发生在这两个潮峰之间。

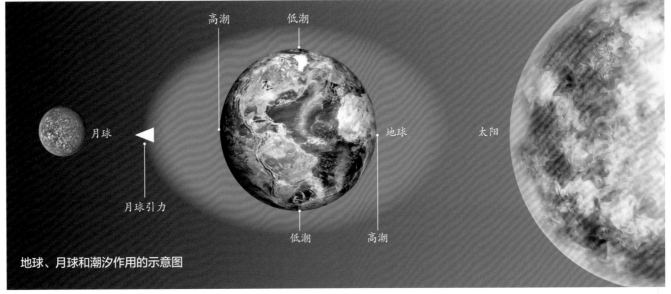

高潮　低潮　月球　月球引力　地球　太阳　低潮　高潮

地球、月球和潮汐作用的示意图

月球"逃离"地球

月球的潮汐作用使得地球自转减速。根据角动量守恒定律，地球这部分减少的能量转移到了月球的公转角动量中，从而让月球慢慢"逃离"地球。经测量，月球每年会远离地球 3.8 厘米。

太阳的影响

太阳的引力使得太阳系中除恒星外的所有天体都围绕它旋转，它必然会对地球上的水体施加一定的引力。

有趣的事实

"月"这个词来源于月球围绕地球运行的 29.5 天周期。阴历根据月相制定，与公历不同。

太阳的引力也会造成潮汐现象。然而，由于太阳和地球之间的距离几乎是月球和地球之间距离的 400 倍，它施加于地球水体的引力相比月球的引力要小得多。例如，在南太平洋塔希提岛形成的潮汐就是源于太阳的引力，潮汐的振幅也较低。

▲ 对月球影响潮汐的艺术描绘

火星的卫星

火星有两颗卫星——火卫一和火卫二，它们可能是被捕获的小行星。这两颗卫星都是在 1877 年由阿萨夫·霍尔（Asaph Hall）发现的。火星可能仍有小于 50 ～ 100 米的卫星，火卫一和火卫二之间还可能存在一个尘环，但目前都未被发现。

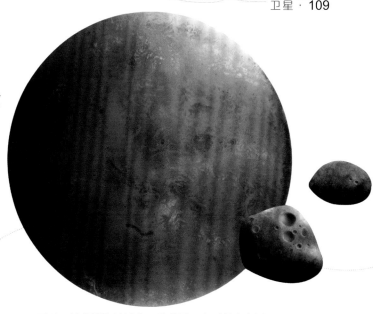

▲ 两颗卫星都被潮汐锁定，总以同一个面朝向火星

名称的由来

火星是以希腊神话中的战神阿瑞斯（Ares）的名字命名的，罗马人继承了这个说法，将火星称为"战神玛尔斯"。按照国际天文学联合会命名原则，将这两颗卫星以希腊神话中战神阿瑞斯的两个儿子"福波斯"（Phobos，意为恐惧）和"戴摩斯"（Deimos，意为恐怖）的名字命名。火卫一和火卫二的运行与月球的运行截然不同，火卫一在火星西方快速升起，在东方落下，并在 11 个小时后再次升起，而位于同步轨道之外不远的火卫二，会以非常缓慢的速度从东方升起。

被捕获的小行星

火星卫星的起源仍有争议。基于它们的相似性，有一种假说认为，这两颗卫星可能都是被捕获的主带小行星。研究发现表明，火卫一是由撞击火星产生的物质在火星轨道上重新聚积而成，这与目前流行的月球起源理论相似。

然而，火卫一与火卫二都比月球更趋近于小行星。

大小

火卫一比火卫二大，直径约为 22 千米。较小的火卫二直径还不到 13 千米。这使得它们成为太阳系中最小的两颗卫星。

有趣的事实

火卫一太小了，虽然与其他卫星和其所围绕的行星的距离相比，火卫一离火星更近，但从火星上观察到的火卫一只有月球的 1/3 大。

火卫一

火卫一是火星两颗天然卫星中较大、距离火星较近的一颗。火卫一是一个形状不规则的小型天体，平均半径为 11 千米，质量为离火星较远的卫星火卫二的 7 倍。

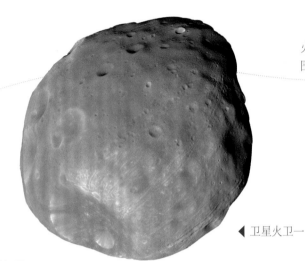

火卫一和火卫二 ▶
围绕火星运转

◀ 卫星火卫一

外观

火卫一太小了，在自身的重力作用下是不可能成为球形的。由于质量和引力非常小，它没有大气层。它是太阳系中反射率最低的天体之一。它的密度很低，已知它有着相当大的孔隙度，无法形成固体岩石。

斯蒂克尼陨击坑

火卫一布满了陨击坑，其中最显眼的是一个名为斯蒂克尼的陨击坑，以阿萨夫·霍尔的妻子安吉莉·斯蒂克尼·霍尔（Angeline Stickney Hall）的名字命名，斯蒂克尼是她的娘家姓氏。形成斯蒂克尼陨击坑的那次撞击几乎摧毁了火卫一。许多沟槽和条纹也覆盖在火卫一表面上，使其形状看起来十分奇特。这些沟槽通常不到 30 米深，100 ~ 200 米宽，却长达 20 千米。

奇特的凯顿陨石被认为是火卫一的一部分，但由于人们对火卫一的详细成分知之甚少，这一点一直难以证实。

有趣的事实

根据其特殊的轨道特性可以推测出，火卫一是中空的。

预期的解体

潮汐力的作用正使火卫一的轨道半径逐渐减小。对火卫一轨道的观测得出的结论是，它将在不到 3 000 万 ~ 5 000 万年的时间内被摧毁。考虑到它的不规则形状，并假设它是一个遵循摩尔－库仑理论（关于物质的一种强度理论）的天体，当火卫一的轨道半径减小至大约 2.1 倍火星半径时，它就会最终解体。

▲ 对火星及其卫星火卫一的艺术描绘

火卫二

火卫二是火星两颗天然卫星中较小、较远的那颗，平均半径为 6.2 千米。火卫二需要 30.3 小时绕行火星一周。

外观

  和差不多大小的天体一样，它几乎不能被称为是球形的，且只有火卫一的一半大小。它由富含碳质物质的岩石组成。它也有陨击坑，但表面明显比火卫一光滑，这是陨击坑被风化层（一层松散的、不均匀的覆盖在固态岩石上的物质）填满所造成的，风化层又是高度多孔的。斯威夫特陨击坑和伏尔泰陨击坑是火卫二表面最大的两个陨击坑，其直径均为约 3 千米。

火卫一和火卫二的轨道

  两颗卫星的轨道都近似于圆形，靠近火星的赤道平面。火卫二这颗距火星稍远的卫星，可能是一颗被木星扰动而进入轨道的小行星，在该轨道上被火星捕获。

▲ 火星及其较小的卫星火卫二

▲ 身为火星的卫星，它们更像是小行星

▲ 火卫二形似一个小而不规则的月球

凌日现象

  火卫二会定期从太阳前面经过。但它太小了，不足以形成日全食，只能形成一个小黑点。2004 年 3 月 4 日，机遇号火星车拍摄到了火卫二凌日。2004 年 3 月 13 日，勇气号火星车也拍摄到了一次火卫二凌日。

有趣的事实

火卫二最亮的时候，即在"满月"之时，从地球上看它差不多和金星一样亮。

探索

  约翰内斯·开普勒曾经根据地球有一颗卫星，木星有四颗卫星，提出火星很可能拥有至少两颗卫星。直到多年后，阿萨夫·霍尔仔细研究了该领域并进行重点搜寻后，才于 1877 年 8 月 12 日发现了火卫二，又在几天之后的 8 月 18 日发现了火卫一。

木星的卫星

木星总共有 79 颗已知卫星，包括四颗被称为伽利略卫星的大型卫星。这让它几乎可以算得上是"另一个太阳系"。木星的大小对环绕它运行的卫星数量起着很大作用，因为它周围的大型引力稳定区足够支持众多的卫星的存在。

伽利略卫星

木星的大部分卫星都比较小，直径小于 9.7 千米。1610 年 1 月，伽利略用自制望远镜发现了木星的四颗卫星，不久后由德国天文学家西门·马里乌斯（Simon Marius）命名为木卫一（Io）、木卫二（Europa）、木卫三（Ganymede）、木卫四（Callisto），其他卫星只用罗马数字编号 V（5）至 XII（12）来称呼。

在交替使用罗马名字和数字来称呼相继被发现的木星卫星之后，1975 年，国际天文学联合会按照命名规则，以朱庇特（用以命名木星的主神）的恋人和最宠爱的人的名字来命名新发现的卫星，2004 年，又扩大到用朱庇特女儿们的名字来命名。在木星的 79 颗卫星中，共有 7 颗尚未得到命名的不规则卫星。

通常认为，木星环是由木星的小卫星因为微流星高速撞击而喷出的尘埃颗粒组成的。

木星和四颗伽利略卫星 ▲

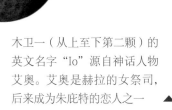
木卫一（从上至下第二颗）的英文名字"Io"源自神话人物艾奥。艾奥是赫拉的女祭司，后来成为朱庇特的恋人之一 ▲

轨道周期

木星卫星的轨道周期从 7 小时到近 3 个地球年不等。其中一些轨道几乎是圆形的，而距离木星最远的那些卫星的轨道则较为不规则。

▲ 四颗伽利略卫星正围绕木星运行

有趣的事实

伽利略卫星是目前为止木星轨道上体积最大、质量最大的天体，其余的木星卫星和光环的质量总和只占木星轨道天体总质量的 0.003%。

木卫一

木卫一是木星四颗伽利略卫星中离木星最近的一颗，是太阳系第四大卫星。它是太阳系所有卫星中密度最高的，也是已知最干燥的天体。

有趣的事实

> 除了地球之外，木卫一是太阳系中唯一观测到活火山的已知天体。

▲ 木星及其卫星的大小对比

火山

木卫一的火山作用造就了它许多独特的特征。它的火山烟流和熔岩流使其表面产生了巨大的变化。因为其中存在硫的同素异形体和硫化物，木卫一的外观呈现出各种微妙的黄、红、白、黑、绿等色彩。

超过 500 千米长的大量的熔岩流也塑造着地形。这种火山作用产生的物质构成了木卫一稀薄不均的大气层和木星广阔的磁层。木卫一的火山喷出物（火山喷出的粒子）还在木星周围产生一个巨大的等离子体环。

地质活跃的天体

木卫一拥有 400 多座活火山，是太阳系中地质活动最活跃的天体。随着木卫一受到木星和其他伽利略卫星——木卫二、木卫三和木卫四的引力牵引，其内部的摩擦产生的潮汐加热便造成了这种极端的地质活动。

其中几座火山喷发出的硫黄和二氧化硫烟柱，能上升至木卫一表面以上 300 千米的高度。木卫一的表面还散布着 100 多座山，这些山是由于木卫一硅酸盐壳底部受到大力挤压而隆起的。其中一些山峰甚至比珠穆朗玛峰还高。

自转和公转

木卫一距离木星中心 42.17 万千米，距离木星云顶 35 万千米。它的轨道位于木卫十四和木卫二之间。在木星的所有卫星中，木卫一是距离木星由近及远的第五颗卫星。

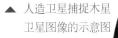

▲ 人造卫星捕捉木星卫星图像的示意图

木卫二

木卫二是距离木星由近及远的第六颗卫星，也是四颗伽利略卫星中最小的一颗，但它仍是太阳系中的第六大卫星。和所有的伽利略卫星一样，木卫二以宙斯（朱庇特在希腊神话中所对应的神）的恋人、提尔国国王的女儿欧罗巴（Europa）的名字来命名。

自转和公转

木卫二绕木星的运行周期大约为 3.55 天。与其他伽利略卫星一样，它也被木星潮汐锁定，一直以同一个半球面对着木星。

外观

木卫二略小于月球，其直径约为 3 130 千米，是太阳系中的第六大卫星和第十五大天体。然而，在很大程度上，它是质量最小的伽利略卫星。尽管如此，它和太阳系中其他已知的卫星相比仍是较大的。

内部结构

木卫二的外层有大约 100 千米厚的水，其中一部分是壳层上的冰态水，另一部分是冰层下的液态海洋。

地质结构

木卫二是太阳系中最光滑的天体之一。然而，它的赤道被认为覆盖着 10 米高的"齿列冰锥"。这是在赤道上直射的阳光和垂直裂缝的融化的共同作用下形成的。它表面最突出的特征是一系列纵横交错的深色条纹，这些条纹被称为"线条"（lineae）。线条两侧的壳层边缘有相向移动的迹象。

地下海洋

科学家认为木卫二地下存在一层液态水。正是潮汐运动产生的热量使得地下海洋能保持液态。

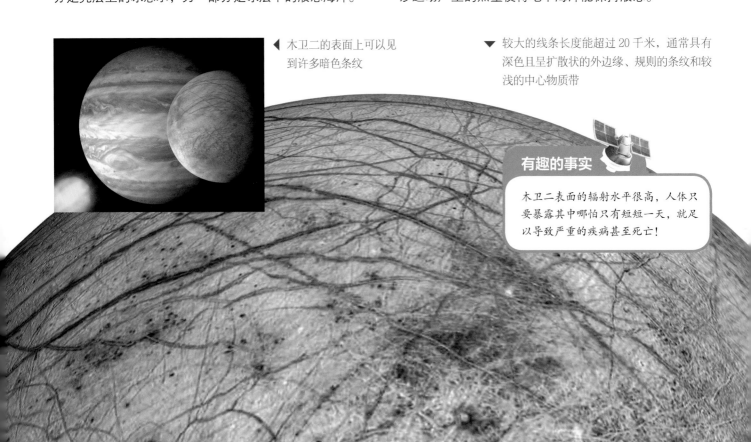

◀ 木卫二的表面上可以见到许多暗色条纹

▼ 较大的线条长度能超过 20 千米，通常具有深色且呈扩散状的外边缘、规则的条纹和较浅的中心物质带

有趣的事实

木卫二表面的辐射水平很高，人体只要暴露其中哪怕只有短短一天，就足以导致严重的疾病甚至死亡！

木卫三

木卫三是木星的卫星，也是太阳系中最大的卫星。它的直径为 5 268 千米，比水星大 8%，但只有其质量的 45%。它的直径比太阳系第二大卫星土卫六长 2%。它的质量也是八大行星的卫星中最大的，是月球质量的 2.02 倍。按距离木星从近到远排序，木卫三在木星的所有卫星中排第七。

潮汐锁定

　　木卫三在距木星约 107 万千米的轨道上运行。它是第三颗伽利略卫星，大约每 7.15 天完成一次公转。和大多数已知的卫星一样，木卫三也被潮汐锁定，总以固定的一面朝向木星。

构成成分

　　木卫三的平均密度表明，它是由等量的岩石物质和水（主要以冰的形式存在）构成的，其中还可能含有挥发性冰，如氨冰。

内部结构

　　木卫三似乎和其他卫星不同，它有一个硫化铁－铁核心以及硅酸盐幔。其内部各层的准确厚度取决于硅酸盐的构成成分以及核心中硫元素的含量。

吸积形成的木卫三

　　木卫三很可能是由木星的子星云吸积形成的，子星云是木星形成后环绕木星的气体和尘埃圆盘。木卫三的吸积形成大概用了 1 万年的时间。

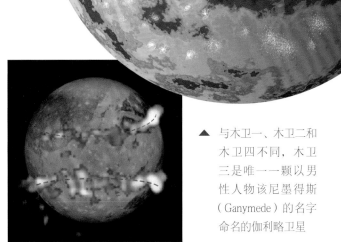

▲ 与木卫一、木卫二和木卫四不同，木卫三是唯一一颗以男性人物该尼墨得斯（Ganymede）的名字命名的伽利略卫星

▲ 科学家通过哈勃空间望远镜在木卫三表面观测到了海洋运动

▼ 木卫三和地球及月球的大小对比

地球　　木卫三　　月球

有趣的事实

木卫三比水星和冥王星都大，只比火星略小一点，如果它是围绕太阳而不是木星运转，它就能被轻而易举地归类为行星。

木卫四

木卫四是太阳系中遭受陨击最严重的天体，也有着最古老的地貌。它是伽利略卫星中最外层的一颗，也是其中密度最小的一颗。它的名字来源于阿卡狄亚国王吕卡翁的女儿、狩猎女神阿耳忒弥斯的侍女——卡利斯忒（Callisto）。

轨道

　　和其他卫星一样，木卫四的自转也被锁定，以便与其轨道同步。它的轨道周期约为 16.7 天。因为它在木星的主辐射带之外运行，所以受到的潮汐影响也比其他伽利略卫星小。

表面特征

　　木卫四有着太阳系中最古老的表面，在其表面上甚少发现地质活动的迹象。它被认为主要是在撞击的影响下逐步形成的。其突出的表面特征包括多环构造、形状各异的陨击坑和链坑，以及与之相关的陡坡、山脊和沉积物。这些地形的具体形成时间尚不清楚。

最暗的表面

　　遍布陨击坑是木卫四的标志性特征，同时它的颜色也是所有伽利略卫星中最暗的。它的成分包括镁与铁的水合硅酸盐、二氧化碳、二氧化硫，可能还有氨和其他有机化合物。它也由等量的岩石和冰组成。

▲ 木卫四的壳及其内部

木卫四多陨击坑的表面是其显著特征之一 ▲

木卫四和水星差不多大小，它是整个太阳系中的第 ▶ 三大卫星、木星系统中仅次于木卫三的第二大卫星。它被认为是一个死气沉沉的世界，表面几乎没有任何地质活动

有趣的事实

木卫四的内部可能存在海洋，这为其孕育生命留下了一丝可能性。由于其辐射水平较低，长期以来它一直被认为是建立人类未来探索木星系统的基地的最佳选择。

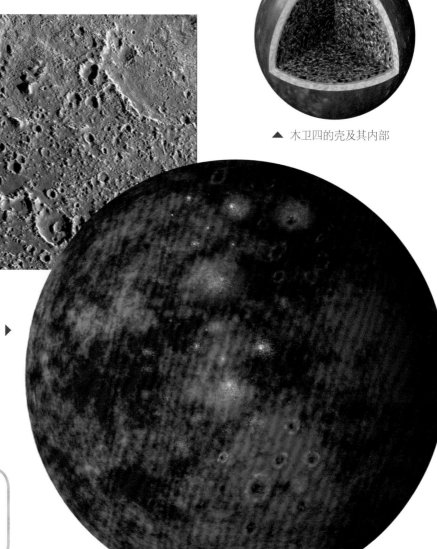

土星的卫星

土星的卫星为数众多，从直径不到 1 千米的微型小卫星到比水星还大的巨型土卫六（Titan），它们的形态各异。截至 2019 年，共有 82 颗土星卫星的轨道已得到证实。

卫星的发现

1655 年，克里斯蒂安·惠更斯发现了土星的第一颗卫星——土卫六。乔凡尼·卡西尼发现了接下来的四颗：土卫八（Iapetus，被发现于 1671 年）、土卫五（Rhea，被发现于 1672 年）、土卫四（Dione，被发现于 1684 年）和土卫三（Tethys，被发现于 1684 年）。威廉·赫歇尔于 1789 年发现了土卫一（Mimas）和土卫二（Enceladus）。土卫七（Hyperion）被发现于 1848 年，在间隔了约 50 年后，科学家于 1898 年发现了下一颗卫星——土卫九（Phoebe）。

土星的轨道

土星有 24 颗规则卫星，它们的轨道相较土星赤道平面微微倾斜。土星的 7 颗主卫星、4 颗特洛伊卫星和 2 颗共轨卫星，都属于规则卫星。

不规则卫星

规则卫星的英文名通常源自神话中与农神萨图恩（Saturn）有关的泰坦神和泰坦女神们的名字。不规则卫星按其轨道属性分为因纽特卫星群、诺尔斯卫星群和高卢卫星群，其命名源自相应的神话传说。最大的不规

▲ 太空中的土星和它的卫星

则卫星是土卫九，即在 19 世纪末被发现的土星的第九颗卫星。这颗卫星属于诺尔斯卫星群。和该群中的其他卫星一样，它的自转是逆行的。土卫九表面大约有 130 个陨击坑，每个的直径约为 10 千米。土星周围最大光环形成所需的物质就来源于这颗卫星。

土星卫星系统的质量分布得极不均衡。除最大的土卫六外，6 颗椭圆体卫星占据了围绕土星公转物质总质量的 4%，而其余的 75 颗小卫星连同光环一起，只占了总质量的 0.04%。

▲ 土卫六的质量约占围绕土星公转物质总质量的 96%

土卫九提供了最大的土 ▲
星环形成所需的物质

土卫六

土星的第六颗椭圆体卫星土卫六是土星最大的卫星，也是太阳系第二大的卫星。它是已知唯一有着致密大气层的卫星，也是除地球之外唯一一个明确发现地表存在液体的稳定天体。土卫六是第一颗被发现的土星卫星，也是除地球的卫星之外第五颗被发现的卫星。

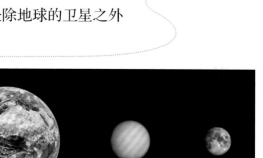

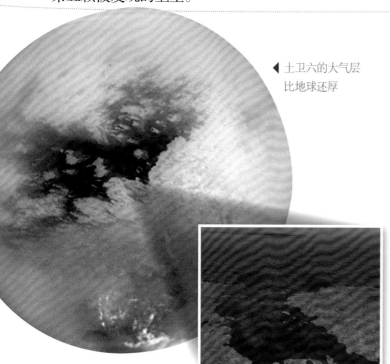

◀ 土卫六的大气层比地球还厚

▲ 地球、月球和土卫六的大小对比

大气

土卫六大气平流层包含 98.4% 的氮气、1.6% 的甲烷和氢气，以及微量的其他碳氢化合物，如乙烷、二乙炔、甲基乙炔等气体。

地质构造

土卫六的表面有着所谓"复杂、经过流体处理且地质年轻"的特点。它有条纹状的地貌，其中一些长达数百千米，这似乎是由风的侵蚀所造成的。

土卫六的表面相当光滑，这可能是在包含碳氢化合物的降雨或火山喷发后，少数看似为陨击坑的地形被填满所致的。它的表面上有着大片亮暗交替的地形，这个神秘的区域布满了丘陵，并被峡谷所分割。

土卫六表面的大部分面积都覆盖着由碳氢化合物构成的沙丘。这些沙丘可能类似于非洲的纳米比亚沙漠。

自转和公转

土卫六每 15.95 天绕行土星一圈。它的自转周期等同于公转周期。因此，土卫六与它的主行星因潮汐锁定而同步自转，总以同一面面对土星。

土星系统

科学家们认为，土星系统始于一组类似木星伽利略卫星的卫星群，但它们被一系列巨大的撞击所破坏，最终形成了土卫六。

▼ 土卫六表面示意图

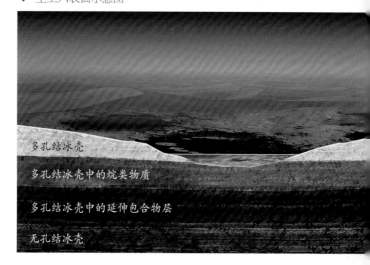

多孔结冰壳

多孔结冰壳中的烷类物质

多孔结冰壳中的延伸包合物层

无孔结冰壳

土卫八

土卫八是土星的第三大卫星，也是太阳系第十一大卫星。1671 年，乔凡尼·卡西尼最初在土星的西侧发现了这颗卫星，但几天后，当他试图在东侧观察它时，却发现它不见了。由此，他推测这颗卫星被潮汐锁定，其中一面比另一面更暗。

外观

与大多数卫星不同的是，土卫八的赤道隆起而两极扁平。它的密度很低，主要由水和少量的岩石组成。

土卫八的赤道为绵延的山脊所环绕，其长度为 1 300 多千米，约环绕球体半圈。其中一些山峰的高度超过了 20 千米，是太阳系中最高的山峰之一。土卫八表面也布满了陨击坑，其中至少有 5 个陨击坑直径超过 350 千米。土卫八最大的陨击坑是特吉斯陨击坑，直径为 580 千米。这个坑的边缘非常陡峭，有一个约 15 千米高的陡坡。

该图像呈现的土卫八较为明亮的后半球，它另一面颜色较暗。恩格利尔陨击坑位于图像下方

"阴阳脸卫星"

土卫八最显著的特征是它两面不同的色调。其同轨道方向的半球呈墨黑色，而背面则较为明亮。当这颗卫星面向地球时，它的暗面会让它在太空中隐身。墨黑色的区域被称为卡西尼区，以意大利天文学家卡西尼的名字命名。有一种理论认为，冰火山喷发出的暗色碳氢化合物可能造成了这种颜色上的不同。

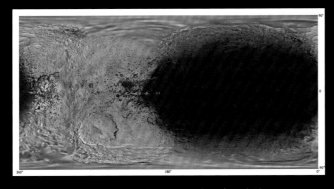

这张图展示了对土卫八暗面的近距离观察。在地球上观测时，它的暗面使得它在太空中隐身

这张图显示了黑暗的卡西尼区及其明亮的隆塞斯瓦列斯高地的边界，位于右侧最大的特吉斯陨击坑，以及赤道山脊

有趣的事实

土卫八的温度范围从暗面的 −143℃ 到亮面的 −173℃，亮面吸收热量较少，因此温度更低。

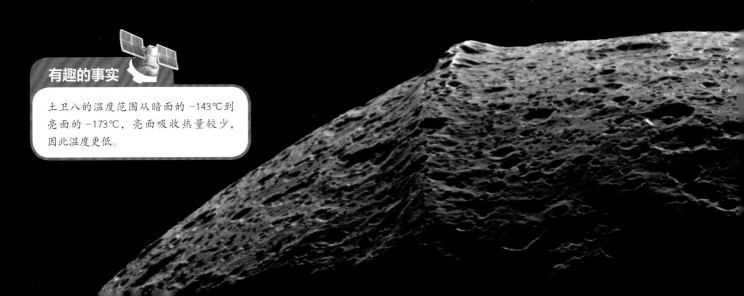

土卫五

土卫五是土星的第二大卫星，也是太阳系第九大卫星。它是太阳系中处于流体静力平衡状态的最小天体。它由岩石和冰组成，看起来像一个脏雪球。它也是唯一一个大气中含有氧气的卫星，尽管很稀薄。它还是太阳系中陨击坑最多的卫星之一。

◀ 土卫五的假彩色图像，其英文名"Rhea"源自希腊神话中的"众神之母"瑞亚

因为其具有巨大的明亮射线系统，土卫五上有一个被称为"因克托米"的明显的陨击坑，这个名字源自拉科塔族神话的狡猾之神 ▶

大气

土卫五的周围存在着非常微弱的氧气大气，这是除地球外，第一个有直接证据表明氧气大气存在的天体。这些氧气主要是由土星磁层提供的离子在其表面对水和冰进行的辐射分解作用形成的。

除了氧气，科学家还在土卫五上还发现了二氧化碳的踪迹，这表明在这个天体上生命可能得以存活。有人认为土卫五上的空气有可能可供人类呼吸。

▲ 地球、月球和土卫五的大小对比

外观

土卫五的密度是液态水的 1.233 倍，这意味着它由 3/4 的冰和 1/4 的岩石组成。土卫五在它黑暗的后半球上有 2 个巨大的陨击坑，它们的直径为 400～500 千米。二者中位于北部的陨击坑被称为蒂拉瓦陨击坑。

土卫五的表面

土卫五的表面可以根据陨击坑密度分为两个不同的区域：第一个区域中的陨击坑直径大于 40 千米，而第二个区域中的陨击坑直径小于 40 千米，分布在极地和赤道的部分地区。面对土星的半球坑坑洼洼，亮度均匀。因此，土星的引力对土卫五就没那么大作用了。

有趣的事实

围绕土卫五的大气层非常稀薄，地球上氧气的密度大约是土卫五上的 5 万亿倍！

土卫四

土卫四由意大利天文学家乔凡尼·卡西尼于 1684 年发现。它的英文名字"Dione"源自希腊神话中的泰坦女神狄俄涅，其轨道周期为月球的 1/10。

▲ 土卫四和其他土星卫星的大小对比

◀ 土卫四上存在时间较长的陨击坑的裂缝。从右上角蔓延到左下角的是迦太基槽沟，而右下角是帕克托洛斯链坑

外观

土卫四是太阳系第十五大卫星，主要由水冰组成。但由于它是土星密度第三大的卫星，其内部有密度更大的物质，比如硅酸盐岩石。它具有与土卫五相似的反射率特征和地形。两者的前半球和后半球都不尽相同。土卫四的前半球坑坑洼洼，亮度均匀，而后半球有着一个明亮的冰悬崖网络，这是其独特的表面特征。

陨击坑

土卫四表面呈现多样化，其中包括含有很多陨击坑的起伏地形、含有中等数量陨击坑的平原、含有少量陨击坑的平原，以及地质断裂区域。含有很多陨击坑的地区有许多直径超过 100 千米的陨击坑。平原地区的陨击坑的直径一般小于 30 千米。大多数含有很多陨击坑的地区位于土卫四的后半球，而含有少量陨击坑的平原位于它的前半球。

冰悬崖

土卫四的照片显示，其后半球有一些线条状的地貌。这些地貌的起源比较令人费解。我们只知道，这种物质有很高的反射率，而且足够薄，因而它无法覆盖土卫四表面。研究显示，这种线条状的物质其实并不是沉积物，而是由地质断裂形成的明亮的冰悬崖。

有趣的事实

土卫四有两个特洛伊卫星，即土卫十二与土卫三十四，它们分别位于土卫四前方和后方 60° 的拉格朗日点 L_4 和 L_5 处。

◀ 由旅行者 1 号探测器拍摄的土卫四图像。图像左上方为迪多环形山，右上方为埃涅阿斯环形山

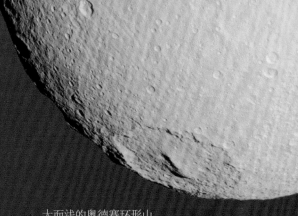

土卫三

土卫三是一颗中等大小的土星卫星，直径约为 1 066 千米。它于 1684 年被乔凡尼·卡西尼发现，且它的英文名"Tethys"源自希腊神话中的十二泰坦神之一——忒堤斯。木卫三的表面非常明亮，亮度仅次于土卫二，是亮度第二的土星卫星，并呈现出中性的色彩。它与土卫十三和土卫十四使用同一个轨道。

大而浅的奥德赛环形山，其隆起的中心位置是复合地形谢利亚山

土卫三是主卫星中离土星第三近的一颗

冰冻的表面

像土星周围的许多卫星一样，土卫三是由水冰构成的。冰冻的表面有着高度的反射性，这一特征是由于土卫二喷出的水冰粒子淋到了土卫三上而形成的。

色彩模式

土卫三的表面有许多大型的地貌，由各自的颜色或亮度来区分。当它朝远离太阳的方向运动时，后半球变得越来越红并越来越暗。当它朝接近太阳的方向运动时，前半球也会微微变红，但不会变暗。

奥德赛环形山

尽管大多数陨击坑都很小，但奥德赛环形山的直径几乎相当于这颗卫星直径的 2/5。其直径长达 400 千米，大约和土星最小的主卫星土卫一的直径一样大小。这个坑很浅，它的底部与这颗卫星的形状融为一体。

伊萨卡深谷

伊萨卡深谷是一条大型的沟壑，从土卫三的北极延伸到南极，绵延 2 000 千米，跨度大约相当于这颗卫星周长的 2/3。伊萨卡深谷宽 100 千米，深 5 千米。一种观点认为，它与奥德赛环形山是在同一次撞击中形成的。另一种观点认为，在核心形成之前，它的表面就冻结了，导致核心膨胀，壳层开裂，由此才形成了这个深谷。

美国国家航空航天局发射的卡西尼号探测器在土卫三上发现了类似经典游戏形象"吃豆人"的形状

土卫三和它的主行星土星

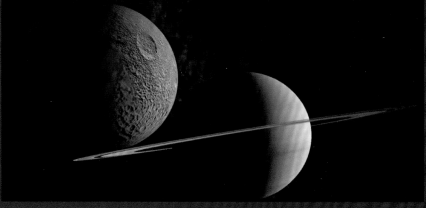

天王星的卫星

天王星有 27 颗已知卫星，它们在英文中是以威廉·莎士比亚和亚历山大·蒲柏作品中的人物名来命名的。天王星的卫星分为三组：13 颗内卫星、5 颗主卫星和 9 颗不规则卫星。

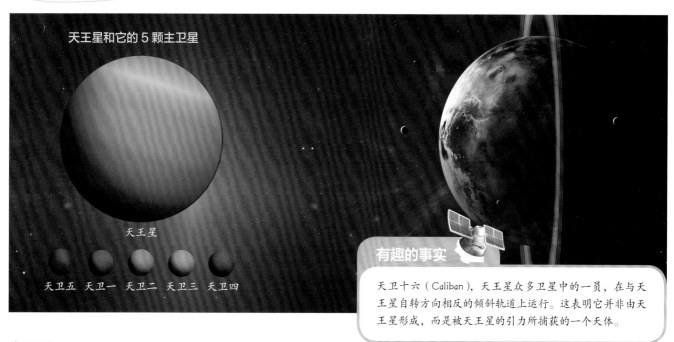

天王星和它的 5 颗主卫星

天王星

天卫五　天卫一　天卫二　天卫三　天卫四

有趣的事实

天卫十六（Caliban），天王星众多卫星中的一员，在与天王星自转方向相反的倾斜轨道上运行。这表明它并非由天王星形成，而是被天王星的引力所捕获的一个天体。

内卫星

天王星已知拥有 13 颗内卫星。它们的轨道在天卫五（Miranda）的轨道内侧。所有的内卫星都与天王星环有紧密联系。最靠近天王星的两颗卫星——天卫六（Cordelia）和天卫七（Ophelia）被称为牧羊犬卫星，而小卫星天卫二十六（Mab）则是天王星最外环组成物质的来源。

主卫星

天王星有 5 颗主卫星——天卫一（Ariel）、天卫二（Umbriel）、天卫三（Titania）、天卫四和天卫五。它们的直径从 472 千米（天卫五）到 1 578 千米（天卫三）不等。天王星的主卫星被认为是在吸积盘中形成的，这个吸积盘在天王星形成后还在其周围存在了一段时间；另一种可能则是天王星早期受到过强烈的撞击，进而形成了主卫星。

不规则卫星

天王星有 9 颗不规则卫星，它们的轨道距离比主卫星中最远的天卫四（Oberon）还要远。所有的不规则卫星都被认为是在天王星形成后不久被捕获的天体。天王星不规则卫星的直径从 150 千米（天卫十七，Sycorax）到 18 千米（天卫二十一，Triculo）不等。

▲ 天王星卫星 - 环系统示意图

卫星猎手

发现天王星的威廉·赫歇尔于 1787 年发现了天王星的两颗卫星——天卫四和天卫三。1851 年，英国天文学家威廉·拉塞尔发现了天卫二和天卫一。1948 年，杰拉德·柯伊伯（Gerard Kulper）发现了太空时代到来前的最后一颗卫星——"弗兰肯斯坦卫星"天卫五。

天卫一

天卫一是天王星已知的 27 颗卫星中的第四大卫星。它围绕天王星的赤道平面自转和公转，几乎垂直于天王星自身的轨道，因此有一个极端的季节变化周期。

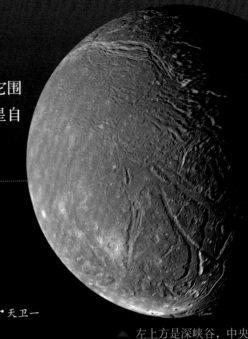

成分与结构

天卫一是天王星的第四大卫星。它大致由等量的水冰和致密的非冰成分组成。这些成分可能是岩石和包括大有机碳分子（索林斯）在内的碳质物质。根据它的大小以及组成成分，科学家得以确定它的内部结构是一个被冰幔包围的岩质核心。

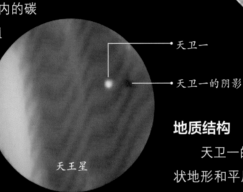

天卫一 →
天卫一的阴影 →

天王星

△ 天卫一穿越天王星时留下的影子

△ 左上方是深峡谷，中央左侧下方明显的非圆形陨击坑就是扬戈尔陨击坑

反射率和颜色

天卫一是天王星卫星中反射率最高的。它的表面呈中性的颜色。后半球看上去比前半球略红。深峡谷与坑状地形有着同样的色泽。

地质结构

天卫一的表面可分成三种地形类别：坑状地形、脊状地形和平原，主要地貌有陨击坑、深峡谷、断层崖、山脊和沟槽。坑状地形是天卫一上最古老也最普遍的构造，它是一种遍布着多个陨击坑而绵延起伏的地形，纵横交错着一系列的陡坡、深峡谷和狭窄的山脊。最长的深峡谷是克奇纳深谷，其长度超过 620 千米。

脊状地形由山脊带和沟槽组成。在每条可达 25 ~ 70 千米宽的山脊带内，都有着独立的山脊和沟槽。在天卫一上所观察到最新形成的地形是地势低而平坦的平原。在深峡谷的底部，以及坑状地形中心的一些不规则洼地上，都可以看到平原。

▽ 天王星的 5 颗主卫星中，天卫一是离天王星第二近的，在距离其约为 19 万千米的轨道上运行

有趣的事实

天卫一及另外 4 颗主卫星都有着类似行星的质量，因此如果它直接围绕太阳运行的话，就会被认为是矮行星。

天卫五

天卫五是天王星的 5 颗主卫星中最小也是最内侧的一颗。与天王星的其他卫星一样，它的轨道位于天王星的赤道平面。

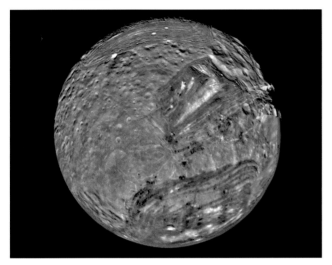

▲ 已知最大的悬崖——维罗纳断崖

轨道

天卫五是唯一一颗离天王星很近的卫星，距离其表面大约 12.9 万千米。它的公转周期约为 1.41 天，因为天卫五被潮汐锁定，所以其公转周期与自转周期是同步的，这意味着它总是以同一面对着天王星。对于一个如此接近行星的天体来说，它的轨道倾角异常之大，大约是天王星其他卫星的 10 倍。

外观

天卫五是天王星周围卫星中密度最小的。这表明其水冰的成分超过 60%。天卫五的表面可能大部分是水冰。这一低密度天体的内部可能含有硅酸盐岩石和有机化合物。

天卫五上大部分的地质结构至今仍无法解释，有一种观点认为，这是卫星分裂和重组的结果 ▶

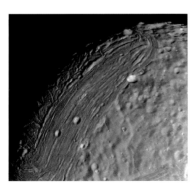

地质结构

天卫五过去有着剧烈的地质活动，因而其表面混杂着各种支离破碎的地形，并纵横交错着巨大的深峡谷。它还有着太阳系中已知最大的悬崖——维罗纳断崖，其落差超过 5 千米。三个被称为"冕状物"的巨型跑道状沟槽结构，分别被命名为雅顿（Arden）、埃尔西诺（Elsinore）和因弗内斯（Inverness），每个至少有 200 千米宽，20 千米深。它们被发现于天卫五的南半球，可能是由底辟顶部的伸展作用或暖冰上涌形成的。

天卫五过去的地质活动被认为是与天卫二发生轨道共振时潮汐加热的结果。

▲ 天王星和它的 5 颗主卫星

大卫五直径 470 千米，是太阳 ▼ 系中最小的行星卫星之一，在自身的引力作用下呈球形

天卫三

天卫三是天王星最大的卫星，也是太阳系中的第八大卫星。天卫三由威廉·赫歇尔于 1787 年发现，它以莎士比亚《仲夏夜之梦》中的仙后泰坦尼娅的名字命名。

轨道

在 5 颗主卫星中，天卫三是离天王星第二远的卫星。它的轨道周期大约是 8.7 天，自转周期与之同步，意味着它是一个潮汐锁定卫星，总是以同一个面朝向天王星。它的轨道位于天王星磁层内，因此它的后半球被带电粒子撞击，这可能是导致后半球变暗的原因。除了天卫四，天王星所有的卫星上都能观察到这种现象。

天卫三的亮度介于黑暗的
天卫四、天卫二与明亮的
天卫一、天卫五之间 ▶

地质结构

天卫三的表面通常是微红色的，有三种地质特征：陨击坑、深峡谷和陡坡。有些陨击坑，比如乌苏拉陨击坑和杰西卡陨击坑，被由形成时间相对较晚的冰体构成的明亮的辐射状撞击喷出物所包围。天卫三上几乎所有的大型陨击坑都有中央峰和平坦的坑底，只有乌苏拉陨击坑的中心有一个大坑。

大气

天卫三表面存在着二氧化碳表明它可能有一个稀薄的季节性大气，类似于木星的伽利略卫星木卫四。

▲ 天王星与 5 颗主卫星的大小对比

成分

天卫三的密度比较大，这表明它由几乎同等比例的水冰和致密的非冰成分组成。它们可能是由岩石和包括重有机化合物在内的碳质物质组成的。水冰吸收谱带在前半球比在后半球稍强一些。除了水，科学家还在天卫三表面发现了仅有的另一种化合物——二氧化碳，它主要存在于后半球。天卫三的内部是一个岩质核心，周围环绕着一圈冰幔。

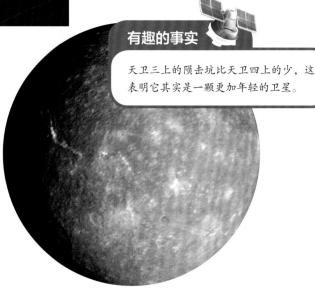

有趣的事实

天卫三上的陨击坑比天卫四上的少，这表明它其实是一颗更加年轻的卫星。

天卫四

天卫四是天王星主卫星中最外层的一颗。在天王星所有卫星中，它的体积和质量均处于第二位，同时它也是太阳系第十大卫星。1787 年，威廉·赫歇尔发现了天卫四。

▲ 天卫四的假彩色图像。有着黑色坑底的大型陨击坑（右侧）是哈姆雷特陨击坑，奥赛罗陨击坑在它的左下方，莫姆尔深谷则位于它的左上方

轨道

在天王星的 5 颗主卫星中，天卫四是离天王星最远的一颗。它的轨道周期约为 13.5 天，与自转周期相同。也就是说，这是一颗同步自转卫星，处于潮汐锁定状态，一直以同一面朝向天王星。它很大一部分轨道在天王星磁层之外，因此其表面直接经受着太阳风的轰击。对于天王星磁层内运行的天体，磁层粒子的轰击会导致后半球变暗。除了天卫四外，天王星其他所有卫星都能观测到这种现象。

成分与内部结构

天卫四的密度高于土星卫星的典型密度，这表明它由比例大致相等的水冰和致密的非冰成分组成。与其他天王星卫星相比，它后半球的水冰吸收谱带比前半球的更强。天卫四的内部可能分化出了一个被冰质地幔包围的岩质内核。

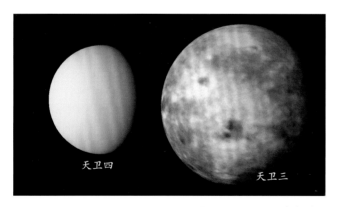

▲ 天卫四和天卫三的大小对比

有趣的事实

天卫四的英文名"Oberon"来源于莎士比亚《仲夏夜之梦》中的角色——仙王奥伯龙。

地质结构

天卫四是仅次于天卫二的表面最暗的天王星卫星。在它的表面发现了两种地质构造：陨击坑和深峡谷。与其他天王星卫星相比，它遭受过最猛烈的撞击。数目庞大的陨击坑表明它有着天王星卫星中最古老的表面。已知最大的陨击坑为哈姆雷特陨击坑，其直径达到了 206 千米。大型的陨击坑周围都分布有明亮的辐射状撞击喷出物，由形成时间相对较晚的冰体构成。天卫四表面还纵横交错着一系列的深峡谷地形，不过较之天卫三表面发现的峡谷来说，其分布范围较窄。其中最引人注目的深峡谷是莫姆尔深谷。

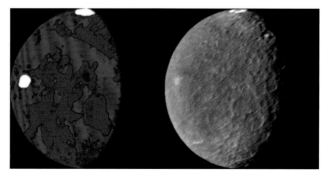

▲ 天卫四的假色彩图像（左）和真色彩图像（右）

天卫二

天卫二与天卫一是同时被发现的。天卫二的英文名"Umbriel"是以亚历山大·蒲柏的诗《夺发记》中的角色乌姆柏里厄尔的名字命名的。

轨道

天卫二是离天王星第三远的卫星。它的轨道略有偏心,向天王星的赤道略微倾斜。它的公转周期约为 4.1 个地球日,与自转周期一致。它的轨道完全位于天王星磁层内,致使它的后半球被带电粒子撞击而变暗。天卫二同时也是磁层带电粒子的聚集点,这使得其轨道附近的高能粒子数明显减少。

▲ 旅行者 1 号探测器拍摄的天卫二

成分与内部结构

天卫二在天王星的卫星中,体积排第三,质量排第四。它的密度表明其主要由水冰构成,而非冰致密成分约占其质量的 40%。水冰的存在得到了红外光谱观测的佐证,这些观测显示出了其表面的晶状水和冰。天卫二前半球的水冰吸收谱带强于后半球。

地质结构

天卫二仅存在陨击坑这一种地质特点。它的表面分布着一些比天卫一和天卫三更大的陨击坑。它的地质活动非常少。陨击坑的直径从几千米到 210 千米不等。天卫二上所有已知的陨击坑都有中央峰,但没有辐射状喷出物。最具代表性的地貌是文达环形山。它的直径约为 131 千米,底部有一大圈明亮物质,可能为撞击沉积物。沿着附近的晨昏线可以看到乌维陨击坑和斯钦得陨击坑,它们有着明亮高大的中央峰。

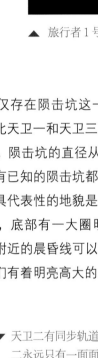

天卫二有着天王星 ▶
卫星中最暗的表面

▼ 天卫二有同步轨道和潮汐锁定的特性,使天卫二永远只有一面面向天王星

有趣的事实

天卫二所反射的光线不到天卫一的一半。此外,它的图像显示极点处有一个神秘的明亮光环,直径约 140 千米。

海王星的卫星

海王星有 14 个已知卫星。涅普顿是罗马神话中的海神，因此所有的卫星都是以希腊神话中相应的海神的名字来命名的。

历史与背景

海卫一（Triton）是海王星截至目前发现的最大的卫星。在发现海王星仅仅 17 天之后，威廉·拉塞尔于 1846 年 10 月 10 日发现了海卫一。一个多世纪过去后，海卫二（Nereid）才被发现。海王星的海卫十三（Neso）是太阳系中离其最远的卫星，轨道周期约为 26.7 个地球年。

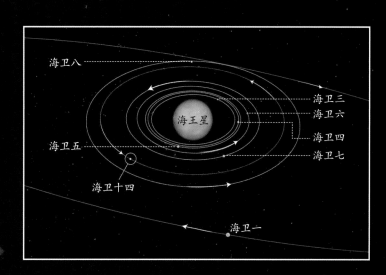

海王星及围绕它运转的数颗卫星 ▶

特征与分类

海王星的卫星可以分为两组，即规则卫星和不规则卫星。规则卫星包括 7 颗内卫星，这些卫星的轨道位于海王星的赤道平面，它们沿着圆形的轨道顺向运行。不规则卫星由包括海卫一在内的所有其他卫星组成。它们通常沿着倾斜、偏心的轨道运行，这些轨道通常是远离海王星的逆行轨道。海卫一是其中唯一的例外，它在接近海王星的圆形轨道上运转，但这个轨道同样是逆行和倾斜的。

规则卫星

按照与海王星由近及远的顺序，这些规则卫星分别为海卫三（Naiad）、海卫四（Thalassa）、海卫五（Despina）、海卫六（Galatea）、海卫七（Larissa）、海卫十四（Hippocamp）以及海卫八（Proteus）。海卫三是离海王星最近的规则卫星，也是内卫星中第二小的。海卫十四是最小的规则卫星，在它被发现之前，海卫三是最小的。海卫八是最大的规则卫星，也是海王星的第二大卫星。规则卫星很可能是在海王星附近的某个地方形成的。

不规则卫星

按照与行星由近及远的顺序，海王星的不规则卫星分别为海卫一、海卫二、海卫九（Halimede）、海卫十一（Sao）、海卫十二（Laomedeia）、海卫十三和海卫十（Psamathe），它们都是由海王星引力捕获而形成的，这一点与天王星和木星等巨行星的不规则卫星相似。

海卫一

海卫一是海王星最大的卫星。英国天文学家威廉·拉塞尔于 1846 年 10 月 10 日首次发现的。海卫一是太阳系中极少数已知并被证实其地质活跃的卫星之一。

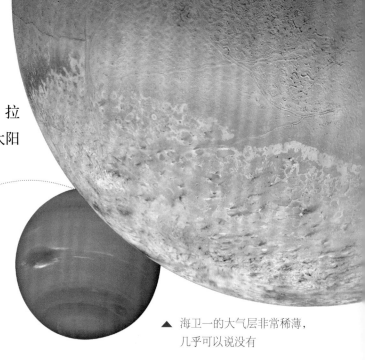

▲ 海卫一的大气层非常稀薄，几乎可以说没有

发现

在海王星被发现后仅 17 天，海卫一就被发现了。据说当约翰·赫歇尔得到了海王星被发现的消息时，他写信给拉塞尔，建议他去搜寻海王星可能存在的卫星。

命名

海卫一的英文名"Triton"源自希腊神话中波塞冬之子海神崔顿。希腊神话中的波塞冬等同于罗马神话中的海神涅普顿。这个名字最初由卡米耶·弗拉马里翁（Camille Flammarion）在他 1880 年出版的《大众天文学》一书中提出，几十年后被正式采用。海卫一一度被称为"海王星卫星"，旨在强调它是海王星唯一的卫星，直到一百多年后科学家发现了第二颗卫星。

轨道

在太阳系所有的卫星中，海卫一是独树一帜的。它的公转轨道是逆行的，与海王星的自转方向相反。值得注意的是，木星和土星的大多数不规则卫星，以及天王星的一些外层卫星都是逆行的。然而，这些卫星相比之下都离它们的行星远得多。它们与海卫一相比很小。其中最大的卫星为土卫九，它的直径仅为海卫一的 8%，质量仅为海卫一的 0.03%。

捕获与大气

海卫一很可能是被海王星捕获的。这个过程通常会把现有的卫星摧毁成尘埃和角砾。海卫一有着极为稀薄的氮气大气层，密度不到地球大气层的 1‰。

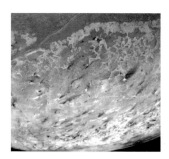

▲ 旅行者 2 号探测器拍摄到的海卫一照片

有趣的事实

拉塞尔声称还发现了海王星的行星环。海王星后来被证实确实有光环。然而，它们是那么微弱和暗淡，他是否真的看到了这些光环，实在是令人怀疑。

▼ 海卫一的表面年轻且复杂

▲ 海卫一的轨道示意图

海卫八

海卫八是海王星的第二大卫星，也是其最大的内卫星。它很可能不是和海王星一同形成的原始天体，而是后来海王星从柯伊伯带捕获海卫一时形成的碎片中积累起来的。

▲ 围绕海王星运转的海卫八

命名与发现

海卫八是旅行者 2 号空间探测器在飞越海王星的两个月前（1989 年 8 月）所拍摄的照片中发现的。它被临时命名为 S/1989 N 1。1989 年 7 月 7 日，斯蒂芬·P. 辛诺特（Spephen P. Synnott）和布拉德福德·A. 史密斯（Bradford A. Smith）宣布了这一发现，称这是"花了 21 天拍摄的 17 帧照片"，由此推断其发现日期很可能是在 6 月 16 日前后。1991 年 9 月 16 日，S/1989 N 1 被命名为"Proteus"，该名字源自希腊神话中可以变幻外形的海神。

轨道

海卫八离海王星的距离大约是海王星赤道半径的 4.75 倍。它的轨道略有偏心，与海王星赤道的倾角约为 0.5°。它是海王星规则卫星中最大的一颗，轨道为顺行方向，与海王星的轨道运动同步自转，这意味着海卫八总以同一面朝向海王星。

▷ 从另一个行星上望去，海卫八的影子落在了海王星上

外观

海卫八的直径约为 420 千米，大于第二颗被发现的卫星海卫二。但因它离海王星非常近，经常会消失在海王星反射的耀眼阳光中，以至于未能被地球上的望远镜观测到。

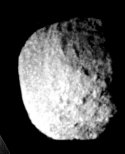

有趣的事实

海卫八半径约为 210 千米，趋近于球状，但仍然和球形有很大偏差，最大偏差在高度上可达 20 千米，还有着 15 千米深的陨击坑。大多数科学家相信，它已经到了同等密度的天体在尚未被自身引力拉伸至球状的最大极限。

海卫二

海卫二是海王星的第三大卫星。它的轨道高度偏心，因此而闻名于世。杰拉德·柯伊伯于 1949 年发现了这颗卫星。这也就是说，这是第二颗被发现的海王星卫星。

命名与发现

1949 年 5 月 1 日，在麦克唐纳天文台工作的杰拉德·柯伊伯在用 82 英寸望远镜拍摄的底片上发现了海卫二。他在关于这一发现的报告中将之命名为"Nereid"，这个词源自希腊神话中的一名海中仙女，她是海王的随从，后来成为海卫二的正式命名。

这是第二颗也是最后一颗通过地球地面探测手段发现的海王星卫星。直到旅行者 2 号到达海王星附近之后，我们才有了新的发现。

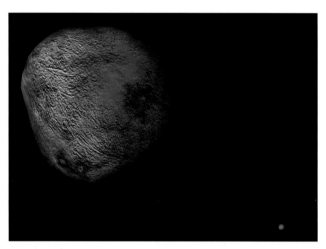

▲ 旅行者 2 号探测器飞掠海王星时捕捉到的海卫二图像

外观

海卫二的平均半径约为 170 千米，这个体积对于一颗不规则卫星来说相当之大。海卫二的形状尚不明确。它呈中性色彩。天文学家在它的表面探测到了水冰。

有趣的事实

旅行者 2 号是唯一探访过海卫二的航天器。它以 470 万千米的距离飞掠过海卫二。这次飞掠发生在 1989 年 4 月 20 日至 8 月 19 日。

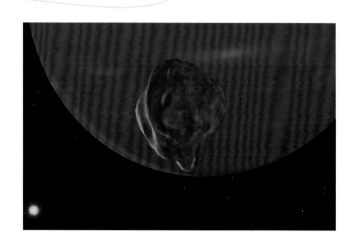

自转与公转

海卫二沿逆时针方向绕海王星运行，即与海王星自转方向相同，与海王星的平均距离为 551.34 万千米。然而，它高度偏心的轨道使它在最近端距离海王星只有 130 万千米，而在最远端距离海王星达 970 万千米。

关于偏心率的理论

关于这个不寻常的偏心轨道有三种理论：

- 它可能是一颗被捕获的小行星；
- 它曾是一个柯伊伯带天体；
- 它曾是一颗内卫星，过去在捕获海卫一期间被转移到了现有轨道上。

特殊现象

长期观察海卫二的天文学家发现，这颗卫星的亮度变化很大，且变化得很不规律，其变化周期可能是几天、几个月，甚至是几年。观测者们坚信这种现象的根源是它极为椭圆的轨道。事实上，有些天文学家根本没有注意到这种亮度的变化。这意味着这种变化并没有已知的规律，其发生的方式相当混乱。天文学家仍在努力解释这一现象。

太阳系小天体
-SMALL SOLAR SYSTEM BODY-

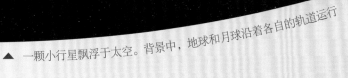

▲ 一颗小行星飘浮于太空。背景中，地球和月球沿着各自的轨道运行

　　我们一直在了解太空，然而，还有很多知识是我们不知道的。我们太阳系中的大多数小行星存在于火星和木星之间的小行星带中。其中一些小行星非常大，甚至拥有自己的卫星。太阳系中大约有 218 颗卫星围绕着各自的行星或矮行星在运行。

　　人们通常会认为小行星与流星撞击地球是灾难性的事件，但其实这很常见，每天至少会有一两颗陨石落到地球表面。这些陨石平均只有方糖那么大，所以不会对地球造成多大的影响。

彗星

彗星是太阳系中一种小型冰质天体。接近太阳时，它会升温并开始释放气态物质，这让它们呈现出可见的大气，即彗发。有时，它们也会出现彗尾。彗核由松散的冰、尘埃和小的岩石颗粒组成，直径从几百米到几十千米不等。

词源

彗星（comet）一词来自古英语"cometa"，以及拉丁语单词"cométa"或"cométēs"，意为"留长发的星星"，这是因为彗星有着一条长长的尾巴。

彗核

彗核是彗星的固态核心结构，由岩石、尘埃、水冰和冰冻气体混合而成。气体主要包括二氧化碳、一氧化碳、甲烷和氨。根据弗雷德·惠普尔（Fred Whipple）的彗星模型，彗星被形容为"脏雪球"。然而，一些彗星的尘埃含量可能高于平均水平，因此它们也被称为"冰污球"。

彗星的天文符号包含"一个小圆盘以及三根毛发状延伸部分"

▽ 空间探测器一次飞掠中见到的哈特利 2 号彗星（103P/Hartley）的彗核。它是一颗长 2.33 千米的双叶、细长、近轴对称彗星

有趣的事实

彗星曾引发了一些非常强烈的迷信。古罗马皇帝尼禄将看到彗星视为自己性命受到威胁的象征，因此杀死了自己所有健在的继承人。

彗发与彗尾

彗星受到太阳辐射、压力和太阳风使得彗核中的尘埃和气体被释放出来。这些物质形成了一种巨大但极薄的大气，被称为彗发。随着它越来越接近太阳，一条巨型的彗尾就形成了。这条彗尾总是朝着背向太阳的方向延伸。

系外彗星

系外彗星是在太阳系之外环绕其他恒星运行的彗星。它们在银河系中很常见。第一个系外彗星系统是在 1987 年被发现的。它环绕着绘架座 β——一颗非常年轻的 A 型主序星运行。截至 2019 年，科学界已经确认了 27 个这样的系外彗星系统。这是利用彗星在接近其恒星时释放出的大型气体云所引起的吸收光谱而发现的。

有趣的事实

我们从地球上看到的流星雨实际上是彗星的尘埃彗尾。当地球经过一颗彗星的轨道时，我们就能看到这种闪亮的流星雨。

▲ 斯皮策空间望远镜拍摄的施瓦斯曼 – 瓦赫曼 1 号彗星（29P/Schwassmann–Wachmann 1）照片

两条彗尾？

当彗星在太空中运行时，它会形成两条单独的彗尾——一条尘埃彗尾和一条气体彗尾。当指向太阳的尘埃流在彗星轨道上形成弯曲的彗尾时，就会形成所谓逆向彗尾。尘埃彗尾指向太阳，而气体彗尾由于受到了等离子体磁场的影响，会指向背离太阳的方向，并沿着太阳风的方向继续运动。气体彗尾呈现的是磁场的形状，而非其轨道路径的形状。从地球上观察这一现象时，由于视差的存在，我们最终可能会看到一颗彗星的两条彗尾指向相反的方向。

彗发的大小

一般情况下，彗星主体（彗核）的直径很小，只有几千米至十几千米，最小的只有几百米。然而，彗尾或彗核后面的彗发可能比太阳还大，在某些情况下，它的直径可达数百万千米。

2007 年 2 月 3 日发生了一次不寻常的事件，当时尤利西斯号探测器竟然穿越了一颗彗星的彗尾。

彗星的各个部分

哈雷彗星

哈雷彗星是一颗每隔 75 ～ 76 年就能从地球上看到的短周期彗星。它的官方名称是 1P/Halley。哈雷彗星是唯一一颗能用肉眼从地球上清楚看见的短周期彗星。

▲ 1910 年出现的哈雷彗星

▼ 发现哈雷彗星的埃德蒙·哈雷

有趣的事实

哈雷彗星是人一生中唯一一颗能用肉眼看见两次的彗星。哈雷彗星上一次出现在内太阳系是在 1986 年。下一次它将会在 2061 年年中出现。

关于彗星轨道的理论

最初由亚里士多德提出的哲学共识认为，彗星的本质是地球大气层中的一种扰动。1577 年，丹麦天文学家兼占星学家第谷·布拉赫（Tycho Brahe）驳斥了这一观点。他用视差（位移）测量表明，彗星的位置必定比月球更远。

结构与成分

行星科学家们从乔托号和维佳号探测器的任务中首次看到了哈雷彗星的表面和结构。哈雷彗星的彗核相对较小，只有大约 15 千米长、8 千米宽、8 千米厚，形状有点像花生。飞掠哈雷彗星的探测器拍摄的图像显示出其表面千变万化的地形。它的表面有着山丘、山脉、山脊、洼地，以及至少一个陨击坑。哈雷彗星的彗核由水冰、一氧化碳、二氧化碳等成分组成。

彗星的周期性

埃德蒙·哈雷利用艾萨克·牛顿（Isaac Newton）的新定律计算了木星和土星对彗星轨道的引力作用。他推断 1682 年出现的彗星的轨道与 1607 年以及 1531 年出现的两颗非常相似。因此，哈雷彗星成为第一颗被认为具有周期性的彗星。

▲ 乔托号探测器拍摄的哈雷彗星的照片

艾森彗星

 艾森彗星是一颗掠日彗星，2012年9月21日，由白俄罗斯维捷布斯克的维塔利·涅夫斯基（Vitali Nevski）和俄罗斯孔多波加的阿尔乔姆·诺维克诺克（Artyom Novichonok）发现。这颗彗星的官方名称为C/2012 S1，它是用俄罗斯基斯洛沃茨克附近国际科学光学监测网（ISON）的一架口径40厘米的反射望远镜发现的，艾森彗星的名字就来源于此。

轨道

艾森彗星于2013年11月28日以离太阳中心0.012 4个天文单位的距离经过近日点。艾森彗星是一颗具有双曲线轨道的彗星。这表明它是一颗新生彗星，刚刚从奥尔特云中形成。

亮度与可见度

被发现之时，艾森彗星的视星等太低，肉眼无法看到。然而，它的亮度足以让业余爱好者用大型望远镜观测到。

2013年11月14日，有报道称艾森彗星可以用肉眼看到，但只有经验丰富的观测者站在黑暗地点才能观察到。11月17日至18日，它变得更亮，接近曙光。但由于满月和晨辉的影响，如果不借助光学设备辅助，肉眼已经难以观察到。到11月28日，如果它还是完好无损的话，可能会变得异常明亮，但它却解体了。

▲ 莱蒙山天文台于2013年10月8日观测到的艾森彗星

媒体报道

一些媒体报道称艾森彗星为"世纪彗星"。他们推测其亮度可能会超过满月。美国天文学家卡尔·巴腾斯（Karl Battams）严厉批评了媒体的这种说法，称艾森彗星观测项目的成员并未发表过这颗彗星会变得那么亮的预测。

有趣的事实

人们将艾森彗星与1973—1974年观测到的科胡特克彗星进行了比较。这两颗都是被高度期待的奥尔特云彗星，它们都早早地名噪一时，最终却分别因消亡和远离太阳而淡出人们的视线。

小行星

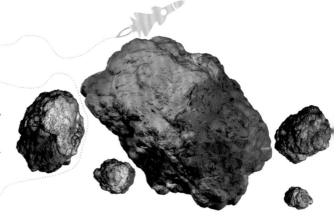

小行星（asteroid）是一种小天体，尤其在内太阳系比较多。这一术语在历史上曾被用于指代所有绕太阳运行的天体，但它没有显示出这些天体具有行星盘，也看不出具有活跃彗星的特征。

定义

随着外太阳系里小型天体的发现，它们表面的不稳定性表明其与彗星更为接近。这些小型天体通常与传统的小行星有所不同。因此，小行星一词现在越来越多地特指"内太阳系中火星轨道外的小天体"。

归类与分组

小行星和外太阳系的小型天体统称为"小天体"（minor planet），其中包括半人马天体、海王星－特洛伊族小行星和海外天体。小天体是目前天文学界的首选术语。而"小行星"一词则专指内太阳系的小天体。

起源

据估计，太阳系中的小行星有数百万颗之多，其中许多被认为是星子的破碎残骸。星子是太阳的太阳星云内的天体，它的体积没有大到足以被归类为行星。

位置

绝大多数已知小行星在小行星带内运行。小行星带位于火星和木星的轨道之间。其中一些小行星和木星共轨运行，它们被称为木星－特洛伊族小行星。然而，其他的小行星族群数量极为庞大，其中包括了近地小行星。大部分小行星按照其组成成分被归属于以下三类：C型小行星、S型小行星和M型小行星。一般来说，它们分别为富碳质（carbon-rich）、多石质（stony）和金属质（metallic），因此以每种质地的首字母来命名。

位于火星和木星之间的小行星带

艺术家想象中的太空里的小行星

有趣的事实

较大的小行星被称为微型行星（planetoid）。

小行星造成的灭绝事件

灭绝事件是指地球上生命数量的大规模锐减，也被称为大灭绝或生物危机。最近一次灭绝事件大约发生于 6 600 万年前，即白垩纪－古近纪灭绝事件，其主要原因即为小行星撞击。

◀ 恐龙在白垩纪－古近纪灭绝事件中大规模死亡

有趣的事实

每个小行星族群的化学特征都有显著的不同，它们的化学特征可以将小行星族群很容易地区分开。

陆地上的机制

足够大的小行星或彗星的撞击可能会导致陆地和海洋的食物链崩溃。撞击产生的尘埃和悬浮颗粒会阻挡阳光，降低植物的光合作用。对富硫岩石的撞击则可能释放出硫氧化物，这些物质一旦进入大气层会凝结为有毒的酸雨。大型的撞击还可能引发特大海啸或全球森林火灾。

撞击海洋

二氧化碳大量存在于海水中，但它只能在 50℃ 以下的海水中溶解。海面温度通常远低于 50℃。然而，当小行星撞击海洋时，巨大热冲击会导致海水很容易超过这个温度。这将导致巨量的二氧化碳从海洋中喷发出来。作为一种重气，二氧化碳会迅速扩散到世界各地，其浓度足以使动物窒息。由于二氧化碳的质量较大，这种情况一般会发生在低海拔地区。

白垩纪－古近纪灭绝事件

白垩纪－古近纪灭绝事件，又称 K-Pg 事件或奇克苏鲁布撞击事件，是地球上大规模灭绝事件中最著名的一次。2007 年的一种假说认为，这次撞击实际上来源于巴普提斯蒂娜族小行星。2010 年的另一种假说认为，新发现的小行星 P/2010 A2，即花神星小行星群的一员，其实是这次撞击后散落的残骸。

一次导致地球上生命大规模灭绝的撞击 ▶

柯伊伯带

柯伊伯带是太阳系中八大行星之外的一个区域。它从海王星的轨道一直延伸到离太阳大约 50 个天文单位的地方。有时它也被称为"埃奇沃斯－柯伊伯带"。

成分

柯伊伯带主要由太阳系形成时期遗留下来的小天体组成。与大多数主要由岩石和金属构成的小行星不同，大多数柯伊伯带天体（KBO）主要由冰质挥发物构成。这些被称为"冰"的物质主要由甲烷、氨和水构成。

矮行星

柯伊伯带至少有三颗矮行星，即冥王星、妊神星和鸟神星。海卫一和土卫九就是起源于该地区的卫星。

名称由来

柯伊伯带是以荷兰裔美国天文学家杰拉德·柯伊伯的名字命名的。自 1992 年发现柯伊伯带以来，已知的柯伊伯带天体已增加至上千个。截至 2018 年，已发现超过 2 000 个柯伊伯带天体。

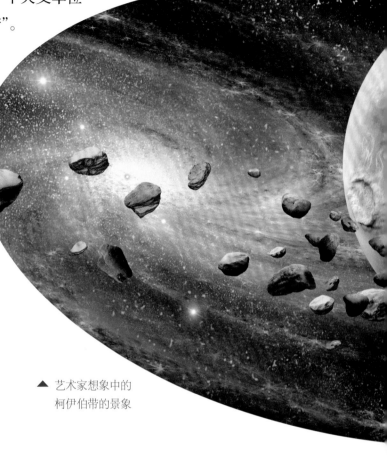

▲ 艺术家想象中的柯伊伯带的景象

柯伊伯带与彗星

柯伊伯带曾被认为是周期性彗星的主要来源地，它们的轨道周期少于 200 个地球年。自 20 世纪 90 年代中期以来的研究表明，柯伊伯带是动态稳定的。彗星的起源地就是这个动态活跃的圆盘带，45 亿年前海王星的向外运动形成了这个圆盘带。

▼ 这张图显示了柯伊伯带的位置

水星 金星 地球 火星 小行星带 木星 土星 天王星 海王星 柯伊伯带 奥尔特云

有趣的事实

柯伊伯带与小行星带相似，但要大得多，宽度是其 20 倍以上，质量则达到 20～200 倍。

陨石

陨石是从太空坠落到地球上的岩石或金属碎片，它从大型地外天体中分离而来。陨石可以是任何体量的物质，从一毫米的小碎片到足球场大小不等，甚至更大。被地球引力捕获后，陨石的速度会上升至 11.2 千米 / 秒以上。进入地球厚厚的大气层之后，由于与大气层的摩擦，陨石的速度会锐减，像一道闪光划过天空，最后撞向地面。

陨石撞向地球 ▶

它们从何而来？

大多数陨石是两颗小行星相撞破碎后的碎片。小行星是围绕太阳运行的形状不规则的岩石。太阳系中有成千上万颗小行星，大多数位于火星和木星之间的轨道上，即小行星带。另外一小部分陨石来自月球和火星。这些陨石比来自小行星上的陨石年轻得多，有些陨石仅存在了约 1.8 亿年。

地球上的陨石

在纳米比亚发现的重达 60 吨的霍巴陨石是迄今为止人类发现的最重的陨石。据估计，它早在 80 万年前就坠落到了地球上。由于它的表面平坦，据说当它落到地球上时，在地面上跳动，就像用石子打水漂一样。

它们都在何处？

有许多陨石曾被目睹坠落在地球上。它们中的大多数掉进了海里。然而，每年坠落到地球上的陨石有数千颗。陨石在世界各地都能找到，但最容易出现在干燥的地方，比如沙漠，这里的陨石不会很快被侵蚀，也不太会被植被遮蔽。

◀ 霍巴陨石

纳米比亚的吉比恩铁陨石 ▶

流星体与流星

流星体是太空中运行的一种岩石质或金属质的小型天体。它们明显小于小行星，大小范围从小颗粒到数十米。

宇宙尘

小于 1 米的天体被归类为微流星体或宇宙尘。大多数流星体是来自彗星或小行星的碎片，其他则是来自月球或火星等天体产生的撞击碎片。

▲ 俄罗斯车里雅宾斯克附近的一条流星轨迹

流星

流星是流星体或微流星体进入地球大气层时产生的光迹。由于与空气发生剧烈的摩擦，流星体变得炽热发光，并开始在它的尾流中释放发光物质，由此产生一条可见的光带。

位置与命名

流星通常出现在中间层，位于距离地表 76 ~ 100 千米的高度。流星的英文 "meteor" 一词来源于希腊语 "meteōros"，意为 "高空中"。

原理

当一个天体以超过 20 千米 / 秒的速度进入地球大气层时，它会与大气层发生摩擦。空气动力加热产生一束光，既来自发光的天体本身，同时也是它在尾迹中留下的发光粒子的轨迹。

陨石

进入大气层超过数米的天体，比如小行星或彗星，会在空中爆炸。如果一个流星体、彗星、小行星或其任何碎片在经受住了进入大气层时的磨损后撞击了地面，它就被称为陨石。

频率

每天有数百万颗流星体进入地球大气层。它们大多只有一粒沙那么大。流星可能以流星雨的形式出现，当地球穿过彗星留下的碎片流时，就会产生这种现象。它们也以 "随机" 或 "偶现" 的形式出现，这些则与特定的太空碎片流没有关联。

有趣的事实

许多业余天文爱好者的观测使我们能对各种流星雨进行分类和区分。

◀ 流星雨期间流星的星迹图像

流星雨

流星雨是若干流星从夜空中某一点发射或起源的一种天体现象。被称为流星体的太空碎片流以极快的速度进入地球大气层，形成流星雨。国际天文学联合会的流星雨命名工作组和流星数据中心一直在跟踪记录流星雨的名称。

尘埃余迹

流星雨是由类似地球这样的行星与彗星碎片流之间的相互作用引起的。彗星会在水蒸气的阻力作用下分离出碎片。弗雷德·惠普尔在 1951 年首次证实了这一点。每当彗星在其轨道上靠近太阳时，它包含的部分冰就会被蒸发，部分流星体就会脱落。这些流星体沿着彗星的整个轨道四散开来，形成了流星群，也被称为"尘埃余迹"。这与彗星的尘埃彗尾不同，后者是由太阳辐射压力急速吹走的极小颗粒所造成的。

▲ 延时 4 小时的狮子座流星雨摄影作品

名称的由来

流星雨是以它们所处星座（天空区域）的名称来命名的。如果有需要，则需要加上一个希腊字母或罗马字母，来表示靠近流星雨的亮星，然后将星座名称的词尾修改或者加上"id"或"ids"。举例来说，在宝瓶座 δ（ delta Aquarii ）附近产生的流星雨，被称为宝瓶座 δ 流星雨（ delta Aquariids ）。

辐射点漂移

流星雨粒子都以相同的速度沿平行路径运动。因此在观测者看来，它们好像都是从天空中某一个点发射出来的一样，这个"辐射点"便是透视作用的结果。

由于地球本身在自转，这个固定的辐射点在夜间缓慢地穿过天空，星星也在天空中慢慢移动。由于地球绕太阳公转，辐射点也会在星星的背景下夜复一夜地轻微移动。这就被称为辐射点漂移。

有趣的事实

你知道吗，陨石撞到人的情况是相当罕见的。它更有可能落入海洋。

▲ 由望远镜捕捉到的一场流星雨

象限仪座流星雨

象限仪座流星雨（QUA）是在每年1月份发生的流星雨。该流星雨的天顶每时出现率（一个观测者在一个小时的活动高峰期能看到的流星数量）通常与另外两个数量稳定而可观的流星雨——8月份的英仙座流星雨和12月份的双子座流星雨一样高。尽管该流星雨峰值强度极大，但是持续时间短促，有时仅仅只有几个小时，因此这些流星并不像其他两个流星雨中的流星那么容易见到。

▲ 象限仪座流星雨的辐射点正位于北斗七星附近

强度

与8月英仙座流星雨持续两天的峰值速度相比，象限仪座流星雨的流量在8小时内就会超过其峰值的一半。从物理角度说，这意味着产生这种流星雨的粒子流很窄。显然，它是在过去的500年里从其他轨道上的天体中衍生出来的。

母体

2003年，美国天文学家彼得·詹尼斯肯斯（Peter Jenniskens）初步确定了象限仪座流星雨的母体是小行星2003 EH1，这颗小行星则又可能与彗星C/1490 Y1有关。中国、日本和韩国的天文学家在大约500年前观测到了这一现象，与其时间相符。

辐射点

象限仪座流星雨的辐射点在牧夫座内部的一处区域，离北斗七星不远。正如业余天文爱好者和天文学家所描述的那样，它位于"北斗七星把手的末端和标志着天龙座头部的四边形恒星之间"。

名称的由来

象限仪座流星雨这个名字来自象限仪座，这是一个由法国天文学家杰罗姆·拉朗德（Jérôme Lalande）于1795年创立的前星座，现在则成了牧夫座的一部分。1825年1月，意大利的安东尼奥·布鲁卡拉西（Antonio Brucalassi）在报道中称，"大气中穿行着许多名为流星的发光体"。

这些流星似乎就是来自象限仪座。1839年，比利时布鲁塞尔天文台的阿道夫·凯特莱（Adolphe Quetelet）以及美国康涅狄格州的爱德华·C.赫里克（Edward C. Herrick）各自独立地提出象限仪座流星雨是一个每年都会出现的流星雨。

▼ 发生在美国哈密尔顿山上空的象限仪座流星雨

有趣的事实

1922年，国际天文学联合会设计出一份包含88个现代星座的清单，其中并没有包括象限仪座。1928年，国际天文学联合会正式采用了这个清单，但这个流星雨仍然根据这个现已淘汰的星座，保留了象限仪座的名称。

狮子座流星雨

狮子座流星雨是多产的流星雨。它们与坦普尔－塔特尔彗星有关，这颗彗星绕太阳运行一周大约需要 33 个地球年。当该彗星的碎片进入地球大气层并蒸发时，我们就会看到狮子座流星雨。在每年的 11 月，该流星雨达到顶峰。在狮子座流星雨的高峰期，人们每小时可以看到大约 20 颗流星。

命名

狮子座流星雨得名于它们辐射点的位置——狮子座。在天空中，流星就像从那个点发射出来的一样。狮子座流星雨在英语中被称为"Leonids"，它们正确的希腊语名称应该是"Leontids"，然而，这个词最初是由希腊语或拉丁语根据其结构而合成的，并从那时起一直沿用至今。

发生机制

地球在围绕太阳公转的过程中穿过彗星轨道上留下的流星体粒子流。这条粒子流包含被称为流星体的固态颗粒，这是当彗星比木星轨道更接近太阳时，它冰冻的气体在太阳的高温下蒸发时所喷发的。狮子座流星雨是一种快速流动的流星群，它们以平均 72 千米 / 秒的速度撞向地球。较大的狮子座流星雨，也就是流星体直径约为 10 毫米、质量约为 0.5 克的流星雨，它们以产生明亮的流星而闻名。

狮子座流星雨的延时摄影作品 ▶

科学背景

彗星留下的流星体以类似彗星轨道的轨迹进行排列。行星，特别是木星，在不同程度上干扰着它们。太阳辐射压力也在一定程度上影响着它们。这被称为坡印亭－罗伯逊效应以及雅尔可夫斯基效应。

频率

流星雨轨迹在空间上并不密集，每分钟只有几颗流星划过天空。狮子座流星雨通常在 11 月 18 日前后达到顶峰。然而，有时候它们会分布在高峰期前后数天，且具体的高峰时间每年都在变动。

◀ 2009 年高峰期所看到的狮子座流星雨

▼ 狮子座流星雨中的一颗流星体

有趣的事实

一年一度的狮子座流星雨可能会在整个地球表面沉积超过 12 吨的颗粒。

天琴座流星雨

天琴座流星雨（LYR）是从每年的 4 月 16 日持续至 4 月 28 日的流星雨。它被确定为国际天文学联合会 6 号流星雨。这场流星雨的辐射点位于天琴座，靠近星座中最亮的恒星天琴座 α，亦称织女星。它们的高峰期通常在每年的 4 月 22 日左右。

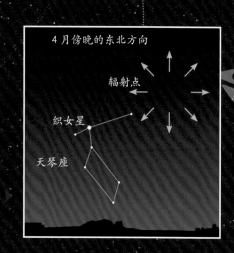

4 月傍晚的东北方向

辐射点

织女星

天琴座

位于织女星附近的天琴座流星雨的辐射点

来源

这场流星雨的来源是长周期彗星 C/1861 G1（佘契尔）留下的尘埃颗粒。天琴座流星雨是一个由长周期彗星碎片形成的最强的年度流星雨。这主要是因为与其他中长周期彗星相比，这颗彗星的轨道周期相对较短，约为 415 个地球年。天琴座流星雨已经被观测了 2600 年。

流星

天琴座流星雨通常每小时有 10 ~ 20 颗流星。其中一些流星相当明亮，被称为"天琴座流星雨火球"。这些火球在瞬间投射出阴影，并留下烟雾状的碎片痕迹，这个过程可以持续数分钟。

天琴座流星雨的著名观测记录

1803 年发生了一场每小时多达 700 颗流星的强烈风暴。美国弗吉尼亚州里士满的一位记者观察到了这样的情形：

"上周三早晨，人们在里士满及其附近地区观测到了流星这种现象。它的出现吓到了许多人，十分令人震撼。从凌晨 1 点到凌晨 3 点，那些星星点点的流星似乎从天空的每一个角落坠落下来，数量之多，就像天上落下的一阵火箭雨一般……"

另一次类似爆发则是已知的最早记录。《左传》中记载了发生于公元前 687 年的天琴座流星雨。这次流星雨被描述为"鲁庄公七年夏四月辛卯夜，恒星不见，夜中星陨如雨"。

天琴座流星雨

有趣的事实

1982 年在美国，天文观测者们有幸能在 1 小时内看到足足 100 颗天琴座流星雨的流星。

奥尔特云

奥尔特云（又称欧皮克－奥尔特云）是一种球状云，主要由冰星子组成，科学家普遍认为它在距离太阳 5 万个天文单位的地方环绕其运行。它是以荷兰天文学家简·奥尔特（Jan Oort）和爱沙尼亚天文学家恩斯特·欧皮克（Ernst Öpik）的名字命名的。它被认为主要包括两个区域：一个球形的外奥尔特云和一个盘形的内奥尔特云，后者也被称为希尔斯云。

起源

大约 46 亿年前围绕太阳形成的原始行星盘可能是奥尔特云的起源。人们普遍认为奥尔特云中的天体最初聚集在离太阳更近的地方。行星和小行星是在同样的过程中形成的，但由于木星等年轻气态巨行星的引力作用，它们被拉进了长椭圆或抛物线轨道。

其他理论

美国国家航空航天局近来有研究假设，很大一部分奥尔特云天体是太阳和它的"兄弟恒星"之间物质交换的产物。这种交换发生在它们形成和分离的过程中，且目前认为，大部分奥尔特云天体并非在太阳附近形成。美国国家航空航天局对奥尔特云从太阳系最初到现在的演化过程进行了模拟，表明奥尔特云的质量在其形成后约 8 亿年时达到顶峰。这时，吸积和碰撞的速度减缓，消耗开始超过供应。

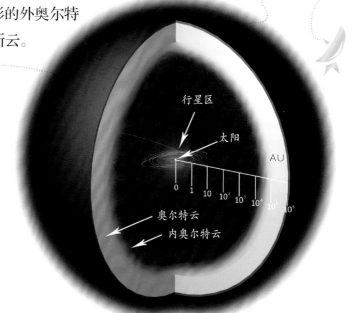

▲ 奥尔特云的结构示意图

假设与发现

爱沙尼亚天文学家恩斯特·欧皮克在 1932 年做出假设，称长周期彗星一定起源于太阳系最外围的一朵绕轨运行的云。奥尔特独立地重新提出了这一观点，将其作为解开彗星悖论的一种方法。奥尔特推断，彗星不可能是在其当前的轨道上形成的。因此，在它存在的大部分时间里，它一定是待在一个外部的"仓库"中。

奥尔特悖论

彗星的轨道在太阳系存在的过程中是不稳定的。动力学表明，彗星最终必须要么与太阳、行星相撞，要么被行星扰动离开太阳系。此外，彗星的挥发性成分意味着当它们不断接近太阳时，辐射会逐渐将挥发性物质蒸发掉。这种情况会持续发生，直到彗星分裂，或形成一层绝缘外壳以防止气体的进一步逸出。这在太阳系内是不可能发生的。因此，独立存在于太阳系中的彗星是一种自相矛盾的存在。

▼ 奥尔特云和柯伊伯带

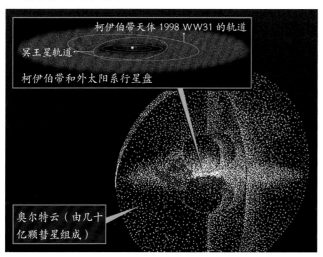

太空碎片

 太空碎片是围绕地球运行但不再有用的各种太空物体。它们通常也被称为轨道碎片、太空垃圾和太空废品。太空碎片包括报废的火箭级、废旧卫星及其因解体、侵蚀和碰撞产生的碎片。由于它们的轨道与后来发射的航天器重叠，碎片可能会与正在运行的航天器相撞，并造成严重威胁。

这一问题的现状

截至目前，已编目的大碎片（直径超过5厘米）大约有2.5万块。据统计模型计算可知，在海拔2 000千米的高度以下，有大约几十万块直径超过1厘米的碎片。我们不妨比较一下，国际空间站的轨道高度在300～400千米。2009年的碰撞和2007年的反卫星导弹试验都发生在800～900千米的高度。

▲ 一块较大的太空碎片，直径约5厘米

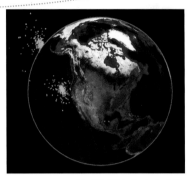

▲ 地球轨道上的太空碎片

大小与来源

大多数的太空碎小于1厘米,它们的主要来源如下：

● 固体火箭发动机带来的尘埃

● 航天器表面老化脱落的产物，如油漆涂层碎片

● 从雷达型海洋监视核动力卫星上释放的冷却剂液滴

产生的威胁

碎片颗粒的撞击会造成侵蚀性损伤，这在某种意义上与喷砂类似。在航天器上增加弹道屏蔽可以减少损伤。例如，"惠普尔防护罩"就是一种被用来保护国际空间站的部件。

太空中物体的数量也影响着发生碰撞的概率。因此，理论上存在一个临界密度，即新碎片的生成速度快于各种自然力量清除它们的速度。

凯斯勒综合征

超过这一临界密度，可能会发生失控的连锁反应，这被称为"凯斯勒综合征"。这将迅速增加轨道上的碎片物体的数目，也将大大增加人造卫星运行的风险。

后果

凯斯勒综合征将给极地轨道带的使用带来困难，太空任务的成本将大大增加。因此，测量、减缓增长和清除碎片是当今航天工业中必须严肃对待的任务。

有趣的事实

由于其中碎片的质量巨大，天文学家们在争论某些轨道带上是否已经达到了临界密度。

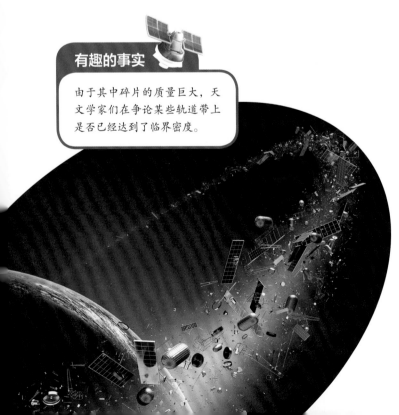

◀ 艺术家想象中环绕地球的垃圾带

恒星
-STARS-

▲ 黄昏时在晴朗天空中的恒星和星座的艺术描绘

恒星就是我们所说的又大、又热、又发光的气态球状物。我们最熟悉的恒星就是太阳。然而，恒星并非由气体构成。这些等离子体是巨大的发光等离子体球。

由于自身的引力作用，这些等离子体聚集在一起，形成了特有的球形。在特定的质量下，球形这种形状能使恒星的表面呈现面积最小化。

因此，这成为引力排布恒星质量的最有效方法。

恒星起源于气体星云的重力坍缩，主要由氢、氦和微量的较重元素组成。

恒星的生命周期

恒星诞生于星云中。巨大的尘埃气体云在引力的作用下坍缩，形成了原恒星。这些年轻的恒星经历进一步的坍缩，成为了主序星。它们随着年龄的增长而逐渐扩张。当核心耗尽氢并接着耗尽氦时，它就会收缩，而外层则会膨胀冷却，变得不那么明亮。这时会变成一个红巨星还是一个红超巨星，取决于恒星的初始质量。它最终会发生坍缩和爆炸。根据恒星的原始质量，它要么变成黑矮星，要么变成中子星，要么变成黑洞。

大质量恒星的必经阶段

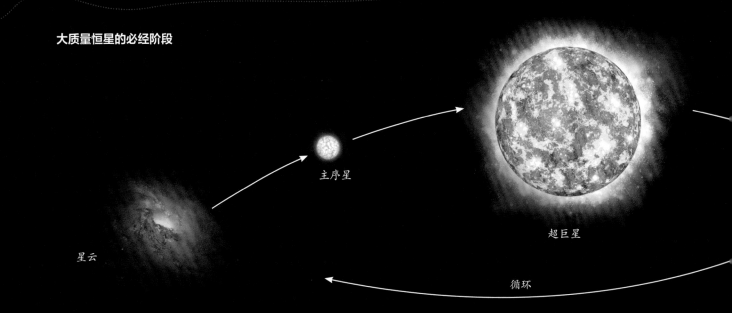

星云

主序星

超巨星

循环

1. 太阳

太阳是一颗主序星。氢在其中心通过核聚变转化为氦，在此过程中产生了光能和热能。这一过程太阳已经进行了超过 45 亿年，并还将持续 50 亿年或更长时间。随着它的发展和成熟，它将从目前的状态进入一个新的阶段。这一过程将导致其外观的变化。

2. 主序星

所有的恒星都要经历主序阶段。大部分恒星一生中的大多数时间处于主序阶段。这些恒星有各种不同的质量、大小、颜色和亮度。牛郎星就是一颗主序星，其直径约为太阳直径的1.8 倍。

3. 巨星和超巨星

恒星离开主序阶段后，它的核心会收缩并升温。燃烧的氢点燃中心周围的外壳，导致包层膨胀，但随着包层的膨胀，它会逐渐冷却。温度逐渐降低但体积慢慢变大的恒星变得越来越红、越来越亮。最终，核心的温度达到 1 亿℃，点燃了其中的氦。这时，这颗恒星的表面温度约为 3 200℃，太阳半径达到了水星的轨道半径大小。它现在已经变成了一颗红巨星。当恒星的质量更大时，它将成为红超巨星。

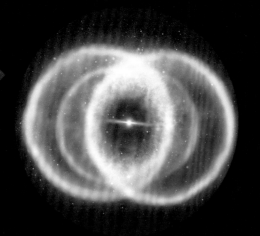

猫眼星云之所以被称为猫眼星云，是因为星云形成的两个光环的交点看起来像猫眼。天文学家怀疑这是一个双星系统

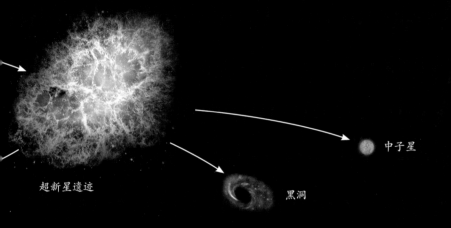

Ⅱ型超新星

超新星遗迹

中子星

黑洞

6. 猫眼星云

3 000 光年之外的猫眼星云是一颗垂死的恒星，它抛离着自己发光的气体外壳。研究表明，这个星云是已知最复杂的行星状星云之一。事实上，这里所见的情况如此复杂，以至于天文学家们怀疑这个明亮的中心天体可能实际上是一个双星系统。行星状星云这个术语是有误导性的。虽然这些天体在小型望远镜中可能呈现出圆形和类行星的形状，但高分辨率图像显示出，它们是在恒星演化后期被吹离的茧状气体所包围着的恒星。

7. 红矩形星云

红矩形星云，编号 HD 44179，呈红色，又是独特的矩形，因此得名。它是一个双极原行星状星云，坐落于 2 300 光年外的麒麟座附近。原行星状星云是由正在形成行星状星云的年老恒星形成的。几千年后，一旦物质完全抛出，将会留下一颗温度极高的白矮星，它发亮的紫外线辐射将会使得周围的气体发光。位于星云中央被称为 MWC 922 的恒星，与我们的太阳相似，但现在正在抛离它的外壳，形成了星云，因此赋予了它独特的形状。它对外壳的抛离大约始于 1.4 万年前，并以喷射的方式向外抛出。

4. 白矮星

这些已经燃烧殆尽的坍缩恒星的核心，就像即将熄灭的余烬一样，慢慢地冷却并逐渐暗淡消失。它们是小质量恒星的残留物，是宇宙中可观测到的最暗淡的天体之一。低至中等质量的主序星燃尽了其储藏的氢和氦。随后，它们经过了巨星的阶段，但温度没有高到足以点燃它们的碳，将外层抛离形成色彩斑斓的行星状星云。它们最终会坍缩并冷却成发光的小碳球，即白矮星。

5. 蚂蚁星云

蚂蚁星云，也称为门泽尔 3（Mz3），是一个年轻的双极行星状星云，直径约 2 光年，径向扩张速度约为 50 千米/秒。它位于矩尺座，距离地球 3 000 ~ 6 000 光年。它的形状类似于蚂蚁的头部和胸部，因此得名。该星云具有可以说是最复杂的双极形态，包括一个明亮的核心、三对嵌套的双极瓣状结构和一个赤道区椭圆。

恒星的质量

银河系中包含太阳在内的恒星有数十亿颗。很有趣的是，宇宙中还有着几十亿个星系。目前为止，我们了解到的数百颗恒星都有着围绕它们运行的行星。自人类文明开始以来，恒星在宗教中扮演着重要的角色，并被证明对航海来说至关重要。天文学，这一研究天空的学问，可能是最古老的一门科学。

1. 颜色与温度

对恒星的光谱分析可以帮助人们精确地确定恒星的颜色与温度的关系，进而可以测得恒星的温度。19 世纪末的早期模型将恒星从 A 到 P 进行了排列。经过数次演化，如今的分类包括 7 种主要类型：O、B、A、F、G、K 和 M。

类型	温度	颜色
O	30 000 ～ 60 000 K	蓝色
B	10 000 ～ 30 000 K	蓝白色
A	7 500 ～ 10 000 K	白色
F	6 000 ～ 7 500 K	黄白色
G	5 000 ～ 6 000 K	黄色
K	3 500 ～ 5 000 K	橙色
M	2 000 ～ 3 500 K	红色

各型之间光谱特征是连续过渡的。每个光谱型又分为 10 个次型，用数字 0 ～ 9 表示。

2. 引力与压力

恒星的引力将自身的气体拉向其中心。与此同时，致密核心的压力又将物质推出。这两种力相互平衡，维持了恒星的大小。尽管恒星快速旋转使赤道附近隆起，但它们中的大多数还是近乎球形的。当两颗恒星靠得很近时，由于引力将它们互相拉近，它们的形状会发生扭曲。

比太阳大的恒星参宿七

3. 光度

光度是指单位时间内恒星、星系或宇宙中的其他天体所释放的总能量。它与特定光谱区域内天体的亮度有关。已知最亮的恒星发出的光是太阳光线的 600 多万倍，而最暗的恒星发出的光不到太阳的万分之一。从地球上看，它是一颗恒星实际亮度的标志。如果太阳离我们更远一些的话，尽管它的光度不变，也会显得更暗。

4. 恒星大小

恒星有着不同的大小。最小的恒星，也被称为 M 型星，其质量足以在其核心引发核聚变。如果它们更小一些，它们将会是褐矮星，但仍会比太阳系中最大的行星木星大很多倍。宇宙中最小的恒星是红矮星，这类恒星的质量不超过太阳质量的 50%，甚至可能低至太阳质量的 7.5%——一颗恒星能够在其核心产生核聚变所需的最小质量。猎户座中的蓝超巨星参宿七是一颗比太阳大的恒星。这颗恒星的质量是太阳的 21 倍，光度是太阳的 12 万倍。据估计，参宿七的半径是太阳的 74 ~ 78 倍。

5. 自转

恒星进行着高速自转。它们越年轻就旋转得越快。B 型星水委一的自转速度约为 250 千米 / 秒。当一颗恒星解体时，它的物质会向四面八方抛出，此时速度会非常接近 300 千米 / 秒。水委一的形状来源于它的高速旋转。它的赤道被向外推挤，赤道周长达到了极周长的 2 倍。你可能不知道，太阳也在以 2 千米 / 秒的稳定速度进行着自转。

黑洞

我们已经了解中小型恒星随着渐渐衰老为黑矮星而死去，巨星和超巨星则爆发成为超新星。但有趣的是，这种爆发并没有真正耗散恒星的所有物质。实际上，当恒星的大部分质量被吹走后，剩下的部分则形成了一个核心。根据内核的大小不同，它的表现形式也是不同的。

黑洞的先决条件

大多数大质量恒星会形成中子星，表现形式为脉冲星或 X 射线暴源。然而，超过 4 倍太阳质量的大质量恒星最终会演变为黑洞。

黑洞在数学上被定义为一个密度大到任何东西都无法逃脱其引力场的太空区域。

理论来源

黑洞的概念是爱因斯坦在相对论中提出的。这一理论预测，一块足够紧密的质量将扭曲时空，形成一个黑洞。然而，这个概念来源于约翰·米歇尔（John Michell）在 1783 年写给亨利·卡文迪什（Henry Cavendish）的一封信，信中第一次提到了一个巨大的天体，其质量大到甚至光都无法逃逸。

▲ 吸积盘的艺术渲染图。吸积盘是物质进入黑洞时受热而形成的，即便肉眼无法看见，也能通过设备看到它是多么明亮

他说道："如果一个密度和太阳相同的球体，其半径超过太阳 500 倍，那么从无限高的地方向其坠落的天体将在其表面获得大于光速的速度，因此，假设光与其他物体一样，能够被与自身惯性力成比例的力量吸引，那么所有从这个天体发出的光都会被它自身的引力反吸回来。"

黑洞与相对论

1916 年，卡尔·施瓦西（Karl Schwarzschild）找到了广义相对论的第一个解，描述了黑洞的特征。然而直到 20 世纪 60 年代，黑洞还被认为是一种数学理论上的新奇事物。它们是在数学理论中预测存在的事物，但没有任何证据证明它的存在。作为天体物理学的新事物，中子星的发现引起了人们对引力坍缩致密天体的兴趣。

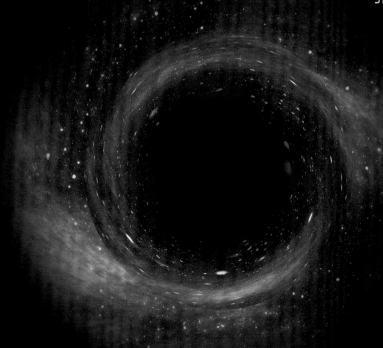

◀ 许多旋涡星系的中央都可能有黑洞的存在

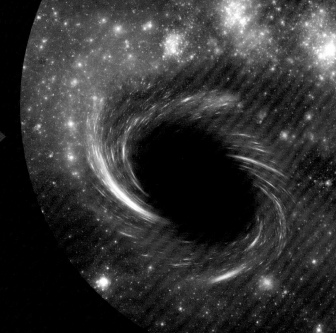

有趣的事实

你知道吗，我们无法直接看见，也无法直接观测到黑洞哦！

黑洞不断地吸收着光线以及它引力范围内的一切 ▶

▶ 2019 年 4 月 10 日，人类史上首张黑洞照片发布，由事件视界望远镜所拍摄。这个超大质量黑洞位于 M87 星系的中心，从图中能够看到，一个出现了明显弯曲的不对称光环围绕着该黑洞

事件视界

黑洞的决定性特征是事件视界的出现。事件视界是时空的边界，物质和光只能通过它向内进入黑洞。任何东西，甚至连光都无法从事件视界内逃出。这一边界被命名为事件视界，是因为该视界内所发生事件的任何信息都不会被传递到外部。因此，视界内的所有事件都有一个信息视界。

扭曲时空

黑洞的一个有趣之处在于它能够扭曲时间和空间。黑洞会弯曲周围的空间并导致时间膨胀，越接近黑洞，时间会流逝得越来越慢。因此，它可能会制造出虫洞，允许超光速的时间旅行。

观测黑洞

由于包括光线、X 射线、无线电波和其他形式的电磁辐射在内的任何东西都无法逃出黑洞的引力场，因此黑洞极难被探测到，它必须通过与宇宙其他部分的相互作用来探测。一旦稳定下来，黑洞就具有了三个基本的独立属性：质量、电荷和角动量。这些属性也可以从外部进行探测。最简单的静态黑洞只有质量，既没有电荷也没有角动量。它们通常被称为施瓦西黑洞，以德国天文学家卡尔·施瓦西的名字命名。

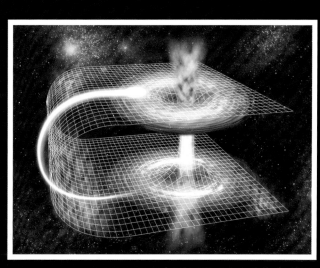

▲ 图解虫洞形成的时间构造，它能使时间超光速运行

新星

 新星和超新星都是天空中的明亮事件，通常在夜间用肉眼就可以看到。直到不久之前，这两个概念还常常是通用的。然而，最近的发现显示，这两者的成因有着本质上的区别。

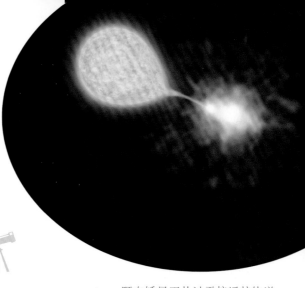

▲ 一颗白矮星正从过于接近其轨道的一颗红巨星上吸积氢气

来源

第谷·布拉赫于 16 世纪在仙后座观测到超新星 SN 1572 后，创造了"新星"一词。他在《新星》（*De Stella nova*）一书中对其进行了描述。这本书的书名在拉丁语中就是"关于新星"的意思。然而，严格意义上说，他观测到的是一处超新星。

突发的核爆炸

新星是白矮星上突发性的核爆炸，是由氢在恒星表面的吸积形成的。由于距离较近，氢从较大的恒星中逸

有趣的事实

天文学家们估算，银河系每年大概会有几十颗新星爆发。很少一部分新星，比如蛇夫座 RS，每隔几十年就会爆发新星，这相对来说比较罕见。

出后，在双星系统中的白矮星表面聚集，随后它被点燃并开始剧烈的核聚变。

产生机制

这些气体在白矮星的表面被其强大的引力压缩，随着更多的物质被吸入，它们被压缩并加热到非常高的温度。由于白矮星正在消亡，并且由简并物质组成，它不会像太阳那样的恒星一样吸收物质并膨胀。

对于大多数双星系统来说，氢一旦燃烧到所需的聚变温度，就会引发热不稳定现象。最终，在热失控反应中，大量的氢迅速转化为其他较重的元素。这一过程释放了大量的能量，将剩余的气体从白矮星表面吹走，爆发了极其明亮的光。

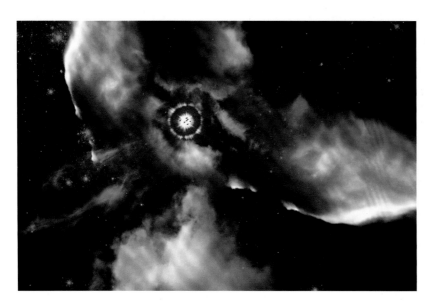

▲ 2009 年一个满月夜晚所见的波江座新星

◀ 新星

超新星

超新星是一种亮度在短时间内超过整个星系的恒星爆炸。其所辐射的能量相当于太阳或任何普通恒星在其整个生命周期中能够发出的能量之和，它会将这些能量在短时间内爆发出来。超新星会在几周或数月内从人们的视野中消失。

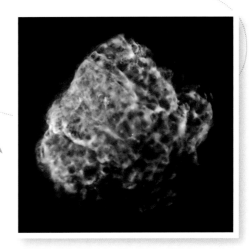

▲ 超新星遗迹会在一段时间内继续发光。大多数气体云都是由超新星爆发事件形成的

最早的观测与发现

最早的超新星记录是公元 185 年中国天文学家观测到的 SN 185。SN 1006 则是有记载中最亮的超新星。早些时候，超新星被认为是一种亮度更高的新星。美国威尔逊山天文台的沃尔特·巴德（Walter Baade）和弗里茨·兹维基对一种最初仅被认为是新星的新类型进行了早期研究。"超－新星"（supernovae）一词最早是1931 年这对搭档在美国加州理工学院的演讲中使用的。到 1938 年，词中间的连字符早已不见，启用了超新星这一现代名称。

格式

对超新星的发现会报告给国际天文学联合会的中央天文电报局。超新星的名称用这样的格式：SN 加发现年份，另加 1 ~ 2 个拉丁字母后缀。

罕见事件

超新星是星系中相对罕见的事件，在银河系中，一个世纪内大约发生 3 次。超新星无法进行精准的预测，当它们被发现时，过程必定已经开始。因此，业余和专业天文学家都对超新星进行了广泛的搜寻。超新星搜寻主要分为两类：一类主要关注距离较近的爆发事件，另一类关注距离遥远的爆发事件。

分类

超新星可分成下列类型：

类型	平均峰值绝对星等	能量估算 / foe*	形成峰值光度的天数	从峰值到 10% 光度的天数
Ia	−19	1	约 19 天	约 60 天
Ib/c（暗）	约 −15	0.1	15~25 天	未知
Ib	约 −17	1	15~25 天	40~100 天
Ic	约 −16	1	15~25 天	40~100 天
Ic（亮）	至 −22	超过 5	约 25 天	约 100 天
II-b	约 −17	1	约 20 天	约 100 天
II-L	约 −17	1	约 13 天	约 50 天
II-P（暗）	约 −14	0.1	约 15 天	未知
II-P	约 −16	1	约 15 天	稳定期后约 50 天
IInd	约 −17	1	12~30 天甚至更久	50~100 天
IIn（亮）	至 −22	超过 5	超过 50 天	超过 100 天

* foe：计量超新星所释放能量的单位

极端氦星

大多数恒星的主要成分中含有氢。然而，有一些恒星中只有极少或几乎没有氢的存在。这类恒星被定义为"贫氢星"。

贫氢星

北冕座 R 型星、富氦 O 型或 B 型星、星族 I 的沃尔夫－拉叶星、猎犬座 AM、WC 型光谱的白矮星、PG 1159 之类的过渡星等碳星都是贫氢的。一颗极端氦星（Extreme Helium star，EH）是一颗几乎不含氢的小质量超巨星。

发现

丹尼尔·M. 波普尔（Daniel M. Popper）于 1942 年在美国奥斯汀的麦克唐纳天文台发现了第一颗极端氦星。截至 1996 年，已经发现了 25 颗可能的氦星。到 2006 年，这一数字缩减至 21 颗。极端氦星的特征是，它们的光谱中没有氢的谱线，只有强氦谱线以及碳和氧的存在。

大小与成分

已知的极端氦星都是"超巨星"，其中氢的含量相当于其他恒星的万分之一甚至更少，表面温度为 8 700~34 700℃。目前有两种流行的理论来解释这些恒星是如何形成的，以及它们为什么有着独特的成分。

双简并（DD）模型

这一模型解释了在双星系统中形成的恒星。双星系统包含一个小型的氦白矮星和一个更大的碳氧白矮星，引力使它们相互碰撞，形成一颗白矮星，然后燃烧成一颗超巨星。

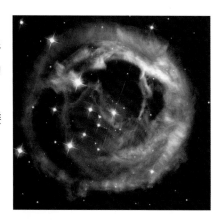

极端氦星在星系里形成时的画面

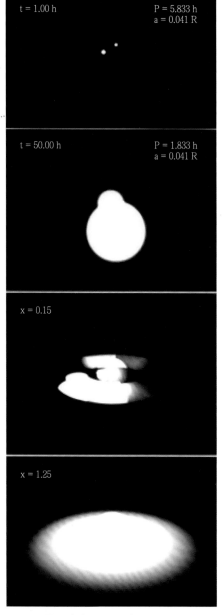

t = 1.00 h　　　　P = 5.833 h
　　　　　　　　　a = 0.041 R

t = 50.00 h　　　　P = 1.833 h
　　　　　　　　　a = 0.041 R

x = 0.15

x = 1.25

▲ DD 模型所假设的各个阶段——从双星到极端氦星

终极闪光（FF）模型

这一模型称，氦在核心周围的外壳中燃烧，导致矮星迅速膨胀。

有趣的事实

必须指出的是，检测到的极端氦星的成分与 DD 模型所预测的是相吻合的。

红巨星

红巨星是巨星的一种，质量在中低范围内，通常是太阳质量的 0.5 ~ 8 倍。这些恒星通常处于恒星演化阶段中的晚期。红巨星的半径是太阳半径的几十到几百倍。它们的表面温度较低，通常低于 4 700℃。

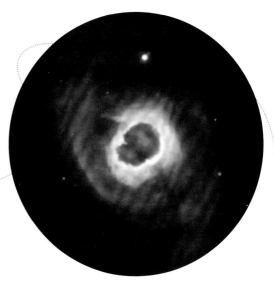

▲ 通过热成像望远镜捕捉到的红巨星的图像

形成

当一颗恒星最初由星际介质中的分子云坍缩形成时，它主要包含着氢、氦以及微量的"金属"（比氦重的元素）。当恒星耗尽其核心内的氢燃料时，核反应就无法继续。此时由于其自身的引力作用，核心开始收缩。这使得剩下的氢在核心周围的壳层中以更快的速度进行聚变。恒星的外层因此大大膨胀。这便开启了恒星生命中的红巨星阶段。

颜色与命名

由于恒星的膨胀极大地增加了它的表面积，红巨星的温度会变低，在燃烧过程中呈橙色。尽管它们名为"红"巨星，但实际上它们更接近橙色。M 型恒星 HD 208527、HD 220074，以及包括北河三（双子座 β）、少卫增八（仙王座 γ）和紫微左垣一（天龙座 ι）在内的 K 型巨星，都是拥有行星的红巨星。

刍藁增二（Mira）是一颗红巨星，质量与太阳相似。它是一颗双星，由红巨星刍藁增二 A 和白矮星刍藁增二 B 组成 ▶

▼ 艺术家想象中一颗红巨星在绕其运转的星球上日落时的景象

红巨星周围的生命

传统观点认为，生命不可能在围绕红巨星运行的行星上演化。然而，当前的研究表明，在距离红巨星 2 个天文单位的位置存在一个有着 10 亿年历史的宜居带。在距离红巨星 9 个天文单位的地方，这样的宜居带只能存在 1 亿年。截至 2014 年 6 月，天文学家在太阳系外的那些红巨星周围发现了 50 颗巨行星。这些巨行星比在太阳大小的恒星周围发现的要大得多。

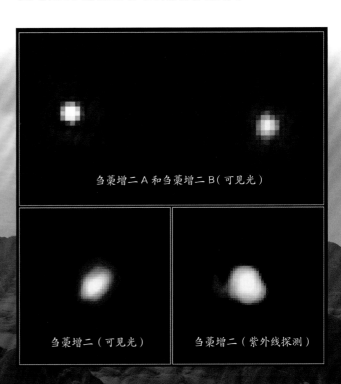

刍藁增二 A 和刍藁增二 B（可见光）

刍藁增二（可见光）　　　刍藁增二（紫外线探测）

大犬座 VY

大犬座 VY 是一颗位于大犬座的红特超巨星。它是迄今为止观测到的最大、最亮的红特超巨星之一，半径约是太阳半径的 1 420 倍。这颗恒星释放能量的速度极快，因此只能存在几百万年。据估计，它距离地球大约 3 900 光年。这颗恒星有着约为 2 000 天的变光周期。

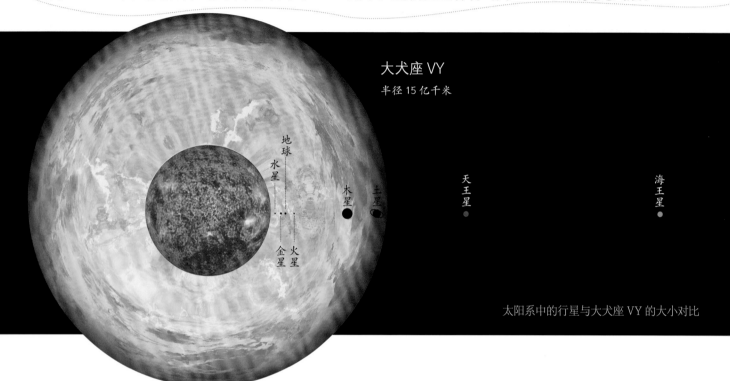

大犬座 VY
半径 15 亿千米

地球
水星
金星
火星
木星
土星
天王星
海王星

太阳系中的行星与大犬座 VY 的大小对比

深红色的恒星

对大犬座 VY 已知的观测记录最早出现在杰罗姆·拉朗德的星表中，他于 1801 年 3 月 7 日记录了这颗恒星。自 1847 年以来，大犬座 VY 被认为只是一颗深红色的恒星。最初，美国明尼苏达大学教授罗伯塔·M. 汉弗莱斯（Roberta M. Humphreys）估测它的半径是太阳半径的 1 800 ~ 2 100 倍，这会使它成为已知半径最大的恒星。

大犬座 VY 的表面

对这颗恒星的研究也出现了如何定义超大恒星"表面"的概念问题。这一点非常重要，原因有很多，包括如何确定它的半径以及大小。它的密度是地球海平面上大气（空气）密度的十万分之一，其平均密度为 0.005 ~ 0.010 克 / 立方厘米。此外，这颗恒星正以惊人的速度持续损失着质量。恒星的边界通常用"罗斯兰德半径法"，即根据其对光线的不透明度来确定。

最大的恒星

关于大犬座 VY 的性质一直存在着相互矛盾的观点。一种普遍的理论认为，这颗恒星是一颗非常大且发着光的红特超巨星。然而，对大小和光度的各种较大的估算值都超出了目前恒星理论的范围。在另一种理论中，这颗恒星是一颗普通的红超巨星，半径大约是太阳的 600 倍。

◀ 在这张由卢瑟福天文台于 2014 年 9 月 7 日拍摄的照片中，最亮的点就是大犬座 VY，它是光度最高的恒星之一

天狼星

 天狼星（大犬座 α）是地球夜空中最亮的恒星系统。

天狼星的英文名"Sirius"源自古希腊语"Seirios"，意为"发光的"或"炽热的"。天狼星看起来像是一颗单星，实际上，它是由一颗白星和一颗暗色白矮星组成的双星系统。

古埃及文化中的天狼星

天狼星在最早的天文记录中就已经出现。在古埃及语中它被称为"Sopdet"，希腊语的写法是"Sothis"。埃及人的历法是以天狼星的偕日升为基础的。所谓偕日升是指，一颗恒星（也可以是月球或行星）经过隐藏在地平线下一段时间或一定的周期之后（也可以是被太阳光芒隐藏）首度在拂晓时又出现在东方地平线，或是正好在地平线但隐藏在太阳的光芒之中的现象。这种偕日升现象标志着古埃及尼罗河的泛滥和古希腊人夏天最热时期（"犬日"）的开始。

波利尼西亚文化中的天狼星

对于南半球的波利尼西亚人来说，天狼星标志着冬天的来临。天狼星的偕日升指的是它远离太阳光芒后，再次在日出之前出现在人们视线中的那一天。

犬星

由于天狼星在大犬座位置突出，天狼星通常也被称为"犬星"。

亮度

天狼星是夜空中最亮的恒星系统，亮度几乎是第二亮的老人星的 2 倍。然而，它并没有月球、金星或木星那么明亮。实际上，甚至火星和水星有时看上去也比天狼星更明亮。

双星

天狼星系统的两颗恒星被称为天狼星 A 和天狼星 B。天狼星 A 是一颗白色的主序星，据估计，其表面温度约为 9 667℃，质量约为太阳的 2 倍。天狼星 B 是一颗经过了主序星阶段的白矮星。它的质量几乎等于太阳的质量，是我们已知最大的白矮星之一。

◀ 钱德拉 X 射线天文台拍摄到的天狼星系统画面

红色、蓝色抑或白色？

公元 150 年前后，希腊天文学家托勒密（Claudius Ptolemy）将天狼星描述为红色。然而，公元元年前后，诗人马库斯·马尼利乌斯（Marcus Manilius）在他的诗歌中形容它为蓝色，中国古代从公元 4 年起则把它形容为白色。天文学家认为这颗恒星一直在改变着自身的颜色，但其原因尚无定论。

有趣的事实

天狼星双星系统被认为已有 2 亿～3 亿年的历史。

大角星

大角星（牧夫座 α）是北半球最明亮的恒星，位于牧夫座。它是夜空中第四亮的恒星，位列天狼星、老人星和南门二之后。大角星距离地球仅36.7光年，以天体的标准来看，它离地球非常之近。

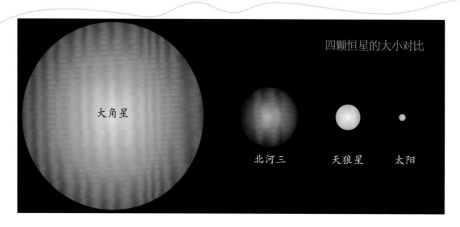

四颗恒星的大小对比

大角星　　北河三　　天狼星　　太阳

有趣的事实

大角星曾被纳入1933年美国芝加哥世博会的开幕设计之中。叶凯士天文台用望远镜捕捉了大角星的光线，将其转化为电信号并输送到世博会的阿德勒天文馆，开启了展区内的灯光和喷泉。当时，人们认为大角星距离地球40光年，即光线是从1893年发出的，这正是上一届芝加哥世博会的时间。然而，光其实是从1896年发出的。

早期观测

大角星从有记载的远古时代起就对观测者们有着重要意义。它与大地和空气之神恩利尔有关，在古代美索不达米亚也被称为 "Shudun"，意为"牛轭"；古希腊的托勒密将大角星形容为 "Subrufa"，即略带红色。史前的波利尼西亚航海家将大角星称为 "Hōkūle'a"，意为"欢乐之星"，波利尼西亚人用大角星来导航。对大角星的利用是波利尼西亚人在不借助任何仪器的情况下成为传奇水手的方法之一。

可见度

使用望远镜，在白天也能观测到大角星。法国数学家及天文学家让－巴蒂斯特·莫兰（Jean-Baptiste Morin）于1635年便成功观测了大角星，使其成为第一颗在白天就被看见的恒星。大角星是 K1.5 IIIpe 型红巨星，显然，它的亮度至少是太阳的110倍。然而，因为它表面比太阳温度低，它发出的大部分光线是红外线，因此肉眼是看不见的。

双星系统

有人认为，大角星是一个双星系统的一部分。伴星的亮度似乎是主星的 1/20，现有观测技术无法发现该天体。然而，最新的研究显示大角星是一颗单星。

◀ 从望远镜中观测到的大角星

大角星的光学图像，显然它是一个亮度很高的天体 ▶

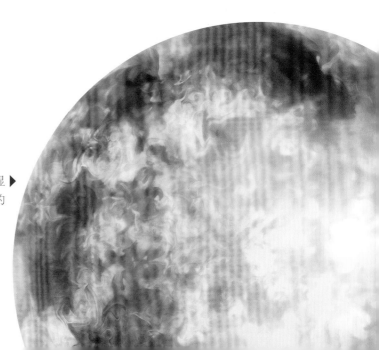

参宿四

参宿四（猎户座 α）是夜空中第九亮的恒星，也是猎户座中第二亮的星。这颗恒星的名字来源于阿拉伯语的 "Yad al-Jauzā"，意为 "猎户座的手"，指恒星在猎户座中的位置。

分类

参宿四被归类为红超巨星，是最大且最明亮的可观测恒星之一。如果参宿四在太阳系中取代太阳的位置，它的表面将会延伸到小行星带之外，可能还会延伸到木星的轨道甚至更远，完全吞没掉水星、金星、地球和火星。事实上，有关参宿四的质量始终有争议，这种质量的不确定性，正是测量距离的不确定性造成的。

可变的亮度

参宿四是亮度变化范围极大的恒星之一。1836 年，约翰·赫歇尔爵士在《天文学纲要》中首次描述了参宿四亮度的变化。参宿四呈现独特的红色外观，且亮度不断变化，这使得它很容易用肉眼发现和识别。

最终命运

参宿四的命运取决于它的质量。这是一个不容易理解的关键性因素。最有可能出现的情况是，这颗超巨星将继续燃烧和融合元素，直到它的核心变为铁质，届时参宿四将爆炸成一颗 II 型超新星。截至 2020 年，最新的理论认为它将在 10 万年内爆炸成为一颗超新星，该事件预计将留下一颗直径 20 千米的中子星。

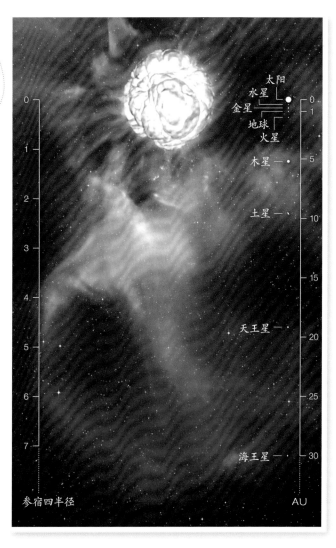

▲ 计算机生成的参宿四变成超新星的图像。其余的行星变得昏暗模糊

文化意义

这颗恒星在科幻小说界非常受欢迎。1988 年上映的电影《阴间大法师》（*Beetle juice*）的命名就是源自参宿四 "Betelgeuse" 的谐音。据报道，编剧迈克尔·麦克道尔（Michael McDowell）对很多人把这部电影和这颗恒星联系在一起而感到印象深刻。《指环王》中红色的波吉尔星（Borgil）可能也是受到了参宿四的启发。

▲ 毕宿五、参宿七、心宿二以及参宿四的大小对比

有趣的事实

中世纪的译者将 Y 的阿拉伯字母错看成了 B，于是这颗恒星使用了现在的名字。

勾陈一

勾陈一（小熊座 α）是小熊座中最亮的恒星，也是夜空中亮度排名第四十五的恒星。它离北天极很近，因此，它也被称作北极星或指北星。

勾陈一的恒星系统

勾陈一是一个聚星，包括一颗主星勾陈一 Aa 以及两颗较小的伴星，即勾陈一 B 和勾陈一 Ab。另外还有两个遥远的组成部分——勾陈一 C 和勾陈一 D。

分类与特点

勾陈一 Aa 是一颗黄色的超巨星，质量是太阳的 4.5 倍。两颗较小的伴星如下所示：

- 勾陈一 B：这是一颗主序星，轨道离主星约为 2 400 个天文单位，质量为太阳质量的 1.39 倍。
- 勾陈一 Ab：这是一颗离主星只有 18.5 个天文单位的主序星，质量是太阳的 1.26 倍。

勾陈一 Aa 是肉眼可见的，勾陈一 B 则需要借助一架普通的望远镜才能看到。它们的位置大约在距离地球 434 光年的地方。

北极星

由于勾陈一几乎与地球北极"上方"的自转轴处于同一条直线上，所以它在天空中的位置几乎是静止不动的。北方天空中的所有星星看起来在绕着勾陈一旋转，因此，它便成了进行天文导航和天体测量的一个完美的固定点。

▲ 摄影师的特技镜头记录了由于地球自转而引起的恒星运动

▲ 艺术家根据望远镜捕捉到的图像所绘制的勾陈一系统

▼ 夜空中的勾陈一

有趣的事实

天空中的"北极"并不是固定不变的，它会随着地球的运动而变。因此，北极星并不总是勾陈一，几个世纪后勾陈一就不再是北极星了。

南门二

南门二（半人马座 α）是半人马座南部最亮的恒星，也是夜空中第三亮的恒星。尽管它看起来像是一个单个的天体，但实际上它是一个三合星系统，半人马座 α 星 A、B 互相环绕形成一个双星系统，比邻星绕这个双星系统公转。这个系统距离太阳 1.34 秒差距（4.37 光年），这使其成为离太阳系最近的恒星系统。

发现

英国探险家罗伯特·休斯（Robert Hues）于 1592 年发表的著作《环球之路》（*Tractatus de Globis*）引起了当时欧洲观测者们对南门二的注意。他写道："因此，现在我只看到过 3 颗一等星，这些是我在英国时从未见过的。第一颗是船底座的那颗明亮的星星，他们称之为老人星。第二颗（指的是水委一）位于波江座的尾端。第三颗（指的是南门二）在半人马座的右脚上。"让·里绍（Jean Richaud）于 1689 年 12 月首次观测到半人马座 α 星 A、B 的双星性质。作为一名天文学家和耶稣会传教士，他在印度本地治里的驻地观察一颗经过的彗星时，偶然发现了这个情况。

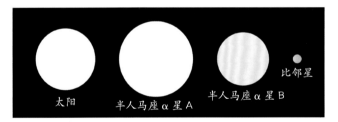

▲ 太阳、半人马座 α 星 A、半人马座 α 星 B 以及比邻星的大小对比

半人马座 α 星 A

半人马座 α 星 A 是这一半人马座 α 星 A、B 双星系统中的主星。它是一颗类似于太阳的主序星，但稍大一些，也更加明亮。它的质量大约是太阳的 1.1 倍，半径比太阳大 23%。作为一颗单独的恒星来说，它比大角星稍暗一些。

通过照相机看到的南门二和马腹一（半人马座 β 星）。我们很难在这张图中将这二者区分开 ▶

透过普通望远镜看 ▶ 去，南门二就是一颗明亮的恒星

半人马座 α 星 B

半人马座 α 星 B 是双星系统中的伴星。它比太阳略小，也没有太阳那么明亮。它大体上是橙色的，质量是太阳的 0.9 倍，半径比太阳小 14%。如果没有半人马座 α 星 A，半人马座 α 星 B 将是遥远夜空中亮度排名第二十一位的星星。

比邻星

比邻星（半人马座 α 星 C）是在半人马座 α 星 A 和 B 附近发现的第三颗恒星，它比另外两颗小得多。这颗恒星距离半人马座 α 星 A 与半人马座 α 星 B 大约 15 000 个天文单位，需要 50 多万年的时间才能绕行半人马座 α 星 A、B 双星系统公转一周。

比邻星

比邻星是一颗红矮星，距离太阳约 4.22 光年，位于半人马座的 G 云内。1915 年，南非联合天文台的主管、苏格兰天文学家罗伯特·英尼斯（Robert Innes）发现了这颗行星。它的英文名称"Proxima Centauri"源于拉丁语"proxima"，意思是"接近"或"最接近"。这是因为比邻星是离太阳最近的恒星。

▲ 哈勃空间望远镜所拍摄的比邻星

三合星系统

最初，由于比邻星离半人马座 α 星 A、B 双星系统的距离很近，科学家猜测比邻星与双星存在一定的物理联系，不过科学界对此一直存在争议。2017 年，一项精确测量项目的结果明确表明，比邻星的确围绕半人马座 α 星 A、B 系统公转，轨道周期约为 547 000 年，三颗恒星共同组成了一个三合星系统。

亮度

比邻星的平均光度非常低。然而，它是一颗耀星，由于磁场活动的原因，它的亮度会随机急剧增加。当它被发现时，它是当时已知的光度最低的恒星。

大小

作为一颗红矮星，比邻星的体积比较小，半径是太阳的 1/7，质量仅为太阳的 12%。这颗恒星的能量产生率相对较低，这意味着它在未来的 4 万亿年中都将处于主序星阶段，这几乎是目前宇宙年龄的 300 倍。2016 年，欧洲南方天文台甚大望远镜发现了比邻星 b，它应当是比邻星的行星，并且其位于宜居带上，有可能存在生命。比邻星 b 质量约为地球的 1.27 倍，公转周期约为 11.86 天，距比邻星约 0.05 个天文单位。

飞往比邻星

天文学家们认为到达比邻星是有可能的，因为它在再次远离地球之前，一定会在轨道上相对接近地球。然而，一艘航天器从地球降落到围绕这颗红矮星运行的行星上可能需要数千年的时间。

◀ 红矮星比邻星放大后的图像

▼ 红色箭头所指示的即为比邻星的位置

有趣的事实

如果真有这样的一颗行星存在，那么比邻星在这颗行星的天空中几乎不会移动，而且这颗行星的大部分地方会是永恒的白天或黑夜。

OGLE-TR-122 / 123

OGLE 是指光学重力透镜实验。这是波兰华沙大学的一个天文学项目。虽然这个项目主要想通过利用微透镜技术来寻找暗物质，但它已经发现了两个值得关注并甚为相似的恒星系统。

恒星系统

OGLE-TR-122 与 OGLE-TR-123 都是双星系统，每个系统都包含一颗已知半径最小的主序星之一。OGLE-TR-122 的公转周期约为 7.3 天，OGLE-TR-123 的公转周期则约为 1.8 天。

OGLE-TR-122 中的恒星

OGLE-TR-122 的主星为 OGLE-TR-122A，被认为与太阳相类似。较小的恒星 OGLE-TR-122B 的半径估计约为太阳半径的 0.12 倍，即约为木星的 1.2 倍，它的质量仅为太阳的 10%，即木星的 100 倍。OGLE-TR-122B 的质量接近于氢聚变恒星的最小质量。它的平均密度大约是太阳的 50 倍或水密度的 80 倍。对 OGLE-TR-122B 遮掩主星的观测第一次提供了直接证据，证明了它是一颗半径接近木星的恒星。

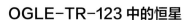

木星与 122B 的大小对比

OGLE-TR-123 中的恒星

OGLE-TR-123 的主星是 OGLE-TR-123A，被认为比太阳稍大。较小的恒星 OGLE-TR-123B 的半径估计约为太阳半径的 0.13 倍，即木星半径的 1.3 倍。123B 的质量也只有太阳的 8.5%，大约是木星的 90 倍。OGLE-TR-123B 的质量接近氢聚变恒星的最小质量。产生氢聚变的最低极限值被认为大约是太阳质量的 0.07 或 0.08 倍。对 OGLE-TR-123B 遮掩主星的观测第二次提供了证据，证明半径接近于木星的恒星的存在。在 122B 被首次观测到之后，科学家们得到了更多的数据来进行计算。

◀ 艺术家所描绘的在另一个世界的地平线上的 OGLE-TR-123

星群

星群是在地球夜空中出现的一种非正式星座型态的恒星集团。它可能是某个官方星座的其中一部分，也可能由数颗单独恒星组成。在大多数情况下，星群由大致在同一方向上的可见恒星组成，但没有物理上的关联性。就像星座一样，它们离地球的距离经常有很大差异。

背景

自从天文学诞生以来，把不同的恒星聚在一起，将点与点之间连接起来或用简笔画形式画成图案的行为就十分常见。不同的文明和历史时期，人们对恒星群的划分可能不同。历史上，星座和星群没有明确的区别，任何人都可以对恒星进行组合和命名。

有趣的事实

星群是一些没有被归入其他类别的恒星群。银河系、星云和疏散星团都不属于这个定义范围。

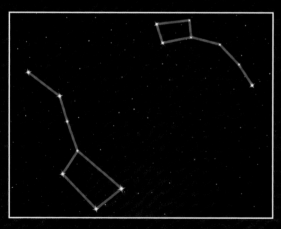

▲ 北斗七星是最容易识别的星群之一。它也是大熊座的一部分

正式命名

1930 年，国际天文学联合会将天空划分为 88 个有着明确界限的官方星座，任何其他的群组则都是星群。但是，恒星之间有着引力联系的真正的星团，则不属于星群。

示例

季节性星群有许多著名的例子（以在北半球所见为例），如下所示：

● 春季：春季大钻石，由大角星、角宿一、五帝座一和常陈一组成。

● 夏季：夏季大三角，包括天津四、牛郎星和织女星。

● 秋季：秋季四边形近似正方形，由室宿一、室宿二、壁宿一和壁宿二构成。

● 冬季：冬季六边形的组成包括天狼星、南河三、北河三，外围的二等星北河二、五车二、毕宿五和参宿七，以及偏离中心的参宿四。

用双筒望远镜观测到的位于狐狸座的布罗基星团，亦称"衣架星团"

天鹅座

天鹅座是位于银河系平面上的北天星座，名字来源于译成拉丁语的希腊单词天鹅。在希腊神话中，这个星座代表天神宙斯的天鹅。它曾被用来引诱斯巴达王后勒达或是复仇女神涅墨西斯。它是北方夏秋季节最容易辨认的星座之一，也是托勒密列出的 48 个星座之一。

天鹅座的方位

天鹅座是一个非常大的星座，东接蝎虎座，西临天琴座，南接狐狸座，东北连仙王座，西北为天龙座，东南则为飞马座。在官方定义的星座中呈 28 段的多边形。比利时天文学家尤金·德尔波特（Eugène Delporte）于 1930 年制定了规范，划定了星座的边界。按照大小排序，天鹅座在 88 个星座中排名第十六位。它覆盖了 804 平方度，约占夜空的 1.9%。

天鹅座的组成

天鹅座中最亮的恒星是天津四，它是天空中亮度排名第十九位的恒星。天津四是著名的星群夏季大三角中的一员，另外两颗是织女星与牛郎星。银河系则从天鹅座中穿过。

▲ 天鹅座示意图。这张图看起来就像一只正在飞翔的天鹅

▼ 透过望远镜看到的天鹅座

天鹅座中的天体

天鹅座中还有许多著名天体，比如：

- 天鹅座 X-1：第一个已知的黑洞。
- 天鹅圈：一个巨大的超新星遗迹。
- 北美星云：大陆形状的星际气体云。
- 天鹅座 61：它距离地球 11.4 光年，是离地球第十五近的，也是第一个被测量并记录其距离的恒星。
- 超过 100 颗已知行星：天鹅座中的恒星拥有 100 多颗已知行星。这比任何其他星座中的行星都要多，因为天鹅座是开普勒卫星在搜索太阳系外行星时所测量的星座之一。它其中还有着 6 颗行星全部位于 1° 平面内的开普勒 -11 系统。

大熊座

大熊座是北半球大部分地区全年可见的一个星座。这个名字来自拉丁语，意思是"大熊"。大熊座中的 7 颗恒星构成了著名的北斗七星。

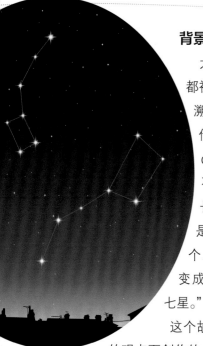

背景

大熊座在许多不同的文明中都被视为熊。它的起源可以追溯到一个 1.3 万多年前的口头传说。朱利安·杜荷（Julien d'Huy）重述了这个远至旧石器时代的故事："有一只长着角的食草动物，它可能是一只麋鹿，在天空中被一个人追逐。这只灵动的动物变成了一个星座，形成了北斗七星。"

这个故事是为了支持大熊座起源的观点而创作的。大熊座是公元 2 世纪天文学家托勒密列出的 48 个星座之一。

文学中的大熊座

大熊座在文学中也享有盛名。荷马、斯宾塞、莎士比亚和丁尼生等诗人在他们的作品中都提到了大熊座。芬兰史诗《英雄国》中也写到了大熊座。

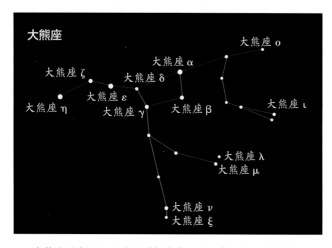

▲ 大熊座示意图。这张图看起来像一只四条腿站立着的熊

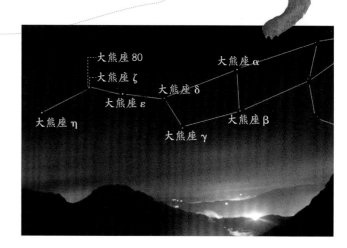

▲ 北斗七星和大熊座 80（即开阳增一、辅）

北斗七星

北斗七星是天空中最著名的图案之一，包括：

● 天枢（大熊座 α），又称北斗一，在西方被称为 Dubhe（意为熊）。它是大熊座中亮度排名第二的恒星，在天空中排名第三十五位。

● 天璇（大熊座 β），又称北斗二，在西方被称为 Merak（意为熊腰）。

● 天玑（大熊座 γ），又称北斗三，在西方被称为 Phecda（意为大腿）。

● 天权（大熊座 δ），又称北斗四，在西方被称为 Megrez（意为尾巴根部）。

● 玉衡（大熊座 ε），又称北斗五，在西方被称为 Alioth（意为黑马）。它是大熊座里最亮的恒星，在天空中排名第三十三位。

● 开阳（大熊座 ζ），又称北斗六，在西方被称为 Mizar（意为腰带）。它是北斗七星柄部尾端的第二颗星，是大熊座中亮度排名第四的恒星。

● 摇光（大熊座 η），又称北斗七，在西方被称为 Alkaid 或 Benetnash（意为尾巴的末端）。它是大熊座亮度排名第三的恒星。

猎户座

猎户座是位于天赤道内的一个知名星座。在世界各地都能看到这个星座，它也是夜空中最显眼、最容易辨认的星座之一。它在英文中是以希腊神话中波塞冬那擅长打猎的儿子的名字来命名的。

猎户座的组成部分

猎户座中最明亮也是最重要的 7 颗恒星如下所示：

1. 参宿四（猎户座 α）是一颗巨大的处于生命末期的 M 型红超巨星，属于半规则变星。它是猎户座中第二亮的恒星，也是夜空中第十亮的恒星。它形成了猎户座的右肩。

2. 参宿七（猎户座 β）是一颗 B 型蓝超巨星，亮度在夜空中排名第七位。它身处猎户座的左脚位置。

3. 参宿五（猎户座 γ）俗称"亚马逊之星"。它是夜空中第二十七亮的恒星。参宿五被认为是 B 型蓝巨星。它充当了猎户座的左肩。

4. 参宿三（猎户座 δ）是猎户腰带上三颗恒星中最暗的一颗。它是一个聚星系统，主星由一颗大型的 B 型蓝巨星和一颗更大的 O 型白星组成。

5. 参宿二（猎户座 ε），其英文名称"Alnilam"在阿拉伯语中意为"珍珠串"。参宿二是一颗 B 型蓝超巨星。尽管它离太阳的距离几乎是猎户腰带上另外两颗星参宿三和参宿一的 2 倍，但它的光度使它们的视星等几乎相同。

6. 参宿一（猎户座 ζ），其英文名称"Alnitak"在阿拉伯语中意为"腰带"。它是猎户腰带上最东端的恒星，是离我们 1 260 光年远的三合星。参宿一的主星是一颗蓝超巨星，它是夜空中最亮的 O 型星。

7. 参宿六（猎户座 κ）它充当了猎户座的右脚。参宿六与我们的距离和大小与参宿七差不多，但看上去模糊得多。

不同文化中的背景

人们自古时便开始了对猎户座的观测，并在下列区域文化中对其进行了天文学研究：

- 古代西亚地区
- 古希腊 - 罗马地区
- 中东地区
- 古代东亚地区
- 欧洲民间文学
- 美洲地区

猎户座的星座图

二十七宿

二十七宿（Nakshatra）是印度占星学中月宿的术语。一宿是指黄道上的 27 份（有时为 28 份）中的一份。它们以各自区域中最突出的星群来命名。

起源与背景

二十七宿常被称为印度星座，但在世界范围内，"Nakshatra" 这个独特的名字更为通用。起初在吠陀梵语中，"náksatra" 所指的可以是任何天体或是作为"星星"的统称。传统意义上的"月宿"首次出现于《阿达婆吠陀》。后来，这个词的意思演变为古典梵语中的首要含义。

起始点

二十七宿的起始点位于黄道上正对角宿一的位置，梵语中称之为 "Chitrā"。从这一点开始向东去，黄道被分成了一个个的宿，而宿的数量反映了一个月的天数。现代的一个农历月是 27.32 天，因此，月球大约在一天的时间内会穿过一个宿的宽度。每个宿又被进一步细分为四个季度（梵语称之为"篇"）。

二十七宿及它们各自的标志

- 娄宿——马首
- 胃宿——女性外阴
- 昴宿——火神
- 毕宿——战车、庙宇、菩提树
- 觜宿——鹿首
- 参宿——泪滴、钻石、人头
- 井宿——弓和箭袋
- 鬼宿——牛乳房、莲花、箭与圆圈
- 柳宿——一条盘绕的蛇
- 星宿——御座
- 张宿——床、吊床、无花果树
- 翼宿——床、吊床
- 轸宿——手、拳头
- 角宿——闪光的珠宝、珍珠
- 亢宿——在风中摇曳的新芽、珊瑚
- 氐宿——凯旋门、制陶轮盘
- 房宿——凯旋门、莲花
- 心宿——护身符、伞、耳环
- 尾宿——根须、象神
- 箕宿——象牙、扇、箕
- 斗宿——象牙、小床、床板
- 女宿——耳朵、凹凸不平的三个脚印
- 虚宿——鼓、长笛
- 危宿——空心圆、千朵花、星辰
- 室宿——剑、安葬床、双面人
- 壁宿——双胞胎、安葬床、水中的蛇
- 奎宿——一对鱼、鼓

二十七宿与恒星

这是一份二十七宿以及与之最常联系在一起的现代恒星列表。正如我们所看到的那样，二十七宿中有部分宿在多个星群中重复出现。

▲ 印度教二十七宿的位置图"曼荼罗"，其坐标位置遵照《印度天文学》。为了明确方位，这张图片显示的是覆盖于古希腊－罗马星座上的二十七宿

序号	名称	梵语名称的意思	相关恒星
1	娄宿	"双马童的妻子"	白羊座 β 和 γ
2; 7	胃宿	"肩负者"	白羊座 35、39 和 41
3	昴宿	"湿婆之子迦希吉夜的保姆（人格化）"	昴星团
4; 9	毕宿	"红色的那颗星"	毕宿五
5; 3	觜宿	"鹿首"	猎户座 λ、Φ
6; 4	参宿	"湿润的那颗星"	参宿四
7; 5	井宿	"两位物品修理工"或"两辆战车"	北河二和北河三
8; 6	鬼宿	"养育者"	巨蟹座 γ、δ 和 θ
9; 7	柳宿	"皈依"	长蛇座 δ、ε、η、ρ 和 σ
10; 15	星宿	"施主"	轩辕十四
11	张宿	"第一颗微红的星"	狮子座 δ 和 θ
12	翼宿	"第二颗微红的星"	五帝座一
13	轸宿	"手"	乌鸦座 α、β、γ、δ 和 ε
14	角宿	"明亮的那颗星"	角宿一
15	亢宿	大角星的梵语名"Su-Ati"	大角星
16; 14	氐宿	"成叉状，有分枝"或"礼物"	天秤座 α、β、γ 和 ι
17	房宿	"礼物之后"	天蝎座 β、δ 和 π
18; 16	心宿	"最年长、最杰出的"	天蝎座 α、σ 和 ι
19; 17	尾宿	"根"	天蝎座 ε、ζ、η、θ、ι、κ、λ、μ 和 ν
20; 18	箕宿	"无敌中的第一颗星"，无敌（aşādhā）是一个星座名	人马座 δ 和 ε
21	斗宿	"无敌中的第二颗星"	人马座 ζ 和 σ
23; 20	女宿		天鹰座 α、β 和 γ
24; 21; 23	虚宿	"最有名的"或"速度最快的"	海豚座 α 和 δ
24; 22	危宿	"内有 100 位医师"	宝瓶座 γ
25; 3	室宿	"第一个被祝福的足部"	飞马座 α 和 β
26; 4	壁宿	"第二个被祝福的足部"	飞马座 γ 和仙女座 α
27; 5	奎宿	"兴旺"	双鱼座 ζ
以下星宿为中国二十八宿之一：			
22 ; 20	牛宿	"凯旋的"	天琴座 α、ε 和 ζ

黄道十二宫

黄道十二宫是指以黄道为中心，被划成 12 个分区且每个分区占 30° 的圆。黄道是指在天球上的一个圆圈，它代表了太阳在一年中的运行轨迹。黄道十二宫是一个在占星术和历代天文学中都很常见的术语。

组成与意义

这 12 个分区被称为宫。黄道十二宫本质上是一个天文坐标体系。更具体地说，它是一个黄道坐标体系，与赤道坐标体系相对应。在黄道十二宫里，以黄道作为纬度的起点，同时也以太阳在春分时的位置作为经度的起点。春分指太阳位于黄经 0° 的时刻，地球南、北半球的春分点时间是相反的。

名称的由来

在英文中，黄道十二宫"zodiac"来源于拉丁语"zōdiacus"，"Zodiacus"则反而来自希腊语单词"zōdiakoskyklos"。这个术语的意思是"动物组成的圈"，这是由于古希腊十二宫的一半是用动物来代表的。

各国语言中黄道十二宫的名称

在各个时代里，黄道十二宫的名称各不相同。在英语中，黄道十二宫使用拉丁语名称。下面的表格中对比了黄道十二宫在不同语言中的名称：

序号	标志	经度	名称	拉丁语	希腊语	梵语
1	♈	0°	白羊座	Aries	Krios	Mesha
2	♉	30°	金牛座	Taurus	Tavros	Vrishabha
3	♊	60°	双子座	Gemini	Didymoi	Mithuna
4	♋	90°	巨蟹座	Cancer	Karkinos	Karkata
5	♌	120°	狮子座	Leo	Leōn	Simha
6	♍	150°	室女座	Virgo	Parthenos	Kanyā
7	♎	180°	天秤座	Libra	Zygos	Tulā
8	♏	210°	天蝎座	Scorpio	Skorpios	Vrśhchika
9	♐	240°	人马座	Sagittarius	Toxotēs	Dhanusha
10	♑	270°	摩羯座	Capricorn	Aigokerōs	Makara
11	♒	300°	宝瓶座	Aquarius	Hydeokhoos	Kumbha
12	♓	330°	双鱼座	Pisces	Ikhthyes	Mīna

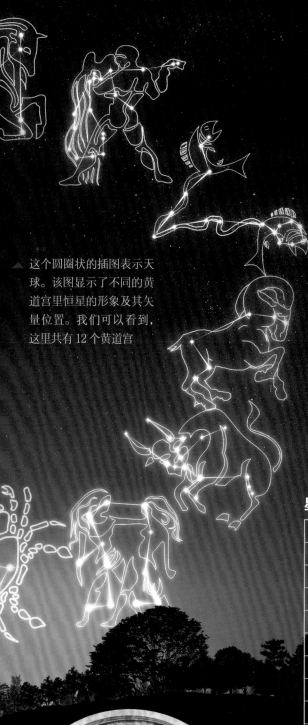

这个圆圈状的插图表示天球。该图显示了不同的黄道宫里恒星的形象及其矢量位置。我们可以看到，这里共有 12 个黄道宫

与天文学的差别

　　和占星学中每个分区为 30° 的黄道十二宫不同，天文星座的大小相互差别很大。由于星座并不按其各自大小平均分布，太阳在每个星座所在位置停留的时间也各有不同。

当今的黄道宫

　　黄道宫仍然是天文学中黄道坐标系的基础。然而，十二宫的术语和名称如今大多与占星学有关。占星学是一种信仰，它相信一个人出生时太阳所在的星座会在某种程度上决定这个人的性格与未来。除了太阳，月球在黄道十二宫中的位置也被用在占星学和天文学中。然而，月球穿过黄道的速度非常快，在 27 天多一点的时间里就能转完 360° 的一圈。

太阳和各星座的关系

　　在天文学中，蛇夫座也是黄道星座之一，但未被占星学家列入黄道十二宫。下面这个表格以 2011 年为例，详细介绍了太阳与各个星座的关系。由于地球自转和轨道的属性，每年都会有一些小小的变化。

星座

名称	国际天文学联合会划定范围	太阳停留天数	最明亮的恒星
白羊座	4 月 19 日—5 月 13 日	25	娄宿三
金牛座	5 月 14 日—6 月 19 日	37	毕宿五
双子座	6 月 20 日—7 月 20 日	31	北河三
巨蟹座	7 月 21 日—8 月 9 日	20	柳宿增十
狮子座	8 月 10 日—9 月 15 日	37	轩辕十四
室女座	9 月 16 日—10 月 30 日	45	角宿一
天秤座	10 月 31 日—11 月 22 日	23	氐宿四
天蝎座	11 月 23 日—11 月 29 日	7	心宿二
蛇夫座	11 月 30 日—12 月 17 日	18	侯
人马座	12 月 18 日—1 月 18 日	32	箕宿三
摩羯座	1 月 19 日—2 月 15 日	28	垒壁阵四
宝瓶座	2 月 16 日—3 月 11 日	24	虚宿一
双鱼座	3 月 12 日—4 月 18 日	38	右更二

一件古代手工制品，其上刻有 12 个动物或人的形象，它们以各自正确的黄经度分布在这个日晷盘上

狮子座

狮子座是黄道十二宫中的一个星座，位于巨蟹座之东，室女座之西。这个星座包含有许多明亮的恒星，还有着一个让人联想到一只蹲伏的狮子的独特形状，因而它很容易辨认。它代表着希腊神话中英雄赫拉克勒斯所杀死的涅墨亚狮子。

狮子座的标志性动物就是一只狮子 ▶

◀ 连成线的恒星显示出狮子的形状

狮子座中的恒星

狮子座至今仍是 88 个现代星座之一，也是 2 世纪天文学家托勒密描述的 48 个星座之一。狮子座有着许多明亮的恒星，其中主要的恒星如下：

● **轩辕十四（狮子座 α）**：轩辕十四是一颗蓝白色的主序星，距离地球 77.5 光年。它是一个双星系统，需用双筒望远镜对它进行观测。这颗恒星的英文名为"Regulus"，意为"小国王"。

● **五帝座一（狮子座 β）**：它是一颗蓝白色的恒星，位于狮子座中和轩辕十四相反的另一端，距离地球 36 光年。它的英文名"Denebola"意为"狮子的尾巴"。

▲ 狮子座中的恒星

● **轩辕十二（狮子座 γ）**：轩辕十二是一个双星系统，用小型望远镜就可以分辨出它的主星和伴星。两颗恒星都是橙色的巨星，伴星与主星相似，但亮度较低。它们距离地球 126 光年。其附近的狮子座 40，与轩辕十二并不相关。轩辕十二的英文名为"Algieba"，意为"额头"。

● **狮子座 δ**：在中国星官名中，它被称为"西上相"或"太微右垣五"。这是一颗蓝白色的恒星，距离地球 58 光年。

● **轩辕九（狮子座 ε）**：这是一颗黄巨星，距离地球 251 光年。

● **轩辕十一（狮子座 ζ）**：它是一颗光学三合星系统，其中最亮的一颗恒星为狮子座 ζ。它是一颗白巨星，距离地球 274 光年。亮度排名第二位的恒星名为狮子座 39，位于系统中与其他恒星间隔较远的南方。三合星中的第三颗恒星为狮子座 35，位于系统中的北方。

● **狮子座 ι**：在中国星官名中，它被称为"西次将"或"太微右垣三"。这是一个双星系统，用中等大小的业余望远镜就能观测到。不借助设备的情况下，肉眼看到的狮子座 ι 是一颗略带黄色的恒星，距离地球 79 光年。

● **轩辕十三（狮子座 η）**：它是一颗白色的超巨星，距离地球 2 000 光年。它的英文名称"Al Jabhah"意为"前额"。

天蝎座

天蝎座是黄道十二宫中的一个星座。它是一个位于南半球、靠近银心的大型星座，东临天秤座，西接人马座。它代表着希腊神话中蜇死猎户的那只蝎子。

天蝎座的标志性▶
动物是一只蝎子

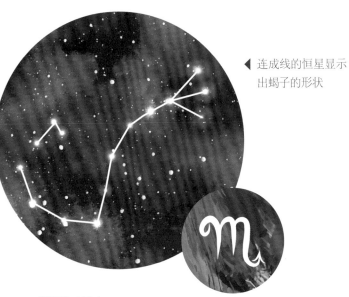

◀ 连成线的恒星显示
出蝎子的形状

背景与历史

古巴比伦人将该星座称为"MUL. GIR. TAB"，是巴比伦语中"蝎子"的意思，这个名字从字面上可以理解为"（有着）燃烧的刺（的生物）"。印度尼西亚爪哇人根据其形状将这个星座称为"Banyakangrem"（意为"孵蛋的天鹅"）或"Kalapa Doyong"（意为"倾斜的椰子树"）。在天文学中，我们通常将它缩写为"Sco"。

天蝎座的组成

天蝎座包含着许多明亮的恒星，其中主要的恒星如下：

● 心宿二（天蝎座 α），由于其独特的红色光泽，它获得了"火星竞争者"的称号。
● 房宿四（天蝎座 β1），它是一个双星系统。
● 房宿三（天蝎座 δ），其英文名"Dschubba"意为"前面的"。
● 尾宿五（天蝎座 θ），其英文名的来源尚不明确。
● 键闭（天蝎座 ν）。
● 尾宿七（天蝎座 κ），其英文名"Girtab"意为"蝎子"。
● 房宿一（天蝎座 π）。
● 心宿一（天蝎座 σ）。
● 心宿三（天蝎座 τ），其英文名"Alniyat"与心宿一相同，意为"动脉"。
● 尾宿八（天蝎座 λ），与尾宿九（天蝎座 υ）共同构成了弯曲的蝎尾形状。这两颗恒星的英文名有一个共同的来源，意为"刺"。由于形状相似，二者有时也被称为"猫眼"。

▲ 夜空中的天蝎座

◀ 天蝎座中的恒星

心宿二

有趣的事实

曾被命名为天蝎座 γ 的恒星，如今被称为天秤座 σ。它最初的命名出现错误是因为它正好位于天秤座的边界。

金牛座

金牛座是黄道十二宫中的一个星座。它是 88 个现代星座之一，也是托勒密最初定义的 48 个星座之一。金牛座是北半球冬季天空中一个巨大而亮眼的星座。

▶ 金牛座的标志性动物为一头公牛

◀ 连成线的恒星显示出了公牛的形状

最古老的星座

金牛座的出现至少可以追溯到青铜时代的早期。在那时，它标志着春分期间太阳的位置。这使得它成为最古老的星座之一。

环状结构

金牛座西临白羊座，东接双子座，北靠英仙座和御夫座，东南为猎户座，南向波江座，西南是鲸鱼座。它是唯一一个兼跨银河赤道、天球赤道和黄道的星座。古德带也从这个星座中穿过。它有着一个环状的星系结构。

在古巴比伦、古埃及和古希腊的神话中，公牛成为金牛座的象征。在佛教中，传说释迦牟尼佛是在金牛座满月之时出生的。

金牛座的组成

金牛座是一个包罗万象的星座，由星云、超新星遗迹以及恒星组成。金牛座有着一些有趣的特征，如下：

● 金牛座中有离地球最近的两个疏散星团，分别为昴星团和毕星团。两者都是肉眼可见的。

● 红巨星毕宿五是该星座中最亮的恒星。它的英文名"Aldebaran"在阿拉伯语中意为"追随者"，这是因为毕宿五似乎是跟随着昴星团穿过夜空的。

● 超新星遗迹蟹状星云（即梅西叶 1）位于金牛座的西北部。

● 金牛座 – 御夫座复合体的一部分穿过了金牛座的北部。这是离活跃恒星形成区最近的地区之一。

● 金牛 T 型变星是原恒星向主序星演化的主序前星。

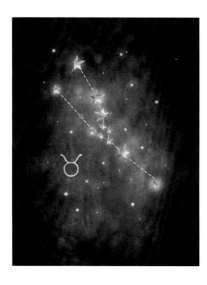

▲ 夜空中的金牛座

◀ 金牛座中的恒星

室女座

室女座是天空中仅次于长蛇座的第二大星座，西接狮子座，东邻天秤座。它被认为是希腊神话中丰收女神或正义女神的化身。室女座之所以与收获有关，是因为太阳在夏末秋初穿过该星座，那时农民们正在收获庄稼。

◀ 连成线的恒星显示出一位女性的形态

室女座的标志是 ▶ 一位女士（女神）

可见度

室女座可以被视为一个春季星座，这是因为尽管你在一年中的大多数夜晚都能看到它的部分或全部恒星，但在春天的夜空中，星星们会展现出它们最好的一面。

室女座的方位

通过它最明亮的恒星角宿一，我们很容易在夜空中找到室女座。除了角宿一，室女座还有很多值得注意的特点。虽然角宿一是这个星座中唯一一颗明亮的恒星，但它的亮度在夜空中仅排名第十六位。该星座还包括另外两颗恒星，它们都比太阳更热、更亮、更重。在天文学中，我们通常把室女座缩写为"Vir"。

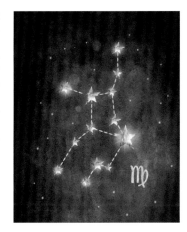

▲ 室女座中的恒星

室女座的组成

1. 亮星：

   ● 室女座 β，又称"右执法"或"太微右垣一"。
   ● 室女座 γ，又称"东上相"或"太微左垣二"。
   ● 室女座 δ，又称"东次相"或"太微左垣三"。
   ● 室女座 ε，又称"东次将"或"太微左垣四"。

2. 其他较为昏暗的恒星：

   ● 室女座 ς，又称"角宿二"。
   ● 室女座 η，又称"左执法"。
   ● 室女座 ι，又称"亢宿二"。
   ● 室女座 μ，又称"亢宿增七"。

3. 恒星室女座 70 有着一个人类最早发现的太阳系外行星系统。它包含了一颗已确认的质量是木星 7.44 倍的行星。

4. 室女座 χ 有 2 颗行星，其中先被发现的那颗是迄今为止发现的最大的行星之一，其质量是木星的 11 倍。

5. 类日恒星室女座 61 有 3 颗行星，其中一颗是一个"超级地球"，另外两颗行星的质量则与海王星质量相当。

6. 室女座 SS 是一颗明显呈现红色的变星。

7. 室女座还拥有非常多的系外行星。在室女座中，已证实有 35 颗系外行星围绕着 29 颗恒星运行。

双子座

双子座是黄道十二宫中的一个星座，代表着希腊神话中的双胞胎卡斯托尔和波吕克斯。它是托勒密描述的48个星座之一，也是如今国际天文学联合会定义的88个现代星座之一。

◀ 连成线的恒星显示出了双子座的形状

卡斯托尔和波吕克 ▶
斯这对双胞胎是双
子座的标志

历史与背景

亚里士多德曾在《气象汇论》中提到，他曾观测到木星与双子座恒星之一交汇并发生掩星的情形。这是人类历史上第一次记录双子座掩星的观测，可能发生于公元前337年。1930年，克莱德·汤博（Clyde Tombaugh）在冲洗一些以天樽二为中心的照相底片时，发现了冥王星。

双子座的组成

该星座包含了85颗不用望远镜就能从地球上看到的恒星。北河三是双子座中最亮的一颗星，其次是北河二。在拜尔命名法中，北河二因为比北河三早出现在夜空中而被命名为α星。双子座的恒星列表如下：

- 北河二（双子座α）：这是一颗六合星，距离地球50光年，肉眼望去它是一颗蓝白色的恒星。

双子座中的恒星 ▶

- 北河三（双子座β）：这颗双子座中最亮的恒星是一颗橙色的巨星，距离地球34光年。一颗太阳系外行星围绕着它旋转。

- 井宿三（双子座γ）：这是一颗白色恒星，距离地球109光年。

- 天樽二（双子座δ）：这是一颗长周期双星，距离地球60.5光年。

- 井宿五（双子座ε）：这是一颗双星，主星为一颗黄色超巨星，距离地球840光年。光学伴星则可以通过双筒望远镜和小型望远镜看到。

- 井宿七（双子座ζ）：这是一颗双星，主星是一颗黄色超巨星，距离地球1 200光年，其半径为太阳半径的60倍，体积大约达到了太阳的22万倍。

- 钺（双子座η）：这是一颗双星，距离地球23.3万光年，只有在大型业余天文望远镜中才能区分出其中的主星和伴星。它的主星是一颗半规则红巨星。

- 积薪（双子座κ）：这是一颗双星，距离地球143光年。主星是一颗黄巨星。

- 井宿二（双子座ν）：这是一颗双星，利用小型双筒望远镜才能看到。其主星是一颗蓝巨星。

- 井宿增十三（双子座38）：这是一颗双星，距离地球7.6万光年。主星是一颗白星，伴星是一颗黄星。

- 五诸侯四（双子座υ）：这是一颗矮新星类激变变星。

观测太空
-OBSERVING SPACE-

▲ 一架望远镜剪影映衬在经过图像渲染增强的太空中，太空中展示了望远镜所见的天体

天文学是一门研究天体的自然科学。简而言之，对太空的观测，与天体及其运行状况有关的理论都属于天文学的范畴。

它是最古老的科学之一。在有记载的历史上，大多数早期文明有着对夜空的天文观测。望远镜的发明推动了天文学发展，使其成为一门现代科学。

在天文学悠久的历史中，形成了从天体测量学、天文导航学、观测天文学到历法创造等形形色色的许多分支学科。

业余天文学

业余天文学是一种爱好，即天文爱好者所从事的对太空以及其中各种天体的观测和摄影活动。尽管科研并非他们的主要目的，许多业余天文学家仍对天文学有所贡献。他们通过对太空的观察来监视变星，跟踪小行星并发现类似彗星和新星这样的瞬态天体。他们经常使用肉眼、双筒望远镜或普通望远镜进行观测。

常用设备

随着时间的推移，有着专业知识以及观测经验的业余天文学家往往会选择更专业和更强大的设备。然而，对于某些任务来说，相对简单的设备往往是首选。他们也会使用星图。根据天文学家的经验和目的，这些星图可能是简单的平面球形图，也可能是夜空中某个特定区域的详细图表。

▼ 一位业余天文爱好者正用普通的手动望远镜观察天空。这种望远镜需要手动定向和聚焦

▲ 由卫星观测到的夜空

有趣的事实

哈勃空间望远镜那 2.4 米高的集光镜需要连续打磨一年才能达到 10 纳米的精度，这大约是人类头发直径的万分之一。

背景

天文观测者们会观察各种各样的天体和现象。他们通常会观察卫星、行星、恒星、彗星、流星雨和各种深空天体，如星团、星系和星云。业余天文摄影主要是拍摄夜空的照片。随着数码相机、数码单反相机和特制电荷耦合（CCD）摄像机等设备的推出，业余天文摄影变得越来越流行。他们中的一小部分人还会用可见光以外的波长进行实验。格罗特·雷伯（Grote Reber）是一位业余天文学家，他在 20 世纪 30 年代末建造了第一架专用射电望远镜。

星桥法

星桥法是业余天文学家们经常使用的一种方法。这种方法尤其受到双筒望远镜或手动望远镜等低技术含量设备使用者的喜爱。天文学家们在用地图或记忆来定位已知的地标性恒星后，常常会借助寻星镜在天体之间"看来看去"。这是一种非常常见，也很简单的方法，常用于发现太空中肉眼可见天体附近的天体。

定位度盘

使用安装有定位度盘的望远镜是用来定位天体的一种更先进的手段。定位度盘是一种角度测量标尺，可以放在望远镜的两个主旋转轴上。数码定位度盘的广泛应用衍生出了许多经典的雕刻版定位度盘，比如模拟定位度盘（ASC）。

计算机化的定位度盘被称为数码定位度盘（DSC）。知道一个天体的坐标后，望远镜使用者就可以使用定位度盘将望远镜对准适当的方向，并通过目镜就能看到想要观测的天体了。

◀ 自动寻星望远镜的遥控装置被安装于其底座上。遥控装置上的箭头按钮是用来调整望远镜方向的，下方的数字键则用于输入精确的坐标

自动寻星望远镜

自20世纪80年代以来，由于技术进步和价格下降，自动寻星（GOTO）望远镜变得越来越受欢迎。这是纯电脑驱动的望远镜。用户通常只需输入感兴趣的天体名称，计算机就会操纵望远镜的机械装置，使它自动指向那个天体。它们通常必须借助校准星来进行校准，以提供精确的跟踪定位。最近开发的望远镜系统使用内置全球定位系统（GPS）进行校准，这使得它们调整起来更为容易。

远程控制望远镜

对于没有主流望远镜设施的业余天文学家来说，使用远程控制望远镜能够让他们切实参与研究以及完成深空成像。20世纪后期，随着宽带互联网的发展以及计算机控制的望远镜支架和CCD摄像机的进步，任何人都可以控制远处的天文望远镜。

▼ 观星需要在一个晴朗无云的夜晚，最好在没有空气污染和光污染的地区。在一个美好的夜晚，数以亿计的星星可以尽收眼底

望远镜

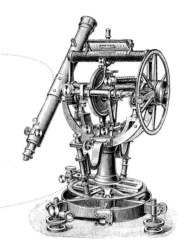

望远镜是一种用来辅助观测遥远天体的仪器。它通过收集电磁辐射（通常是可见光）来增强图像。17世纪初，荷兰米德尔堡的眼镜制造商汉斯·利伯希（Hans Lippershey）制作出了世界上第一架望远镜。望远镜现在被广泛应用于地理学和天文学之中。

名称的由来

在英文中，望远镜（telescope）一词来源于希腊语的"tele"和"skope"，意思是"远的"和"看"。因此，"teleskopos"的意思就是"看得远的"。1611年，希腊数学家乔瓦尼·德米西亚尼（Giovanni Demisiani）为伽利略使用的这种仪器创造了这个名字。德米西亚尼曾在猞猁学社（又称山猫学院，意大利国家科学院的前身，世界上第一个科学院）的一次宴会上看到这些陈列的仪器。在著作《星际信使》中，伽利略本人曾使用"perspicillum"一词来指代望远镜。

望远镜的历史

有记载最早用于观察太空的望远镜就是伽利略发明的。1609年6月，伽利略听说荷兰人发明了望远镜。在不到一个月的时间内，他就造出了自己的望远镜，并在接下来的一年里对设计进行了很大的改进。1668年，艾萨克·牛顿造出了第一架实用反射望远镜，他用反射镜代替透镜来作为物镜使用，这是一个令人钦佩的飞跃式进步。

望远镜的结构

望远镜由接收并聚焦电磁辐射的各种部件组成。一些望远镜也依靠重力或是中微子进行成像。最简单的望远镜中的视觉部件只有两个透镜，而天文台里的复合望远镜体型庞大，接收盘可达几十米宽。望远镜支架是用来支撑它的机械结构的，它支撑着望远镜的巨大质量，并保证仪器指向的精准性。追踪支架的两种主要类型分别是：

- 经纬仪
- 赤道仪

安装在赤道仪上的 ▶
开普勒望远镜

无线电波（甚大射电望远镜）

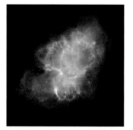

红外辐射（斯皮策空间望远镜）

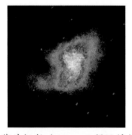

紫外辐射（Astro-1望远镜）

低能X射线（钱德拉X射线天文台）

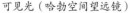

可见光（哈勃空间望远镜）

高能X射线（高能聚焦式望远镜）

▲ 这是超新星遗迹蟹状星云在不同波长下的图像，由不同的望远镜拍摄而成，宽度为6光年

望远镜的历史

目前公认的第一架望远镜出现在 1608 年，它是由荷兰人汉斯·利伯希发明的。在望远镜中，物体能被放大 3 倍，因此它被视为一项伟大的科学创新。

折射望远镜

早期的折射望远镜由凸透镜和凹透镜组成。伽利略在 1609 年使用了这种设计，并在此后通过使用这种望远镜取得了许多重大发现。1611 年，约翰内斯·开普勒阐释了如何用凸物镜和凸目镜制作望远镜。到 1655 年，克里斯蒂安·惠更斯等天文学家已经按照开普勒的设计，用复合目镜制造出了虽然笨重但却功能强大的望远镜。

反射望远镜

艾萨克·牛顿在 1668 年建造了第一个"实用型"反射望远镜。他的设计中用一个小的平面对角反射镜，将光线反射到安装在望远镜一侧的目镜上。1672 年，劳伦特·卡塞格林（Laurent Cassegriain）提出了一种反射望远镜的设计方案，这种反射器带有一个小的凸面副镜，可以通过主视镜的中心孔反射光线。

消色差透镜以及更短的望远镜

消色差透镜首次出现在切斯特·摩尔·霍尔（Chester Moore Hall）于 1733 年制造的望远镜上，它能够大大减少物镜上的色差，使目镜与物镜之间距离更短、功能更强的望远镜成为可能。从 1758 年开始，约翰·多隆德（John Dollond）实现了消色差透镜望远镜的商业化规模制造。

▲ 早期的荷兰望远镜。类似的望远镜被用于天文学以及许多其他领域

反射望远镜的关键性发展

- 1721 年，约翰·哈德利（John Hadley）制作出了更大的抛物面镜。
- 1857 年，莱昂·傅科（Léon Foucault）发明了镀银玻璃镜的工艺。
- 自 1932 年开始，反射镜开始采用持久的铝化涂层。

▼ 1672 年牛顿第二架反射望远镜的复制品

望远镜的种类

"望远镜"这个名字涵盖了种类繁多的仪器，其中的大部分都能探测到电磁辐射。然而，它们在接受到的光的频段方面却有很大的不同。它们通常根据所探测到的光的波长来分类。

甚大辅助望远镜和
智利阿玛逊斯山

主要的区别与分类

尽管制造非常小的天线是可能实现的，但随着波长变长，使用天线技术来与电磁辐射相互作用会更加容易。它们也可以按所在位置分为地面望远镜和空间望远镜。

光学望远镜

光学望远镜主要从电磁波谱的可见部分收集并聚焦光线，其中一些光学望远镜对红外线和紫外线同样有效。这些望远镜的工作原理是利用一个或多个弯曲的光学元件来收集光线与其他电磁辐射，然后将辐射聚焦到一个点上。对焦元件通常由玻璃透镜或反射镜组成。下面列出了 3 种主要的光学望远镜类型：

- 折射望远镜使用透镜形成图像。
- 反射望远镜使用一组反射镜来形成反射图像。
- 折反射望远镜使用反射镜和透镜组合形成图像。

法国尼斯天文台的
一架折射望远镜

射电望远镜

射电望远镜上装有用于研究射电波的定向天线。这些天线是由导电丝网构成的碟形天线，其开度小于所观测到的波长。这些望远镜也被用来收集微波辐射，这主要应用于探测传播受阻或微弱的可见光，比如类星体发出的可见光。

X 射线望远镜

X 射线望远镜是用来探测和确定地球大气层外存在的 X 射线的仪器。由于大气的吸收作用，这些望远镜必须由火箭或气球带到高空，或者部署于大气层外的轨道上。由于气球所在的高度较低，低能 X 射线在这个高度已经完全被吸收，所以气球携带的望远镜只能探测到穿透能力很强的高能 X 射线。而火箭或卫星高度更高，所以也能探测到低能 X 射线。这些望远镜使用的是 X 射线镜片。沃尔特望远镜就是代表之一，它由使用重金属制成的环形"掠入射"反射镜组成，仅能反射几度的射线。

◀ 4 台甚大望远镜组合成一体使用

阿塔卡马大型毫米波 / 亚毫米波阵望远镜

阿塔卡马大型毫米波 / 亚毫米波阵望远镜（ALMA）是世界上最大的毫米 / 亚毫米级地面观测设施。它坐落于智利北部海拔 5 000 米的查南托高原之上。借助这种望远镜，科学家可以深入冰冷宇宙之中进行变革性的研究，探索宇宙最初的恒星和星系，并直接阐释行星的形成过程。

甚大望远镜

甚大望远镜（VLT）是一种从 21 世纪初开始应用的非常独特的欧洲天文学地面设备。它是世界上最先进的光学仪器，由 4 台直径 8.2 米的主镜望远镜和四个直径 1.8 米的可移动辅助望远镜组成。这些望远镜组合在一起组成了一个巨大的"干涉仪"。甚大望远镜干涉仪能比其他望远镜更好地让天文学家观察细节，精度可以比其他望远镜高出 25 倍。它对观测天文学产生了重大的影响。

▲ 位于智利安第斯山脉查南托高原上的阿塔卡马大型毫米波 / 亚毫米波阵望远镜

阿雷西博望远镜

阿雷西博望远镜（Arecibo telescope）的巨大圆盘直径达 305 米，深度为 50.9 米，面积约有 8.1 公顷。它的表面由大约 4 万块穿孔铝板构成，每块约 0.9 米×1.8 米，由横跨在下方喀斯特天坑之上的钢索网进行支撑。它是一个球面反射器，在当时是地球上最大的拱形聚焦天线。2016 年，它第一的位置被口径 500 米的中国天眼取代。

它是世界上最灵敏的射电望远镜。其他射电望远镜需要花费数小时来观察一个信号源，以便收集足够的能量进行分析，而阿雷西博望远镜只需要几分钟的观察即可。令人可惜的是，在经历了 2020 年多次严重事故后，该望远镜已无法工作，最终于 2021 年 2 月被拆除。

位于波多黎各阿雷西博的阿雷西博射电望远镜，现在已被拆除 ▶

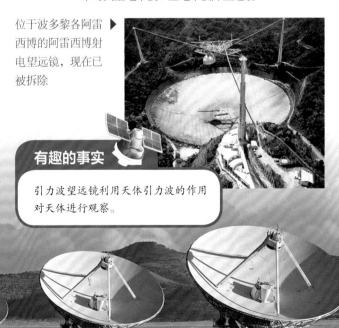

有趣的事实

引力波望远镜利用天体引力波的作用对天体进行观察。

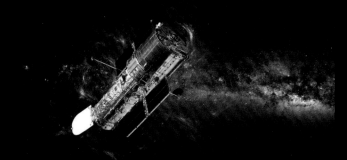

哈勃空间望远镜

哈勃空间望远镜（HST）于 1990 年发射进入近地轨道。哈勃空间望远镜的 4 台主要仪器利用其口径 2.4 米的镜面在近紫外光、可见光和近红外光谱中进行观测。该望远镜是以天文学家埃德温·哈勃的名字来命名的。

重要意义

哈勃空间望远镜的轨道不受地球大气扰动影响，这使得它可以在几乎没有杂散光的情况下拍摄分辨率极高的图像。因此，哈勃空间望远镜向地球传回了一些目前为止精度最高的可见光图像，我们借此能够更加深入地了解空间与时间。哈勃空间望远镜的许多观测结果为天体物理学带来了突破性进展，比如精确地测定宇宙的膨胀率。

理论基础

1923 年，赫尔曼·奥伯特（Hermann Oberth）出版了《飞往星际空间的火箭》（*Die Rakete zu den Planetenräumen*）一书，提到了望远镜如何被火箭送入地球同步轨道。天文学家莱曼·斯皮策（Lyman Spitzer）后来于 1946 年发表了一篇题为《地外天文观测站的天文优势》的论文，文章中他讨论了空基观测站相对于地基望远镜的两个主要优势。1968 年，美国国家航空航天局制定了建造 3 米口径的空基反射望远镜的计划，暂定名称为大型轨道望远镜或大型空间望远镜（LST）。

设计与制造

美国国会在 1978 年批准了 3 600 万美元的拨款，LST 项目正式启动，目标是在 1983 年发射升空。马歇尔航天中心（MSFC）肩负了设计、开发和建造该望远镜的任务。戈达德航天中心（GSFC）负责控制科学仪器和担任地面的任务控制中心。珀金埃尔默公司为空间望远镜建造了光学望远镜组件（OTA）和精密制导传感器。洛克希德公司则被委托建造和组装用于装载望远镜的航天器。

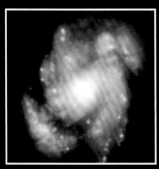 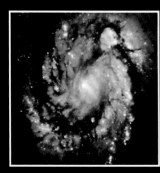

▲ 用哈勃空间望远镜拍摄的旋涡星系 M100 光学校正前后的对比图

▽ 哈勃空间望远镜于 1990 年搭载发现号航天飞机发射升空

有趣的事实

任何人都可以申请使用哈勃空间望远镜，没有国籍或学术背景方面的限制。但是，对望远镜使用时间的竞争非常激烈，只有 1/5 的提案会被接受。

地外文明探索计划

地外文明探索计划，即 SETI 计划，是众多搜寻智慧地外生命活动的统称。哈佛大学、加州大学伯克利分校和 SETI 研究所运作着 SETI 计划中一些最著名的项目，并运用科学方法进行研究。最重要的是，科学家运用电磁辐射来监测其他世界文明传播的信号。

历史

早在 1896 年，尼古拉·特斯拉（Nikola Tesla）就提出，他的无线电力传输系统可以用来与火星上的生命联系。特斯拉观察到了重复的信号，与 1899 年从风暴和地球噪声中记录到的信号有很大的不同。他的解释是这些信号来自地外文明。美国物理学家菲利普·莫里森（Philip Morrison）和朱塞佩·科科尼（Giuseppe Cocconi）在 1959 年发表的一篇论文中首次提到了搜索微波光谱的可能性，并列出了他们推荐使用的搜索频率和一组目标。

有趣的事实

如果 SETI 计划发现了地外生命，它可能不会向全世界宣布。SETI 必须遵循一个称为"探测后披露协议"的程序，以避免造成大规模恐慌。

首次实验

第一个现代 SETI 实验是在 1960 年用一个直径 26 米的射电望远镜完成的。在 20 世纪 60 年代，苏联科学家对 SETI 计划产生了浓厚的兴趣，并利用全向天线进行了几次搜索。1979 年，美国加州大学伯克利分校启动了一个 SETI 项目，并于 1986 年发起了第二次 SETI 活动。

资金问题

1978 年，美国国家航空航天局的 SETI 计划受到参议员威廉·普罗克斯迈尔（William Proxmire）的强烈谴责。因此，国会于 1981 年从美国国家航空航天局的预算中取消了 SETI 的研究经费。在卡尔·萨根的说服下，拨款于 1983 年得到了恢复。

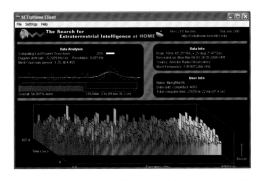

▲ SETI@home 屏幕保护程序截图。这是一项低成本的分布式计算计划，它号召天文爱好者们捐出空闲的电脑计算力来分析地外文明发出的无线电信号

艾伦望远镜阵中的射电望远镜有着 6 米长的天线，▶ 它们被用于射电天文学研究和 SETI 计划

火箭

火箭动力飞行器的用途是将航天器运送到地球大气层之外，可以送入地球轨道，也可以送入外太空。自 20 世纪 50 年代以来，这类运载工具一直被用于向太空发射载人飞船、无人探测器和卫星。火箭的速度至少被加速到 7.9 千米 / 秒才能到达地球轨道，这大约是音速的 25 倍。

▲ 为航天事业设计的火箭

工作原理

牛顿第三运动定律，即"每一个作用力都有一个大小相等、方向相反的反作用力"，恰好能够描述火箭的基本工作原理。就火箭而言，"作用力"来自其尾部喷出的废气，这些废气是燃料在火箭发动机中燃烧产生的。"反作用力"即是压力，或被称为推力，它被施加到火箭的内部结构上，把火箭推向与排出的气流相反的方向。火箭自身携带有氧化剂，这样它们就能在大气层外的真空环境中运作了。

多级发射与火箭设计

发射火箭进入太空的基本方法是由康斯坦丁·齐奥尔科夫斯基（Konstantin Tsiolkovsky）首先提出的。他建议最好将运载工具分成不同的级。

- 第一级火箭：由最大的火箭发动机、最充足的燃料和氧化剂罐以及最大的推力构成。它的主要功能是提供克服地球引力所需的初始推力，从而将整个运载火箭的自重及其载重从地球上抬起。当第一级推进剂消耗殆尽后，它会与运载火箭的其他部分分离，随即落回地球，落进海洋或是落在人烟稀少的地区。
- 第二级火箭：第二级火箭的发动机和推进剂会继续加速运载火箭。大多数一次性火箭发射器只有两级或三级。早些时候，为了达到轨道速度，最高有过五级火箭。当这一级的火箭任务完成后，它或是落回地球，或是进入轨道，或是在落回地球的过程中与大气摩擦生热而解体蒸发。

▲ 绑在航天器上的两个用于发射的火箭发射器

有趣的事实

宋朝时，中国人首先利用了火药推动火箭的原理，向敌方发射出了火药引火箭。

能量需求

　　火箭需要能量才能进入太空，这种能量是以燃料的形式存在的。化学燃料火箭推进可能是让物体的质量摆脱地球引力的唯一最佳方式。用于给火箭提供动力的燃料可分为两大类：

1. 液体燃料：这类燃料可以是容易获得的燃料，比如可在地面温度下使用的煤油以及必须维持在约 −253℃ 的极低温度下的"低温燃料"液态氢。还有一种液体燃料会发生自燃，它一接触氧化剂就会立即被点燃。这些燃料极具侵蚀性，因此很难管理。

2. 固体燃料：这类燃料在设计上比较简单，类似于大型烟花。它们有一层外壳，里面装满了固体化合物的橡胶状混合物，一旦被点燃就会迅速燃烧。这种燃料通常由有机材料或是铝粉构成，最常用的氧化剂为高氯酸铵。当这些物质混合时，就变成了火箭推进剂。固体火箭发动机一旦点燃，就会开始燃烧燃料，直到燃料耗尽，中途无法关闭。燃料燃烧产生的废气通过火箭外壳底部的一个喷嘴排出，该喷嘴使废气形成一定形状并将其加速，为火箭提供了向上的推力。

火箭下方积聚了极高的热量和压力，使它能被推离地球。一旦燃料耗尽，燃料罐就从火箭上分离，成为太空碎片

多级火箭

　　所有运载火箭都会装配一个以上的火箭级，以将航天器加速至轨道速度。自 1957 年第一次轨道发射（斯普特尼克 1 号）以来，陆续出现了许多不同的多级火箭，其中大多数只作为运载火箭的一部分来使用。发展这些多级火箭的目的是引进更多现代技术。这些技术能够提高运载火箭的整体升力，降低成本并提高其可靠性，或者是对这些因素的综合考量。

太空电梯

　　太空电梯的概念是康斯坦丁·齐奥尔科夫斯基在 1895 年提出的。它有一根极为坚固的缆绳，从地球表面延伸到地球静止轨道的高度或更远。

　　下端的重力和另一端向外的向心加速度使缆绳一直处于张力下，并且静止在地球上空的某个位置上。这一概念有待进行初步研究。

处于高压下的燃料进行燃烧时，它会从火箭底部喷出废气，使火箭能够上升至地球轨道或更远的地方

天文台

天文台中有望远镜及相关辅助仪器，观测者可以通过它们来观察天体。天文台是根据其能够观测的电磁波谱来分类的。许多天文台都是光学天文台，主要配备各种光学仪器，也就是说，它们能够在肉眼可见的范围及其周围进行观测。小部分天文台配备了一些用以发现宇宙中无线电波发射源的仪器，以及一些地球卫星，这些卫星携带特殊的望远镜来研究天体的能源。

天文台的种类

如今天文台有多种类型。每个天文台都关注太空中的不同部分，如太阳、月球和恒星等。全球各地都分布着天文台，其规模不尽相同。

基特峰美国国家天文台

基特峰美国国家天文台（KPNO）位于美国图森市西南 90 千米的基特峰峰顶，海拔 2 096 米，于 1958 年由美国国家科学基金会（NSF）建立，此后，美国东部的天文学家们就可以在有利的气候条件下使用良好的光学观测设备进行观测了。它是由大学天文研究协会和美国国家科学基金会共同运作的。这座天文台有 2 架射电望远镜和 21 架光学望远镜，其中最大的望远镜是 4 米口径的梅奥尔望远镜。这座天文台还有最大的太阳观测望远镜和一架太阳真空塔望远镜。

斯特朗洛山天文台

斯特朗洛山天文台（MSO）位于澳大利亚东南部，由澳大利亚国立大学运营。它成立于 1924 年，是南半球重要的观测设施之一。它最初是一个太阳研究中心，但在 20 世纪 40 年代，它的观测重点转向了恒星天文学。这座天文台的主望远镜是一架 1.9 米口径的反射望远镜。20 世纪 50 年代，因堪培拉的不断发展，这座城市的灯光威胁到了这座天文台的观测能力。因此，这座天文台被迁至距离澳大利亚新南威尔士州库纳巴拉布兰约 31 千米的赛丁泉山上，这个地方海拔 1 165 米。2003 年 1 月 18 日，这座天文台当年仅有的 5 架望远镜被一场丛林大火烧毁。

双子星天文台

　　双子星天文台拥有由美国、英国、加拿大、智利、巴西、阿根廷和澳大利亚等国共同建造的两架位于不同地点、完全相同的望远镜，即位于夏威夷冒纳凯阿火山的北双子望远镜和位于智利帕旁山的南双子望远镜。这座天文台的名字来自双子座，代表了双胞胎卡斯托尔与波吕克斯。两个半球各建有一架望远镜，这样天文台可以观测到更广范围内的天体。这两架望远镜被用于红外波段的观测，它们的主镜被镀上了一层银，因为与铝涂层相比，银涂层不会释放出太多的热红外辐射。这两架望远镜的建造始于 1994 年。

利克天文台

　　利克天文台位于美国加利福尼亚州圣何塞东部的哈密尔顿山。它是美国第一座主要的山顶天文台。此外，它还是世界上第一个建于山顶的永久性台址。1876 年，利用加州富豪詹姆斯·利克（James Lick）4 年前捐赠的资金，这座天文台开始动工修建。它的第一架主望远镜是由阿尔万·克拉克父子公司提供光学器件的口径 91 厘米的折射望远镜，于 1888 年开始投入使用。这架望远镜一直保持着世界最大望远镜的纪录，直到 1897 年，叶凯士天文台建成了口径 102 厘米的折射望远镜，这个纪录才被打破。

国际天文学联合会

国际天文学联合会（International Astronomical Union，IAU）是由世界各地天文学术团体联合组成的学术组织。它的法语为 Union Astronomique International，简称 UAI。国际天文学联合会成员必须具有博士学位，同时积极从事天文学的专业研究和教育工作。

地位

国际天文学联合会是国际公认的权威机构，该组织负责为恒星、行星、小行星等天体及其表面地貌进行命名。它同时也是国际科学理事会（ICSU）的成员组织。

发展历程

国际天文学联合会成立于 1919 年，由数个国际性项目组织合并而成，包括照相天图项目组织（Carte du Ciel）、太阳天文联合会和国际时间局。这个组织的首任主席为本杰明·巴约（Benjamin Baitlaud）。

◀ 布拉格第 26 届国际天文学联合会成员大会的标志

行星的定义

第 26 届国际天文学联合会成员大会于 2006 年 8 月 14 日至 25 日在捷克共和国的首都布拉格举行。大会于 8 月 15 日决定恢复其个人成员在科学事宜上的投票权。这项权利曾在 2003 年的第 25 届大会上被收回。第 26 届成员大会对行星的定义进行了充分讨论，最终对行星采取了正式定义。

矮行星之争

大会于 8 月 24 日通过了最终的"行星定义"决议，决议将谷神星、阅神星和冥王星归类为矮行星，因此将太阳系中的行星数量减少到 8 颗。大会闭幕后，部分科学界人士反对这一裁决，并批判了国际天文学联合会对天体命名的权威性。

▲ 布拉格第 26 届国际天文学联合会成员大会

组成

国际天文学联合会有 73 个成员国，都是与国际天文学联合会有合作关系的国家。国际天文学联合会有超过 1 万名成员，他们全部是专业天文学家，主要从事地面和空间天文学各学科的研究。

国际天文学联合会的最高权力机构为成员大会，由全体成员参与。

有趣的事实

决议最终采纳了"类冥天体"（plutoid）一词，国际天文学联合会对它的官方定义是："类冥天体是围绕太阳运行的天体，其轨道半长轴大于海王星。它们足够大的质量使其自身引力能克服刚体力，因此它们呈流体静力平衡状（近球形），并且它们不能清除其轨道附近的天体。类冥天体的卫星并不属于类冥天体。"

空间研究组织
- SPACE ORGANISATIONS-

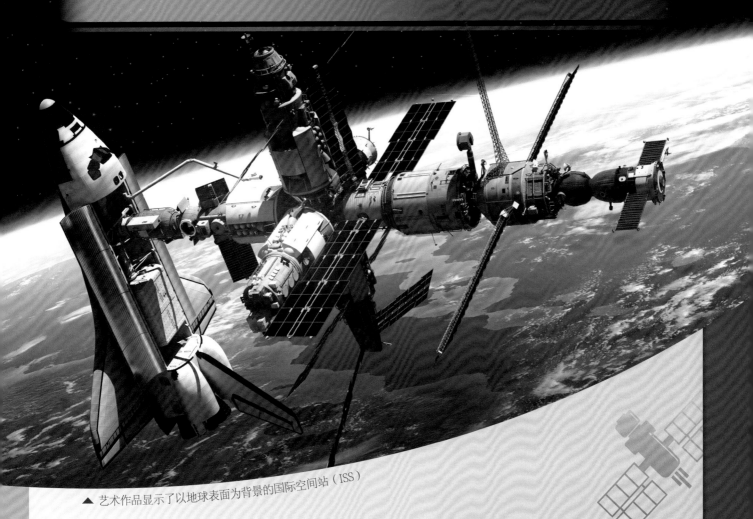

▲ 艺术作品显示了以地球表面为背景的国际空间站（ISS）

　　除了国际天文学联合会，还有一些国家级机构也在进行天文学方面的研究。然而，太空探索的成本高得令人望而却步，而且还需要消耗大量的资源。因此，大多数国家政府会指定一个政府机构来协调和执行本国的太空探索任务。

　　大多数空间研究组织缺乏执行各类空间任务的资金和资源。有许多私人太空机构也对航天感兴趣，其中大多数是政府机构的分包商。另外，维珍银河（Virgin Galactic）和太空探索技术公司（SpaceX）等公司也打算向旅客提供私人航天服务。

美国国家航空航天局

美国国家航空航天局是美国的政府机构，负责美国民用航天计划以及航空航天方面的研究。

太空探索

美国国家航空航天局主导了美国大部分的太空探索工作，其中著名的项目包括阿波罗登月任务、太空实验室以及后来航天飞机的发明。目前它正为国际空间站提供支持，其中监督着猎户座多用途载人飞船、太空发射系统和商业载人飞船的开发。此外，美国国家航空航天局的发射服务计划（LSP）还对无人发射的发射操作和倒计时管理进行监督。

其他项目

美国国家航空航天局在科学领域的重点是通过地球观测系统更好地了解地球。它通过努力推动科学任务理事会的"日球物理研究计划"，不断推进日球物理的研究。它利用如新视野号这样先进的机器人任务，着重探索整个太阳系中的天体。

环境影响

太空探索会影响地球上的生命与环境。一些火箭推进剂，比如肼，在被氧化之前是有剧毒的。美国国家航空航天局根据《美国国家环境政策法》，叫停了星座计划，以解决环境问题。

发展沿革

美国前总统德怀特·戴维·艾森豪威尔（Dwight David Eisenhower）于 1958 年创立了美国国家航空航天局。它的建立具有明确的非军事性民用目的，鼓励空间科学方面的和平应用。1958 年 7 月 29 日，美国通过了《美国国家航空暨太空法案》。同年 10 月 1 日，美国国家航空航天局成立，取代了它的前身——美国国家航空咨询委员会（NACA）。

◀ 美国国家航空航天局的理念是"造福全人类"。大楼上的图案是它的标志

▼ 用于太空旅行的火箭

印度空间研究组织

印度空间研究组织（ISRO）是印度主要的空间机构。无论从预算还是发射任务数量来看，印度空间研究组织都堪称世界上最大的政府空间机构之一。印度空间研究组织的主要目标是推进空间技术的发展，以造福国家。

发展沿革

1969 年，印度空间研究组织的成立取代了曾经的印度国家空间研究委员会（INCOSPAR）。由此，它将印度的空间活动进行了制度化管理。印度主要的航天中心（位于斯里赫里戈达岛的萨迪什·达万航天中心）即由印度空间研究组织运营。

重大事件以及未来计划

2008 年 10 月 22 日，印度空间研究组织首次向月球发射了月船 1 号探测器。2014 年 9 月 24 日，该组织于 2013 年 11 月 5 日发射的火星轨道飞行器成功进入火星轨道。2017 年 6 月 5 日，该组织自行研制的 GSLV MK Ⅲ 运载火箭在印度斯里赫里戈达岛成功发射，这种火箭可用于发射较重的卫星。印度空间研究组织未来的计划还包括研发可重复使用的运载火箭，发射载人航天任务，发射星际探测器以及太阳航天器任务等。

有趣的事实

印度空间研究组织的火星任务团队于 2015 年获得了著名的科学与工程类的太空先锋奖。这是对其首次尝试进入火星轨道这一罕见壮举的认可。印度空间研究组织是首个进入火星轨道的亚洲航天机构。

早期任务与工作

印度空间研究组织建造了印度的第一颗卫星阿耶波多，由苏联于 1975 年 4 月 19 日发射。1980 年，罗希尼号（Rohini）成为第一颗由印度自行研制的 SLV-3 运载火箭送入轨道的卫星。印度空间研究组织随后又研制出了另外两枚火箭：

- 用于将卫星送入极地轨道的极轨卫星运载火箭（PSLV）。
- 用于将卫星送入地球静止轨道的地球同步卫星运载火箭（GSLV）。

▲ 2015 年 4 月 29 日在特里凡得琅市的卡纳卡昆努宫（Kanakakunnu Palace）举办的公开展览中，展出了一个从海上回收的印度空间研究组织太空舱

◀ 印度空间研究组织位于大学校园内的 GSLV-D5 微型模型

欧洲空间局

 欧洲空间局（European Space Agency，ESA）是一个致力于探索太空的政府间国际组织。其法语地区成员称其为"Agence Spatiale Européenne，ASE"。欧洲空间局现有22 个成员国。

发展沿革

欧洲空间局成立于 1975 年，总部设在法国巴黎。二战之后，西欧的科学家们意识到，仅靠单个国家的项目是无法与两个超级大国竞争的。1958 年，爱德华多·阿玛尔迪（Edoardo Amaldi）和皮埃尔·奥格（Pierre Auger）这两位当时西欧杰出的科学家进行了会面，讨论建立一个由西欧国家共同参与的航天机构，因为就在几个月前，苏联出人意料地发射了第一颗人造卫星斯普特尼克 1 号。截至 2014 年，欧洲空间局拥有 2 000 多名员工，年度预算约为 4.28 亿欧元。

▼ 位于法国巴黎的欧洲空间局总部

机构目的

建立该组织的条约中阐明，"欧洲空间局应完全基于和平目的，支持和促进欧洲国家之间在空间研究和技术及其空间应用方面的合作，以期将其用于科学目的和空间应用系统的运作"。

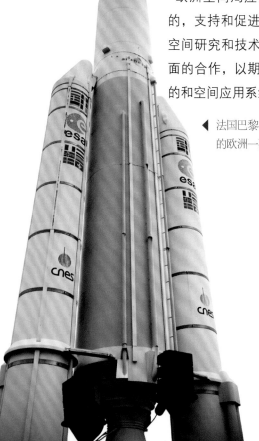

◀ 法国巴黎布尔歇航空展上展出的欧洲一次性发射系统

任务与项目

欧洲空间局的航天计划包括载人航天（主要通过参与国际空间站项目）。它在法属圭亚那的库鲁设有一个主要的航天中心——圭亚那航天中心。除了设计运载火箭，欧洲空间局还进行着到其他行星和卫星的无人探测、地球观测、科学研究和通信等任务。

◀ 克罗地亚萨格勒布的欧洲航天展

有趣的事实

2016 年 9 月 30 日，由欧洲空间局组织的罗塞塔号探测器撞向 67P/ 丘留莫夫 - 格拉西缅科彗星，与地面失去联系，终结了它长达 12 年的探测任务。

俄罗斯联邦航天局

俄罗斯联邦航天局（RFSA）是负责俄罗斯空间科学计划和通用航空航天研究的政府机构。在英文中它通常被写为"Roscosmos"，简称 FKA 或 RKA。它的前身为俄罗斯航空航天局，即"Rosaviakosmos"。

▶ 俄罗斯联邦航天局标志，其总部位于莫斯科谢普金大街 42 号

主要设施

俄罗斯联邦航天局的总部位于莫斯科。其主要的飞行任务操作控制中心位于附近的科罗廖夫，宇航员培训中心（GCTC）则位于星城。它所使用的发射设施是哈萨克斯坦的拜科努尔航天发射场和俄罗斯北部的普列谢茨克航天发射场。拜科努尔航天发射场主要为民用，承担了大部分载人和无人发射任务，而普列谢茨克发射场主要用于进行无人军用飞行任务。

发展沿革

由于苏联没有设立中央航天局，所以在苏联解体后，俄罗斯成立了一个管理航天事务的中央机构。尤里·科普捷夫成为该机构的首任局长。该机构后来便改名为"Roscosmos"，即俄罗斯联邦航天局。

危机年代

20 世纪 90 年代，俄罗斯出现了严重的金融问题。由于资金流紧张，该组织必须顺应变化，寻求其他的资金来源。因此，他们在商业卫星发射和旅游业中占得了领先地位。在这些年里，俄罗斯联邦航天局很少参与类似星际探测器或天文学任务等科学飞行任务。

然而，在俄罗斯联邦航天局的努力下，和平号空间站的运行时间远远超过了原本计划的使用寿命。它还为国际空间站做出了贡献，并继续执行了更多的联盟号和进步号飞行任务。

当前计划

俄罗斯联邦航天局的计划包括研发接替联盟号的航天器、未来有人驾驶运输系统、前往火星卫星的科学机器人任务，以及增加月球轨道研究卫星的数量。

◀ 2006 年 9 月 18 日，联盟号 TMA-9 航天器从哈萨克斯坦拜科努尔航天发射场发射升空，搭载一名新成员前往国际空间站

▼ 2014 年 5 月 26 日，星期一，联盟号 TMA-13M 航天器乘火车抵达了哈萨克斯坦拜科努尔航天发射场的发射台

日本航天局

日本航天局（JAXA）是日本的国家航空运作机构。该机构成立于 2003 年，总部设在东京调布，主要责技术开发、科学研究、将卫星发射至轨道、收集小行星数据、月球探测等许多科技前沿任务。该机构的座右铭是"触摸苍穹，探索太空"。

▲ 日本宇宙航空研究开发机构的标志

日本航天局的项目

- 先进陆地观测卫星 (ALOS)
- 二氧化碳监测任务
- 全球降水观测任务
- 全球环境变化观测系列任务（GCOM）
- 隼鸟号小行星探测器（Hayabusa）
- 月球探索任务
- 太阳帆研究任务

艰难的"摘星"之路

日本有 10 名宇航员。但令人惊讶的是，作为一个技术发达的国家，日本还未开发出自己的载人航天器。他们曾尝试开发一种载人航天飞机，称其为 HOPE-X 项目。它由传统的空间发射器 H-II 进行发射，并已进行了数年的研发。可惜的是，这个项目被推迟了。还有一些比如单级入轨、水平起飞的运载火箭以及垂直起降的 Kankoh-maru 号航天器等项目，但这些项目也未被落实。

▲ 日本航天局开发的一个用于灾害时期的无人机

下一代技术

日本航天局正为下一代超音速运输进行技术开发。如果成功的话，它将可能成为协和式飞机的商业替代品。该项目的设计目标是开发出一种能以 680.6 米 / 秒的速度飞行且能够搭载 300 名乘客的飞机。2005 年 9 月和 10 月，科学家在澳大利亚进行了该飞机缩尺模型的空气动力测试。目前尚不清楚这样的项目能否获得经济效益，因此三菱重工等日本航空航天企业对该项目的兴趣有限。

名古屋科学博物馆外 ▶ 展出的一枚火箭

宇宙学家与天文学家
– COSMOLOGISTS AND ASTRONOMERS–

▲ 坐在基座上、手持日心宇宙模型的哥白尼雕像

　　物理宇宙学是对宇宙最大尺度的结构及其演变过程进行研究的一门学科。该领域关注的是关于宇宙起源、结构、演化和最终命运的基础性问题。

　　在人类历史的大部分时间里，宇宙学是形而上学和宗教的一个分支。随着科学理论对宇宙现象做出了解释，这种情况发生了变化。这其中的第一个理论就是哥白尼原理，它指出所有天体都遵循与地球上物体相同的运行规则。

　　由于宇宙的性质随着数据的不断积累变得愈加清晰，现代宇宙学正沿着理论和观测串联起来的轨迹不断发展。

伽利略

伽利略·伽利雷（1564 年 2 月 15 日—1642 年 1 月 8 日）是一位意大利物理学家、数学家、工程师、天文学家和哲学家。伽利略在文艺复兴时期的科学革命中发挥了重要作用，因此他被称为"现代观测天文学之父""现代物理学之父"以及"现代科学之父"。

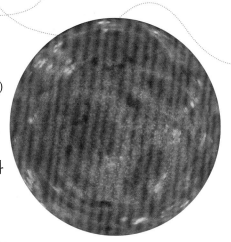

早年经历

伽利略出生在意大利托斯卡纳的比萨，于 16 世纪 70 年代随家人搬到佛罗伦萨。应其父亲的要求，伽利略于 1581 年进入比萨大学学医。因为医生的收入比数学家高得多，伽利略一度刻意回避数学。出于对数学的热爱，他最终改修数学。1589 年，他被任命为比萨大学的数学主任。

后来，伽利略成为帕多瓦大学的数学教授，一直到 1610 年搬回佛罗伦萨，进入了美第奇家族的宫廷专心进行他的科学研究。

望远镜

1608 年，荷兰的汉斯·利伯希制造了第一架实用望远镜。听了对望远镜的描述后，伽利略 1609 年制造了一架放大率约为 3 倍的望远镜。他还自学了打磨镜片的工艺，很快就学会了如何改进仪器，由此他造出了功能越来越强大的望远镜，放大率最高达到了 30 倍。

这是朱塞佩·贝尔蒂尼（Gieuseppe Bertini）绘 ▶ 制的一幅壁画，画中的伽利略正在向威尼斯总督演示如何使用望远镜

望远镜带来的发现

1609 年 12 月，伽利略利用望远镜的观测绘制出了月亮的盈亏，也显示出月球表面并不是光滑的，而是粗糙不平的，这与当时流行的观点大相径庭。1610 年 1 月，他发现了围绕木星旋转的 4 颗卫星。这让大多数人感到震惊，因为亚里士多德的理论假定宇宙中的一切都是围绕地球旋转的。

伽利略很快就写了一本名为《星际信使》的小书，在书中他描述了这些发现。他以科西莫二世·德·美第奇（Cosimo Ⅱ de' Medici）的名字命名了木星的卫星，但很快这些卫星就被以他自己的名字重新命名了。

手持望远镜的伽利略雕像 ▶

有趣的事实

伽利略因宣称地球围绕太阳运转而被起诉。在审判结束时，伽利略正式撤回了他的结论。然而，有一个无法证实的传闻称，他悄声说了句"然而它还是在移动"——重申了地球确实在进行着自转和公转运动。

托勒密

克罗狄斯·托勒密（约公元 90—168 年），生活在亚历山大城的希腊裔埃及作家，也是著名的数学家、天文学家、地理学家、占星学家，他的一篇短诗还被收录进了《希腊诗选》。托勒密著有多部科学专著，其中《天文学大成》《地理学指南》和《占星四书》这三部著作对后来的欧洲科学一直有着重要意义。

托勒密画像 ▶

《天文学大成》

《天文学大成》（Almagestum）是现存唯一一部综合性的古代天文学专著。托勒密声称，他的几何模型来自前人的天文观测结果。这些观测结果跨越了 800 多年的历史，这使得这本书在当时独一无二。《天文学大成》中记录了 48 个星座以及其中的 1 022 颗恒星，这也是现代星座的原型。

托勒密的行星假说

托勒密提出的假说超出了《天文学大成》中的数学模型范围，并试图将宇宙呈现为一个由层层球壳嵌套的集合体。他估计地日平均距离是地球半径的 1 210 倍，而那镶嵌有许多星星的球壳的半径则达到了地球半径的 20 000 倍。托勒密的模型和前人的模型一样，都主张地心说。这个理论几乎被世人普遍接受，直到出现了更简洁的日心说模型。

托勒密的《便携用表》

在《便携用表》中，托勒密提出了一个有助于天文学计算的实用工具。它列出了计算太阳、月球和行星位置，恒星的升起落下以及日月食所需的全部数据。它为后世的天文表提供了一个很好的范例。

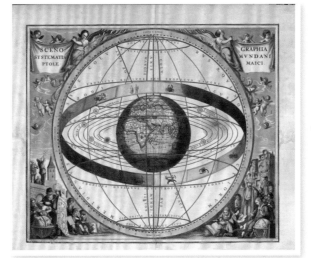

◀ 托勒密体系，出自安德烈亚斯·策拉留斯（Andreas Cellarius）的《和谐大宇宙》（1660 年）。这张图显示了黄道十二宫和以地球为中心的太阳系

16 世纪拉丁文版的 ▼
《天文学大成》

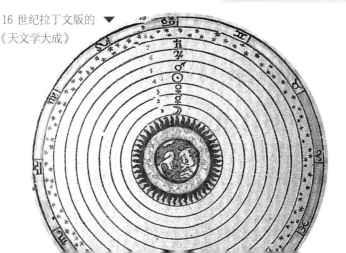

有趣的事实

托勒密的拉丁名字中的"Claudius"指的是授予托勒密罗马公民身份的罗马人。考虑到时间顺序，这个人很可能是罗马皇帝克劳狄。

哥白尼

尼古拉·哥白尼（Nicolaus Copernicus，1473 年 2 月 19 日—1543 年 5 月 24 日）是一位文艺复兴时期的数学家和天文学家。他因提出以太阳而非地球为中心的宇宙模型而闻名于世。这种模型被称为"日心说"，是目前公认的太阳系模型。

日心说

哥白尼的模型基于 7 个基本假设，这 7 个基本假设可以简述如下：

1. 不存在一个所有天体轨道或天体的共同中心。

2. 地球只是自身引力中心和月球轨道的中心，并不是宇宙的中心。

3. 所有天体都以太阳为中心来运转，因此宇宙的中心在太阳附近。

6. 我们所看到的太阳的运动并非出于其自身，而是由于地球的运动引起的。地球和其他行星一样围绕太阳公转，因此地球自转的同时还在进行着公转。

7. 人们看到行星逆行和顺行运动，是由于地球运动引起的，而非源于它们自身的运动。因此，地球的运动足以解释人们在空中见到的各种现象。

◀ 哥白尼在 1543 年出版的《天体运行论》中所描述的太阳系模型

◀ 哥白尼的雕像

4. 地球到太阳的距离占天穹高度（包含所有恒星的天球的最外层）的比例，远小于地球的半径占地日距离的比例，也就是说，地日距离同天穹高度相比是微不足道的。

5. 在天穹中看到的任何运动，都不是天穹自身的运动，而是由地球运动引起的。地球及其周围的元素沿着连接南北两极的轴以一天为周期完成一次完整的自转，而天穹则保持不变。

有趣的事实

哥白尼是一位真正的"文艺复兴巨人"。他通晓多种语言，知识非常渊博。他取得了众多成就，获得了教会法博士学位，后来又担任医生、古典学者、翻译、公职人员、外交官和经济学家多种职位。

埃德温·哈勃

埃德温·鲍威尔·哈勃（1889 年 11 月 20 日—1953 年 9 月 28 日）是美国天文学家。他在建立河外天文学领域起了至关重要的作用。哈勃通常被认为是 20 世纪最重要的观测宇宙学家之一。

早年生活与教育经历

哈勃出生于美国密苏里州马什菲尔德，母亲是弗吉尼亚·李·詹姆斯，父亲是约翰·鲍威尔·哈勃。他曾在芝加哥大学修读数学及天文学，1910 年取得了理学学士学位，后又在芝加哥大学叶凯士天文台钻研天文学，并于 1917 年获得了博士学位，博士论文研究的题目为《暗星云的摄影研究》。

银河系之外

埃德温·哈勃到达美国加利福尼亚州的威尔逊山天文台时，口径 2.5 米的胡克望远镜已经完工，这是当时世界上最大的望远镜。哈勃在几个旋涡星云（包括仙女星云和三角星系）中发现了造父变星。他的观察最终证明，这些星云太过遥远，不可能是银河系的一部分。事实上，它们是在银河系之外的一些完整星系。

红移

1929 年，哈勃提出了红移定律，如今它被称为哈勃定律。通过非常遥远的恒星能观测到"红移"的增加，证明了越远的星系远离银河系的速度越快。这个定律佐证了乔治·勒梅特在 1927 年就已提出的宇宙大爆炸理论。

▲ 位于威尔逊山天文台的口径 2.5 米的胡克望远镜，哈勃利用它来测量星系距离，并确定了宇宙膨胀的速率

◀ 宇航员为哈勃空间望远镜更换陀螺仪

有趣的事实

哈勃发现了小行星 1373。

埃德蒙·哈雷

埃德蒙·哈雷（1656年11月8日—1742年1月14日），英国天文学家、地理学家、数学家、气象学家和物理学家，英国皇家学会会员。他曾任牛津大学几何学教授，第二任格林尼治天文台台长。

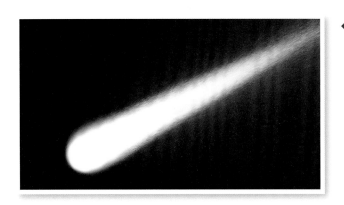

埃蒙德·哈雷预测了一颗他从未亲眼见过的彗星，这使他成为使用分析预测法的先驱

哈雷的彗星

1705年，哈雷出版了《彗星天文学论说》。在书中，他运用历史天文学的方法指出，在1456年、1531年、1607年和1682年出现的彗星在他看来都是同一颗彗星，并预测这颗彗星将在1758年再次回归。哈雷没能在他在世时见证这颗彗星的回归，但当它如期而至时，这颗彗星就被命名为哈雷彗星。

据说美国作家马克·吐温（Mark Twain）在1909年时曾说过，1835年他随着哈雷彗星一同诞生，1910年他也想和哈雷彗星一起离世。1910年4月21日，也就是彗星在太阳周围出现后的第二天，他去世了。

《埃德蒙·哈雷肖像》，由托马斯·穆雷（Thomas Murray）作于约1687年

早年生活与教育经历

埃德蒙·哈雷出生于英国伦敦的哈格斯顿。他随父亲老埃德蒙·哈雷的名字命名。老哈雷来自德比郡，是伦敦一位富有的肥皂商。哈雷小时候对数学很感兴趣，后来进入圣保罗学校读书。1673年，他进入牛津大学王后学院学习。还在读本科时，哈雷就发表了关于太阳系和太阳黑子的论文。

天文学入门

1675年，哈雷成为格林尼治天文台皇家天文学家约翰·弗兰斯蒂德（John Flamsteed）的助手。他的工作很有趣，是给星星分配现在被称为弗兰斯蒂德星号的数字。1676年，哈雷来到了南大西洋的圣赫勒拿岛，他建立了一座天文台，用一架带有望远镜瞄准器的大型六分仪记录了南半球的恒星并编制成表。

太阳系的大小

在圣赫勒拿岛期间，他观察到了一次水星凌日。哈雷立即意识到，类似的金星凌日可以用来确定太阳系的绝对大小。他可能没有意识到，他的做法是遵循了詹姆斯·格雷果里（James Gregory）在《光学进展》中所描述的方法。

有趣的事实

弗兰斯蒂德形容哈雷是南半球的第谷·布拉赫，这是因为他对南半球的恒星进行了编排整理。

约翰内斯·开普勒

约翰内斯·开普勒（1571 年 12 月 27 日—1630 年 11 月 15 日），
德国数学家、天文学家和占星家，现代实验光学奠基人。

早年生活与教育经历

约翰内斯·开普勒于 1571 年 12 月 27 日出生在
神圣罗马帝国自由城威尔德斯达特，这里现在隶属于德
国，位于斯图加特市以西。他的父亲海因里希·开普勒
是个雇佣兵，在他 5 岁时就离开了家。6 岁时，开普勒
观察到了 1577 年的大彗星，由此对天文学产生了终其
一生的热爱。在就读于图宾根大学图宾根神学院期间，
除了学习神学和哲学，他还在数学教授迈克尔·马斯特
林的教导下，学习了托勒密体系和哥白尼体系，成为哥
白尼学说的拥护者。

《宇宙的奥秘》

开普勒于 1596 年发表了他的第一部天文学代表著
作《宇宙的奥秘》。这是对哥白尼体系的首次公开辩护。
《宇宙的奥秘》被认为是对哥白尼在其作品《天体运行
论》中所提出理论进行现代化解释的重要开局。哥白尼
在他的作品中采用了托勒密的方法，如本轮和偏心圆，
而《宇宙的奥秘》则为更新的数学模型铺平了道路。

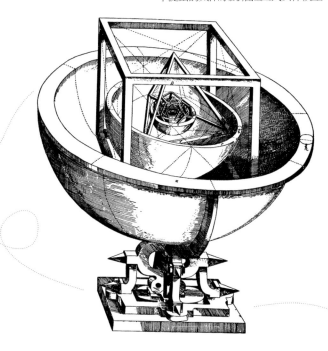

▼ 开普勒在《宇宙的奥秘》（1596 年）
中提出的太阳系的柏拉图式实体模型

《新天文学》

在第谷·布拉赫的指导下，开普勒开始了对火星轨
道的分析。这一扩展的研究领域在《新天文学》一书中
达到了顶峰。在开普勒的宗教宇宙观中，太阳作为圣父
的象征，是太阳系动力的来源。他认为这一动力会随着
距离的增加而减弱。

行星运动定律

开普勒最著名的就是他提出
的行星运动三大定律。通过这些定
律，他解释了类似季节变化、不同
的运行速度以及行星轨道是椭圆
而非正圆等现象。

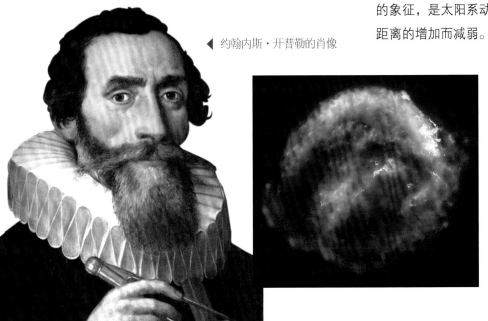

◀ 约翰内斯·开普勒的肖像

◀ "开普勒超新星"是在我们银河系中
看到的最后一颗爆炸的超新星

阿尔伯特·爱因斯坦

阿尔伯特·爱因斯坦（1879年3月14日—1955年4月18日）是一位出生于德国的理论物理学家和科学哲学家。他为人熟知的是他的质能方程 $E = mc^2$，这被认为是史上最著名的方程。他还创立了广义相对论。1921年，他因发现光电效应定律而获得了诺贝尔物理学奖，这是现代量子力学的基础。

虫洞

正如他在论文中概述的，"引力场在基本粒子的构成中起着重要的作用吗？"，爱因斯坦和他人共同合作研究了这个命题。事实上，一个假想中可穿越的虫洞，或者说我们可以从中穿越的虫洞，就被称为爱因斯坦－罗森桥。

▲ 1920年，办公室里的
阿尔伯特·爱因斯坦

▲ 创造了历史的爱因斯坦质能方程

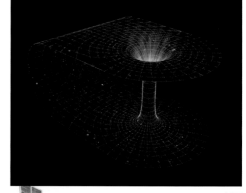

▲ 虫洞

相对论

爱因斯坦认为牛顿力学不足以将经典力学定律和电磁场定律相统一，因此他创立了狭义相对论。后来他意识到相对论的原理也可以引申到引力场，因此，他又发表了一篇关于广义相对论的论文。

有趣的事实

爱因斯坦曾向美国前总统罗斯福（Franklin Roosevelt）提议要开发核弹。在广岛和长崎原子弹事件后，他对自己的立场感到后悔。

主要成就

爱因斯坦发表了300多篇科学论文和150多部非科学著作。2014年12月5日，一些大学和档案馆宣布将爱因斯坦的论文进行公开，其中包括有3万多份独一无二的文稿。爱因斯坦的智慧成就和独创性让"爱因斯坦"一词成为天才的代名词。因此，他常常被认为是有史以来最伟大的天才。

宇宙常数

爱因斯坦因担心他的方程会预测出宇宙不是在收缩就是在膨胀。为了与他的静态宇宙模型相一致，爱因斯坦修改了原本的理论，引入了一个新的概念，将其称之为宇宙常数，用符号 Λ 表示。然而，埃德温·哈勃在1929年证实了宇宙正在膨胀，爱因斯坦应该是经过重新思考后，抛弃了宇宙常数这一概念。

斯蒂芬·霍金

斯蒂芬·威廉·霍金（1942年1月8日—2018年3月14日）是英国理论物理学家、宇宙学家、作家和剑桥大学理论宇宙学研究中心主任，获得过英国荣誉勋爵（CH）、大英帝国司令勋章（CBE）、英国皇家学会会员（FRS）、英国皇家艺术学会会员（FRSA）等荣誉。

▲ 斯蒂芬·霍金在剑桥大学基督圣体学院的泰勒图书馆为剑桥圣体钟揭幕

家庭背景

霍金是弗兰克·霍金和伊索贝尔·霍金的儿子。尽管经济拮据，但他的父母都是牛津大学毕业生。霍金有两个妹妹，名为菲莉帕和玛丽，还有一个领养的弟弟爱德华。他结过两次婚，是三个孩子的父亲。

身体状况

霍金患有一种罕见、早发且进程缓慢的肌萎缩侧索硬化症（ALS，又称运动神经元病、渐冻症）。几十年来，这种病使他逐渐陷入瘫痪。他最初使用拐杖即可，但到20世纪60年代末，他只能坐在轮椅上。他还因为感染了危及生命的肺炎而接受了气管切开术，因此彻底失去了说话的能力，他只能通过使用连接着单侧脸颊肌肉的语音合成器来进行交流。

奖项荣誉

霍金是英国皇家艺术学会的荣誉会员，也是教皇科学学会的终身会员。他也是美国总统自由勋章的获得者，这是美国最高的平民奖项。1979—2009年，他被授予剑桥大学卢卡斯数学教授席位。他还获得了一系列奖项，包括狄拉克奖、爱因斯坦奖和基础物理学奖。

卓越成就

霍金与罗杰·彭罗斯（Roger Penrose）在广义相对论的框架下合作研究了引力的奇性定理。他从理论上预言黑洞会发出辐射，这种辐射通常被称为霍金辐射。霍金是第一个将广义相对论和量子力学结合起来阐释宇宙学理论的人。他也是量子力学多世界诠释的有力支持者。

▼ 霍金教授（左）、爱尔兰英特尔创新开放实验室经理戴维·弗莱明（David Flaming，中）和英特尔欧洲实验室副总裁马丁·柯利（Martin Curley，右）

有趣的事实

霍金写了许多非学术著作。他的《时间简史》雄居《伦敦星期日时报》畅销书榜237周。

尼尔·德格拉斯·泰森

尼尔·德格拉斯·泰森（Neil DeGrasse Tyson，1958年10月5日—），美国天体物理学家、宇宙学家、作家和科学传播者。他出生于美国纽约的曼哈顿，是家中三个孩子中的老二，在布朗克斯长大。泰森十几岁时就痴迷于天文学，他在15岁时就因为在天文社团发表天文学演讲而小有名气。天文学家卡尔·萨根在康奈尔大学任教时，曾尝试将泰森招入该校就读本科。

以科学传播者的身份，在媒体中普及科学

2006—2011年，泰森在美国公共电视台（PBS）主持教育科学类电视节目《新星今日科学》。他经常做客《每日秀》《科尔伯特报告》和《比尔·马赫的实时秀》。从2009年起，他主持每周的广播节目《星际奇谈》。泰森在2014年出演了《宇宙：时空之旅》，这是系列纪录片《卡尔·萨根的宇宙》的更新重制版。

事业发展

泰森曾在马里兰大学、普林斯顿大学、美国自然历史博物馆和海顿天象馆等多个学术和科学机构任职。2001年，他在美国航空航天工业未来委员会任职。2004年，他进入美国太空探索政策执行总统顾问委员会任职，该委员会的职责在于就如何有效实施载人登月等太空探索计划向总统提供相关政策建议。

专业领域

泰森的研究集中在宇宙学、恒星演化、星系天文学、隆起和恒星形成的观测上。

▲ 尼尔·德格拉斯·泰森（右），美国前总统巴拉克·奥巴马（Barack Obama，中），举着手机自拍的是电视主持人比尔·奈（Bill Nye）

◀ 尼尔·德格拉斯·泰森博士拜访了戈达德航天中心主任克里斯·斯科利斯

◀ 在"开普勒望远镜发射1000天"派对上的尼尔·德格拉斯·泰森

有趣的事实

尼尔·德格拉斯·泰森是一位社交媒体上的网红人物。他的推文大多是科学语境下的都市奇谈和宗教神话。

人类在太空
-HUMAN IN SPACE-

▲ 宇航员在太空行走时离开他们的航天飞机去进行维修或实验

　　"人类在太空"是指人类的航天事业，但并不限于此。在过去的一个世纪里，人类在科学的各个领域取得了巨大的进步。因此，我们不仅能够观测太空，而且能够真正地离开地球大气层进入太空。

　　在过去的50年里，数百颗人造卫星被送入太空，人类也以前所未有的程度进入太空。然而，太空探索领域仍处于初级阶段。

航天发射

航天发射是所有到达太空的航天任务中最早的阶段。它的主要过程就是发射，即火箭或其他航天运载工具在飞行开始时离开地面的过程。发射主要有两种类型：

- 火箭发射——常用的传统方法；
- 非火箭航天发射——使用其他形式进行推进，如空气喷气发动机。

有趣的事实

地表的逃逸速度为 11.2 千米 / 秒，这是克服地球引力所需要的速度。

抵达"太空"

太空没有物理边界，没有明确的界限。大气压力随着海拔的升高而逐渐降低，也就是说，随着高度的上升，航天器会慢慢"进入太空"。太空的边界一般被定义为海拔 100 千米处的卡门线。不同的国家或地区对大气边界的定义不同，比如在美国，太空的边界被定义为距离地球 80 ~ 81 千米处。

所需能量

航天需要达到足够的高度。想要到达海拔 100 千米处，至少需要克服重力势能（由重力作用带来的能量）。实际上，由于空气阻力、推进效率、所使用发动机的循环效率和重力阻力等损失，航天器在上升的过程中需要消耗更多的能量。

▲ 一艘航天器在哈萨克斯坦拜科努尔航天发射场升空时的画面

可承受的重力

人类无法承受超过自身重力 3 ~ 6 倍的力。因此，一些发射装置，如火炮式发射器是完全不适合的，它会导致加速度达到地球重力加速度的数百或数千倍。

轨迹优化

轨迹优化是指"设计一个轨迹，使其在规定的边界约束条件下将某些性能指标发挥至最小或最大"的过程。罗伯特·戈达德（Robert Goddard）首先研究了这个问题，因此这个问题也被称为戈达德问题。

人造卫星

卫星（Satellite）是一种被有意放置在轨道上的人造天体。更具体地说，这类天体被称为人造卫星，以区别于类似月球这样的天然卫星。

发射运行

卫星是由火箭推送到各自轨道上的。通常情况下，运载工具就是一枚从地面发射台发射升空的火箭。然而，在少部分情况下，卫星会从海上，通常是从潜艇或移动的海上平台上发射。一些发射任务也能在飞机上进行。

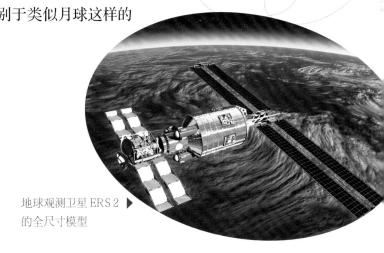

▶ 地球观测卫星 ERS 2 的全尺寸模型

历史背景

世界上第一颗人造卫星斯普特尼克 1 号是由苏联在 1957 年发射的。从那以后，成千上万颗卫星被发射到环绕地球的轨道或太空深处。一些卫星，尤其是空间站，被分成几部分发射，然后在轨道上进行组装。太空中的人造卫星来自 40 多个国家，然而大约只有 10 个国家具有独立发射卫星的能力。

用途

卫星目前的应用范围相当广泛。常见的类别包括军用和民用地球观测卫星、通信卫星、导航卫星、气象卫星和研究卫星。空间站和在轨载人航天器也属于卫星的范畴。根据不同的用途，卫星会选择不同的轨道。轨道有几种分类方法。大家熟知的分类包括近地轨道、极地轨道和地球同步轨道。有时候它们之间会发生重叠。

现状

目前有几百颗人造卫星正在运行。太空中有成千上万颗未使用的卫星和卫星碎片，其中大部分以太空垃圾的形式环绕地球运行。此外，一些空间探测器已经被送入环绕其他天体的轨道，它们成为月球、水星、金星、火星、木星、土星、灶神星、爱神星和太阳的人造卫星。

有趣的事实

第一颗人造卫星的名字是 "Sputnik"，意为 "漫游者"。

◀ 以太阳为背景，正围绕地球运行的空间卫星

▼ 2011 年，首颗人造卫星在国立中央俄罗斯现代历史博物馆展出

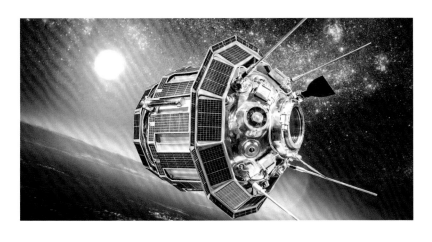

载人航天

载人航天是指有人类乘搭的航天器所进行的太空航行。在载人航天器升空后，所搭载的宇航员可以准确操控航天器，而无须地面上的研发团队进行远程遥控或自动操作。

由谢尔盖·科罗廖夫（Sergei Korolyov）设计，在莫斯科全俄展览中心展示的"Semyorka"号R7火箭

历史背景

1961 年 4 月 12 日，作为东方计划的一部分，苏联发射了第一艘载人飞船"东方 1 号"。这艘飞船上搭载了宇航员尤里·加加林。从那时起，各国向太空发射了许多航天器。截至 2020 年，人类在国际空间站上已经度过了 20 年。

当前的飞行能力

美国的航天飞机从 2011 年开始退出了历史舞台。从那时起，只有俄罗斯和中国具备载人航天能力，两国分别开展了联盟号计划和神舟计划。目前，所有飞往国际空间站的宇航员都使用联盟号运载火箭。这些运载火箭与空间站相连，以便在需要时快速返回。美国也在发展商业载人运输系统，以方便从本土进入国际空间站和近地轨道。它还在为超低地球轨道应用而研发猎户座飞行器。

商业航天

航天通常是由政府主导的活动，但商业航天事业已经逐渐变得举足轻重。2004 年 6 月 21 日，首个私人载人航空任务发射升空，这是由太空飞船 1 号（Space Ship One）这家私营企业进行的一次亚轨道飞行。从那时开始，一批非政府企业开始从事太空旅游产业。美国国家航空航天局还通过商业轨道运输服务（COTS）和商业乘员开发（CCDev）等项目计划，促进了私人航天行业的发展。

商业计划

国际空间站的商业补给是从航天飞机退役两年后的 2013 年开始的。商业乘员发射计划于 2017 年开始进行。

▲ 宇航员布鲁斯·麦坎德利斯（Bruce McCandless）在太空服和手动操纵装置的帮助下在太空中自由飘浮

航天对人的影响

人类在生理上很好地适应了地球上的生活，因此在太空中生活对人体有着许多负面影响。航天医学是一门新兴的医学实践。这一学科的主要目的是探究人类在太空中的极端条件下能生存多久。此外，它还关注着人类从太空返回地球后能以多快的速度重新适应地球环境。

在太空极端环境下的直接暴露

没有适当保护的话，太空环境是致命的。在宇宙真空中最大的威胁来自氧气和压力的缺乏，同时，极端的温度和辐射也会为宇航员带来巨大的风险。

真空环境

我们需要从空气中获取一定量的氧气以供呼吸。人体能承受的氧气最低浓度，即氧分压为 16 千帕。在真空的太空里，肺部的气体交换一如既往地进行着。然而，这会导致血液中包括氧气在内的所有气体的排出。9 ~ 12 秒后，血液无法将充足的氧气输送入大脑，导致人失去意识。在这种环境下暴露 2 分钟后，死亡就会随之而来。

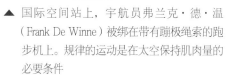

▲ 国际空间站上，宇航员弗兰克·德·温（Frank De Winne）被绑在带有蹦极绳索的跑步机上。规律的运动是在太空保持肌肉量的必要条件

◀ 宇航员正在使用太空模拟舱来适应失重状态

辐射水平的增加

没有了地球大气层和磁层的保护，宇航员暴露在了高水平的辐射中。这可能会损害淋巴细胞——这些细胞与维持免疫系统密切相关，因此这种损害会降低人体免疫力。太阳耀斑事件很少见，但它可以在几分钟内发出致命剂量的辐射。

失重状态的影响

随着空间站的出现，暴露在失重环境下已经被证明对人体健康有一些不良影响。在失重状态下，各种生理系统开始发生变化，某些情况下还会发生萎缩。没有了重力，体液往往会在上半身积聚，而在身体中重新分布的液体会导致平衡失调、视物变形以及味觉和嗅觉的丧失。

▲ 太空中以地球为背景的宇航员

太空第一人

尤里·阿列克谢耶维奇·加加林（1934年3月9日—1968年3月27日）是苏联飞行员兼宇航员。1961年4月12日，加加林乘坐的东方1号航天器完成了一次绕地轨道飞行，他成为进入太空的第一人。

加加林铜像 ▶

早年经历与人物背景

1934年3月9日，尤里·加加林出生于格扎茨克附近的克卢希诺镇，他是家里四个孩子中的老三。1946年，他们一家搬去了格扎茨克，加加林因而转学到了此处的中学。1951年从职业中学毕业后，他被选入萨拉托夫工业技术学校继续深造。正是在萨拉托夫，加加林自愿参加了周末的训练，成为当地一家飞行俱乐部的苏联空军学员。他在那里掌握了飞行技术——先是学会了驾驶双翼飞机，然后是雅克-18教练机。

军旅生涯

1955年，加加林应招入伍，他被送往位于奥伦堡的契卡洛夫第一空军飞行员学校。1957年，他在学校独自驾驶了米格-15战斗机。毕业后，他被分配到了苏联摩尔曼斯克州的洛斯塔里空军基地。

苏联的太空计划

1960年，尤里·加加林和其他19名飞行员一起被选入苏联太空计划。经过进一步的测试，加加林入选了一个被称为"索契六人组"的精英训练小组。东方号计划的首批宇航员就计划从"索契六人组"选出。狭小的东方号驾驶舱空间有限，矮小的加加林身高只有1.57米，这是他被选中的一个重要因素。

东方1号

1961年4月12日，加加林成为第一位进入太空的宇航员，也是第一个进入地球轨道的人。他的代号是"Kedr"。在飞行后的报告中他写道："与地球环境相比，失重的感觉有些陌生。在这里，你会感觉自己好像被水平地挂在带子上，整个人好像都悬浮了起来。"

▼ 在科罗廖夫能源火箭航天公司（RKK Energiya）的
　博物馆展出的东方1号太空舱

有趣的事实

为了纪念加加林，在他去世后，他的家乡克卢希诺镇改名为加加林镇。

著名宇航员

载人航天记录数量众多，冷战时期的"太空竞赛"展开了大量的竞争，由此涌现出许多著名的宇航员，他们就像第一次和第二次世界大战期间的王牌飞行员一样赫赫有名。

- 瓦莲京娜·捷列什科娃（Valentina Tereshkova）：来自苏联，是第一位进入太空的女宇航员，于 1963 年 6 月 16 日搭乘东方 6 号飞船发射升空，绕地球轨道飞行了近三天。
- 艾伦·谢泼德（Alan Shepard）：第一位进入太空的美国宇航员，也是全世界第二位进入太空的宇航员。1961 年 5 月 5 日进入太空，完成了一次 15 分钟的亚轨道飞行。
- 萨莉·赖德（Sally Ride）：首位进入太空的美国女宇航员，于 1983 年 6 月 18 日完成挑战者号航天飞机的代号为"STS-7"的太空任务。
- 阿列克谢·列昂诺夫（Alexei Leonov）：1965 年 3 月 18 日，在上升 2 号飞船上，完成了人类的首次舱外活动（EVA）。
- 范遵（Pham Tuan）：首位进入太空的亚洲人（越南籍），于 1980 年 7 月 23 日登上联盟号航天器。
- 尼尔·阿姆斯特朗：世界上第一位踏上月球的宇航员，1969 年 7 月 20 日，阿波罗 11 号航天飞机登陆月球。
- 巴兹·奥尔德林（Buzz Aldrin）：第二位踏上月球的宇航员。
- 杨利伟：第一位进入太空的中国宇航员。
- 丹尼斯·蒂托（Dennis Tito）：世界首位自费的太空游客，2001 年 4 月 28 日，乘坐俄罗斯联盟号 TM-32 航天器到国际空间站观光。

瓦莲京娜·捷列什科娃 ▶

▼ 艾伦·谢泼德

▲ 萨莉·赖德

▲ 阿列克谢·列昂诺夫

尼尔·阿姆斯特朗 ▼

范遵 ▲

▼ 巴兹·奥尔德林

▼ 杨利伟

▲ 丹尼斯·蒂托

登月

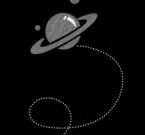

登月是指人类发射的航天器在月球表面着陆。登月包括载人登月和无人登月，后者即为机器人任务。1959 年 9 月 14 日，苏联发射的月球 2 号登上月球，这是第一个到达月球表面的人造天体。

出地球记

为了登上月球，航天器必须首先离开地球的重力井，这就要求它达到逃逸速度。唯一可行的方法是利用火箭。其他空中交通工具，比如气球或喷气机，随着高度的增加，大气越来越稀薄，它们会失去推力。火箭是唯一一种已知的可以在地球大气层外的真空环境中继续提升速度的推进器。

登上月球

在接近月球时，由于引力的作用，航天器会以越来越快的速度接近月球表面。为了完好地着陆，航天器必须减速到 160 千米 / 时以下，并加强自身强度以承受硬着陆冲击。它也可以在接触地面时减速到一个极小的速度，完成软着陆。对于载人航天器来说，软着陆是唯一可行的选择。苏联人在 1966 年首次用一架加固的照相机实现了月球硬着陆这一里程碑。仅仅几个月后，美国便成功实现了首次无人软着陆登月。

重返地球

为了返回地球，航天器必须达到月球的逃逸速度，才能脱离月球的重力井。同样，必须利用火箭才能离开月球，返回太空。但是，在到达地球时，并不需要火箭来进行减速。大气层进入技术能够吸收航天器在返回时产生的动能，从而降低其速度，以便安全着陆。

▲ 尼尔·阿姆斯特朗印在月球土壤上的脚印

美国国家航空航天局发射的阿波罗 11 号在月球静海地区着陆，宇航员尼尔·阿姆斯特朗成为踏上月球的第一人

有趣的事实

阿姆斯特朗坚称他曾说的是："这是一个人的一小步，却是人类的一大步。"（One small step for a man, one giant leap for mankind）但在无线电广播里，却没有听到前一句话中的"一个"(a)。没有了"一个"，前一句的意思就变成了"这是人类的一小步"（one small step for man）。

技术难点

返回和着陆功能将登月任务大大地复杂化了。它们导致了许多额外的操作层面的考虑。其中一些问题如下所示：

- 从月球发射的火箭必须首先由登月火箭携带到月球表面，这就增加了后者所需的体积。
- 从月球发射火箭、更大的登月火箭和所有地球大气层进入设备，如防热罩和降落伞，反过来都必须由原运载工具发射升空。这又大大地增加了原运载工具所需的体积。事实上，正是这个因素使得登月任务昂贵而困难，几乎到了令人望而却步的程度。

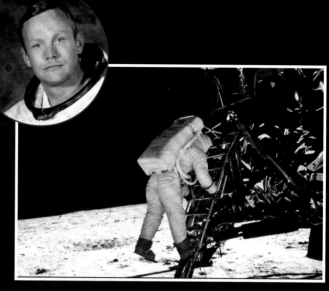

登月第一人尼尔·阿姆斯特朗在无线电广播中说的话已经成为人类历史上的一句名言

月球 2 号

E-1A 系列的月球 2 号是苏联发射到月球的"月球计划"中的第二艘航天器。它成为第一艘到达月球表面的航天器，也是第一个登陆地外天体的人造天体。

月球 2 号的构造

月球 2 号的仪器与月球 1 号相似。它包括有闪烁计数器、盖革计数器、磁力仪、切连科夫探测器和微陨石探测器。因为它没有推进系统，月球 2 号还配有外部助推器。

阿波罗 11 号

阿波罗 11 号航天飞机是人类首次成功的载人登月任务。1969 年 7 月 20 日，美国宇航员尼尔·阿姆斯特朗和巴兹·奥尔德林登上了月球表面。这次任务的第三名成员——宇航员迈克尔·柯林斯 (Michael Collins)，一直在月球轨道上独自驾驶着指令舱，直到阿姆斯特朗和奥尔德林完成其任务并返回指令舱，三人一起重返地球。

携有苏联国旗的月球 2 号

1969 年 7 月 16 日，运载火箭土星 5 号搭载着阿波罗 11 号升空，开启了人类登月的步伐

宇航员训练

载人航天的历史几乎和人类进行太空探索的历史一样长。由于环境有着挑战性和特殊性，需要对宇航员候选人进行大量的筛选和测试。

▲ 在莱特航空发展中心，宇航员在 C-131 飞机上进行失重飞行模拟训练，体验"零重力"飞行轨迹

◀ 进行阿波罗 12 号登月舱外活动的宇航员皮特·康拉德（Pete Conrad）和阿尔·比恩（Alan Bean）正在模拟在月球表面的活动

初始阶段

在美国，被选拔为宇航员的人要去得克萨斯州休斯敦进行报到。那里是美国国家航空航天局主要的宇航员训练基地。约翰逊空间中心成立于 1961 年，在当时被称为载人航天中心。1973 年，为纪念在当年 1 月去世的、出身于得克萨斯州的美国前总统林登·贝恩斯·约翰逊（Lyndon Baines Johnson），美国国会将其改名为约翰逊空间中心（JSC）。约翰逊空间中心在"双子星计划"、"阿波罗计划"、天空实验室、航天飞机和国际空间站等项目中发挥了重要作用。它在过往训练了数百名宇航员。今天人们所运用的培训流程就是这一系列重要经验的成果。

主要参与方

在 20 世纪 60 年代，"太空俱乐部"里只有苏联和美国。后来，发展载人航天事业的国家不断增加。到今天，美国（美国国家航空航天局）和俄罗斯（俄罗斯联邦航天局）仍在其中，但还新增了欧洲（欧洲空间局）、日本（日本航天局）、中国（中国国家航天局）和印度（印度空间研究组织）。除了政府机构，想要参加太空旅行的游客也加入了航天事业。

遴选过程

随着载人航天能力的提高，候选人的选拔过程变得越来越精细且有针对性。航天事业始于 20 世纪 60 年代军方战斗机和试飞员的选拔。那时他们会格外注重体能，而现在则会寻求在工程、生命科学和数学等更多领域有才能的人。这些遴选要求还将随着载人航天技术的发展以及每个国家各自的目标而不断演变。

目前的训练环节

当前，美国宇航员只接受在联盟号航天器上的飞行训练和在国际空间站上的生活训练，因为这是美国唯一可用的航天飞机和空间站。

有趣的事实

联盟号是唯一一架可运送宇航员往返于国际空间站的航天飞机。

太空训练

在国际空间站上，宇航员会参与装配和轨道运行的相关任务，这包括但不限于舱外活动、使用远程操纵器的机器人操作、实验操作和国际空间站维护任务。因此，他们在模拟的微重力环境中进行训练，为在太空中执行这些任务做好准备。

理论培训

宇航员必须对国际空间站及其子系统有深入的了解。他们必须对所分配任务的操作特性、任务要求和目标，以及为每次实验提供的支持系统和设备都有所了解。

因此，在国际空间站上执行为期3～6个月的长期任务，需要2～3年的针对性增量训练。

美国国家航空航天局宇航员埃利奥特·西伊（Elliot See）是双子星5号后备宇航员，在墨西哥湾的双子星5号静态航天器内进行出水训练

▼ 宇航员正在美国得克萨斯州埃灵顿空军基地的一个大型室内游泳池里进行出水训练

训练设施

宇航员必须为普通的太空航行以及他们的特殊任务做好准备。为了协助他们，美国国家航空航天局设置了几处宇航员训练场所，部分如下。

- 杰克·加恩训练设施：约翰逊空间中心的这处设施装有一个功能强大的空间站模拟器，这可以帮助宇航员在亲身前往国际空间站之前事先熟悉国际空间站的在轨实验室系统。
- 空间飞行器模拟设施（SVMF）：该设施中有着宇航员进行空间站操作训练的组件。空间站模型和训练设施（SSMTF）是国际空间站的完整模型，尽可能还原了里面的真实场景，以匹配宇航员们即将在轨道空间站上面对的情形。
- 虚拟现实(VR)实验室：宇航员在这里训练太空行走或用机械手臂操作来测试他们的技能。在由功能强大的计算机生成的微重力模拟环境里，每一位宇航员都戴着特制的手套、视频显示头盔、胸包和一个控制器，学习如何在太空中确定自己的方位，因为在太空中，上下方向是不明确的，哪怕推进器方向有了微不足道的改变，也能把人甩进太空。

航天服

航天服的作用是保障宇航员在其身体不能承受的环境中的生命活动。为了应对恶劣的太空环境，研究人员设计出了航天服这种特殊的服装，以保护没有特殊防护就无法在深空领域生存的宇航员。

航天服的必要性

航天服对宇航员的帮助体现在多个方面。航天服能让进入太空的人不会变得过热或过冷。当宇航员在太空中工作时，航天服可以给他们提供氧气，它装有可供饮用的水，还可以防止宇航员受到宇宙尘的伤害。宇宙尘听上去可能人畜无害，但当它以极高速度运行时，就可能对人造成伤害。航天服还有特殊的金色衬里，以保护眼睛免受强光照射。

航天服的结构

航天服由几部分组成。一部分覆盖宇航员的胸部，另一部分是与手套相连，用于保护头部的头盔，第三部分则覆盖住腿脚。这套服装的某些部分是由数层不同的材料制成的，每一层都有不同的用途：一些在航天服里保持氧气，而另一些则可以抵挡宇宙尘。在航天服内，宇航员另穿着一件衣服，覆盖了除头部、手部和脚部的其他身体部位。衣服内植入了管道，管道内流动着水，以便宇航员保持凉爽。

航天服的后面有一个背包，其中含有供呼吸用的氧气，能消除呼出的二氧化碳，还能为航天服供电。内含的风扇将氧气吹入航天服，水箱则用来盛放用于冷却的水。航天服的背面还有一种舱外救援辅助装置（SAFER），内含数个小型喷射推进器。宇航员如果飘离了空间站，就可以使用这一装置飞回空间站。

航天服内的可活动性

人在充气的航天服里很难活动。这就好比在充气的橡胶手套里移动手指，它无法让人活动自如。为了克服这一困难，这些航天服在织物上进行了特殊的设计，以帮助宇航员弯曲他们的手、胳膊、腿、膝盖和脚踝。

通信设施

航天服装有无线电发射器和接收器，这样宇航员在太空行走时就可以与地面控制人员和其他宇航员进行交谈。

现代的航天服——舱外机动装置

如今的舱外机动装置（EMU）由软、硬的不同部件组合而成，兼顾支持性、机动性和舒适性。这种航天服共有 13 层，包括凉爽的内衣（2 层）、压力服（2 层）、热微流星体服（8 层）和用于防护的外罩（1 层）。所使用的材料包括尼龙经编织物、氨纶、聚氨酯涂层尼龙、涤纶、氯丁橡胶涂层尼龙、聚酯薄膜、戈尔特斯、凯夫拉（防弹背心用材料）和诺梅克斯纤维。将所有的层都缝在一起就形成了这套服装。早期的航天服是为每位宇航员量身定做的，与之不同的是，舱外机动装置有不同尺寸的部件，将它们进行不同的组合就可以适应任何一位宇航员的尺寸。

舱外面盔组件

舱外面盔组件（EVA）安装在头盔外面。它由下列部件组成。

- 一个用于过滤光线的镀金的金属遮阳板
- 一个用于热防护以及冲击防护的透明、抗冲击的防护罩
- 用于阻挡阳光的可调节眼罩
- 4 只头灯
- 一个 TV 摄像机
- 航天服饮料袋（IDB）：穿着航天服工作长达 7 小时的宇航员需要喝水。因此服装内配有一个饮料袋，这是个安装在上身玻璃纤维硬壳（HUT）内的塑料小袋。

有趣的事实

航天服饮料袋可装进 1.9 升的水，还连接着一根放置在宇航员嘴边的吸管。

头盔

头盔由透明、抗冲击的高分子聚碳酸酯塑料制成，和上身玻璃纤维硬壳用一个快速连接环相连。头盔后面有增加舒适性的填充垫，以保持固定，防止头盔随着宇航员的头部转动。它还有一个净化阀，可以在需要使用备用供氧装置时消除二氧化碳。氧气从宇航员的头后方流出，越过头顶，再流到面部。头盔内还配有在太空行走前使用的防雾化合物

手臂

手臂单元包含肩膀、上臂和肘关节轴承，这样宇航员可以向多个方向移动手臂。手臂单元有不同的大小，以便舱外机动装置能够适合不同的宇航员使用。手臂单元通过快速连接环和上身玻璃纤维硬壳相连

上身玻璃纤维硬壳

它是一个坚硬的玻璃纤维外壳，呈背心形。它为数个结构提供支持，包括手臂、下半身、头盔、生命维持背包和控制模块。它还可以容纳一个微型工具承载器。其他组件通过快速连接环与玻璃纤维硬壳连接

手套

手套上安装有腕部轴承，可用于无应力运动。它们通过快速连接环安装在手臂上。手套上有着橡胶涂层指套，可帮助宇航员抓取东西。宇航员还会在手套内戴上精细的织物手套，以增加舒适度。外层的手套上装有一些环，可用来系住工具

国际空间站

国际空间站是近地轨道上的一个空间站。从科学上讲，国际空间站是一颗可居住的人造卫星。它是一个模块化的结构，意思就是，它是由可以互相连接的不同部件组合而成的。它的第一个模块于1998年发射升空。

◀ 在地球轨道上的国际空间站。只有俄罗斯的联盟号航天飞机才能到达那里。宇航员接受模拟训练，模拟国际空间站和联盟号的环境，为接受空间任务做准备

▼ 以地平线和满天恒星为背景的国际空间站

目的

根据美国国家航空航天局和俄罗斯联邦航天局最初的谅解备忘录，国际空间站"意在成为近地轨道上的实验室、观测站和工厂"。

它还被计划用于提供运输、维护和作为未来月球、火星或小行星任务的补给基地。通过2010年的美国国家太空政策，国际空间站被赋予了更多的服务于商业、外交和教育目的的职能。

重要性

小型无人航天器可以在零重力的环境下暴露于太空中。空间站提供了一个长期的环境，研究可以在这里进行几十年。国际空间站简化了独立试验，消除了单独发射火箭和研究人员的必要性。地球上的科学家可以访问宇航员的数据，修改或发起新的实验。这些好处在无人航天器上通常无法实现。

同时，它也是所有宇航员进行实验、观察和研究的基地。它成为太空中的一个联系站点，地球上的人可以通过它以最快速度获得信息或执行指令。

有趣的事实

国际空间站是在太空里由一个个模块拼接而成的。第一个模块是曙光号功能舱，由俄罗斯发射升空，但它无法支持生命的长期生存。

◀ 发现号航天飞机与空间站保持对接时,美国国家航空航天局的宇航员和 STS-128 任务专家正在国际空间站的命运实验室忙于各项操作

微重力环境

研究人员正在研究空间站内这种接近失重的环境对动植物进化、发育、生长等过程的影响。美国国家航空航天局希望研究微重力对三维人体组织,以及能在太空中形成的不同寻常的蛋白质晶体的生长所产生的影响。这些都可能为克隆和干细胞研究带来突破。

教育

国际空间站的工作人员通过以下方式为地球上的学生开展趣味太空课:

● 进行学生发起的实验;
● 制作教育视频;
● 通过广播、视频链接和电子邮件的形式,让学生直接参与可在教室中进行的国际空间站实验。

国际空间站的架构

如前所述,国际空间站不是一次性建成并发射的。研究人员先是建成了它的一小部分并将其发射升空。然后,随着宇航员们往返于国际空间站,他们就继续在这基础上完成它的建造。有些部件是在地球上制造,然后被运送到空间站再附着在主体结构上的。国际空间站从 1998 年 11 月开始建造,其组件包括为宇航员们提供生活环境的加压模块、将单独的模块连接起来的节点、让联盟号附着其上的对接口、一个将所有的模块连接起来的主框架、可以在全空间进行实验的外部研究设备,以及搭载宇航员往返国际空间站的联盟号航天飞机。

为庆祝父亲节以及宇航员指挥官根纳季·帕达尔卡(Gennady Padalka,中)的生日,远征 20 号的宇航员在国际空间站的连接节点上观看着监视器

▼ 绕地球飞行的航天飞机

太空中的一天

我们认为我们的生活就该是现在这样。我们很难想象如果这个星球不复存在，生活会是什么样子。有许多宇航员在太空生活了相当长的时间。让我们来看看太空中的一天是什么样的。

▲ 在接近8小时的太空行走中，瓦尔海姆和任务专家斯坦利·洛夫（Stanley Love，镜头外）在哥伦布实验室安装了一个抓斗装置，并趁模块停留在亚特兰蒂斯号航天飞机的有效载荷舱内时，对模块上的电气和数据加以连接。宇航员们还准备更换一只用来给空间站的氨冷却系统加压的大型氮气罐

时间

由于航天飞机在太空中高速飞行，宇航员无法知道当前的时间。因此，所有的宇航员都遵循一个标准时间，即美国休斯敦、得克萨斯或莫斯科的任务控制中心的时间。这就方便了许多，因为宇航员能更容易地从任务控制中心接收指令。这个中心会对宇航员在太空中的时间做出规划，并告知他们每天在太空中要做些什么。

一天的开始

生活在国际空间站里的宇航员的一天开始于地面任务控制中心打过来的叫早电话。他们采取12小时的轮班工作制。由于太空中没有水，他们在国际空间站的生活中只能用极少的水。这就是为什么太空中没有淋浴或浴缸。宇航员们只能用一块蘸着肥皂水的布来清洁自己。接着，任务控制中心会告诉他们接下来一天的日程安排并开始工作。

寂静

太空接近真空。在地球上，即使在寂静之时，我们也能听到一些细微的声音。但在太空中，寂静就是一片死寂，宇航员会感到不舒服。因此，他们经常会带着在地球上录的白噪声来陪伴自己。

日程安排

从宇航员被送入太空开始，任务控制中心每天都会告知他们必须完成哪些任务。他们的大部分时间用来做实验和从太空进行观测。其他时候，他们必须对空间站或航天飞机进行定期维护。此外，他们还要自己打扫卫生，因此他们的一部分时间也花在了日常琐事上。

◀ 在太空中，宇航员正围绕在太阳能电池附近

有趣的事实

太空里，宇航员们是不洗衣服的。为了节约用水，他们只能以丢掉脏衣服来代替洗衣服。

食物

在太空中，宇航员们有一日三餐（早餐、午餐和晚餐）的供应。在非用餐时间里他们还有零食和饮料。由于可携带的食物数量有限，太空食品需要经过压缩，且含有均衡饮食所需的所有营养。一些太空食品是特制的，因而可以在低重力环境和机器中进行烹饪。

▲ 宇航员从舱门进入太空。这个舱门是气密的，能够承受很高的压力

◀ 远征4号和STS-110航天飞机上的宇航员在国际空间站的星辰号服务舱内一起用餐。在失重状态下，像吃饭这样的日常任务也会变得困难

运动

我们已经了解了太空中的失重状态。正是由于这个原因，宇航员不怎么需要用到他们的肌肉，但这会导致肌肉的萎缩，也就是说，如果宇航员在太空中待了很长一段时间后返回地球，他们的肌肉将无法正常使用，因为这些肌肉已经被闲置了很久。宇航员必须重新开始训练，让他们的肌肉重新适应重力环境。这就是为什么他们在太空中也需要遵守严格的锻炼计划。处于失重飘浮状态的宇航员想要跑步时，需要用蹦极绳来把自己固定在跑步机上。

其他活动

在地球上，我们有很多种方法来打发时间，比如散步、长途旅行或观察大自然。在太空中，这些都没法进行，因此宇航员们找到了一些室内的活动来打发时间。他们通过读书或看电视的方式来休闲放松。如果任务控制中心有安排，他们偶尔也会进行机器人活动和太空行走。

梦境

我们会梦见周遭之所见。每隔一段时间，我们会梦见记忆中的内容或一些超现实的东西。宇航员在报告里说，在到达国际空间站的前几天里，他们做了很多关于地球上的生活的梦，但是随着时间慢慢过去，这种梦变得越来越少。他们开始更多地梦见自己在太空中的生活。不过每过一段时间，宇航员仍会梦见自己在地球上的记忆，但他们通常将其视为一场梦，而非真实记忆。

当发现号航天飞机与国际空间站相连接的时候，欧洲空间局的宇航员、STS-120的任务专家保罗·内斯波利（Paolo Nespoli）就在他位于国际空间站和谐号连接点的睡袋里休息

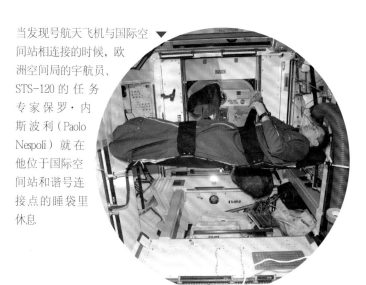

航天事故

自从航天飞行出现以来，在太空中或执行太空任务时已发生了很多起事故。具体来说，到目前为止已有 20 多名宇航员不幸遇难。在太空任务的训练过程中，也有一些宇航员不幸身亡。其中一起是阿波罗 1 号发射台的起火事故，导致 3 名宇航员全部遇难。

1967 年 4 月 24 日，联盟 1 号

这项为期一天的任务遭遇了一系列的不幸事件。此次事件所涉及的联盟 1 号是一种新型航天器。它的降落伞在其再次进入大气层后没有正确打开，这次发射终以失败告终。

● 遇难人员：弗拉基米尔·科马罗夫，他在太空舱高速撞击地面时身亡

● 事故原因：降落伞未能打开

1971 年 6 月 30 日，联盟 11 号

联盟 11 号的航天员在从礼炮 1 号空间站脱离后遇难。他们那时正要离开待了 3 个星期的空间站。在服务模块分离时，机舱排气阀意外地打开了。当搜救队找到他们的时候，他们已经牺牲了。这是到目前为止太空中唯一一次发生在卡门线以上致人死亡的事故。

● 遇难人员：格奥尔基·多布罗沃尔斯基、维克托·帕查耶夫以及弗拉季斯拉夫·沃尔科夫

● 事故原因：舱内失压

▼ 事故发生在太空时可能的情形

1986 年 1 月 28 日，挑战者号

挑战者号航天飞机在升空 73 秒后解体。

燃料舱底部的支撑失效，导致固体火箭助推器（SRB）的上方旋转到了燃料舱的顶部。挑战者号被侧抛入 612.5 米 / 秒的强气流中后解体，机上 7 名宇航员全部遇难。当基本完好无损的座舱以 320 千米 / 时的速度撞击到水面时，即便有幸存者此时也会身亡。

● 遇难人员：格里格·贾维斯、克丽斯塔·麦考利夫、罗纳德·麦克奈尔、埃利森·奥尼佐卡（鬼冢承二）、朱迪丝·雷斯尼克、迈克尔·史密斯和迪克·斯科比

● 事故原因：发射时火箭解体

◀ 挑战者号航天飞机失事事件。在 O 形环破裂引起爆炸的几秒钟后，航天飞机排出的烟流盘绕在一个气团周围

2003 年 2 月 1 日，哥伦比亚号

哥伦比亚号航天飞机热防护系统（TPS）的损坏导致其左翼结构遭到破坏，最终它在再次进入地球大气层时解体。经调查发现，它的增强碳左翼前缘被损坏，这可能是由发射期间外部燃料箱脱落的一块泡沫材料所造成的。

● 遇难人员：里克·D. 赫斯本德、威廉·麦库尔、迈克尔·P. 安德森、戴维·M. 布朗、卡尔帕纳·楚拉、劳雷尔·B. 克拉克、伊兰·拉蒙。

● 事故原因：返航时机身解体

探索太空
-EXPLORING SPACE-

▲ 挣脱地球引力，飞往太空执行任务的航天飞机

　　从火箭到卫星，空间探测器在过去十年里已经达到了一个新的水平。根据《外层空间条约》和航空航天记录，通常以始于高空海拔 100 千米处的卡门线作为太空的起点。

　　由于存在着真空和辐射的双重危险，太空对于人类的探索来说是一个充满了挑战性的环境，而且微重力对人体生理机能也有着负面影响。除了解决所有这些有关健康和环境的问题，人类还需要想办法来显著降低进入太空的成本。

太空采矿

 人类可以从小行星或熄火彗星（spent comet，指已经消耗完自身绝大部分挥发性冰的彗星）上开采矿石，然后运回地球，或在太空中用作建筑材料。这一概念非常重要，因为地球上的磷、锑、锌、锡、银、铅、铟、金和铜可能会在60年后消耗殆尽。

▲ RepRap（一种3D打印机原型机）的第一代版本"达尔文"是一台自我复制机器。理论上，这些可以应用于太空采矿，因为它们可以完整地自我复制

用于采矿的小行星

经确定，有多种类型的小行星适合采矿。小行星主要分为C型、S型和M型这三种类型。

● C型小行星上有着丰富的水。如果我们使用小行星上的可用水，而不是将水从地球运到太空，这就可以减少成本。C型小行星还含有大量的有机碳、磷等关键性的肥料成分，因此，它们可以用来种植农作物。

● S型小行星上含水很少，但含有大量的金属，包括镍、钴和价值更高的金属，比如金、铂和铑。一颗直径10米的小型S型小行星就可能含有大约65万千克的金属，其中包括50千克的铂、金等稀有金属。

● M型小行星非常罕见，但它的金属含量能达到S型小行星的10倍之多。

金属提炼

从小行星或熄火彗星上提炼金属有以下方法。

● 地表开采法：

在某些类型的小行星上，可以用铲子将物质从地表上刮下来。有充分的证据表明，许多小行星是由碎石堆构成的，因此这种方法具有一定的可行性。

● 竖井开采法：

人们可以在小行星上挖出竖井，以提取矿物。这就需要研究人员精确了解其地表风化层下的星体结构。我们还将需要准备一个运输系统，将所需的矿石运送到加工厂。

● 磁耙法：

高金属含量的小行星可能被松散的颗粒所覆盖，用磁铁就可以轻松地把它们挖出来。

● 加热法：

对于熄火彗星中的挥发性物质，可以用加热的方法来融化和蒸发其中的基质，然后提取生成的蒸气。

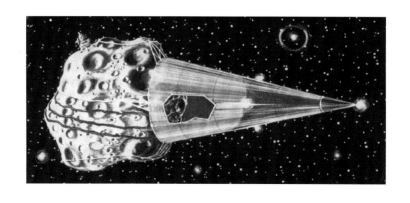

有趣的事实

所有从地壳中开采出来的金、钴、铁、锰、钼、镍、锇、钯、铂、铼、铑、钌和钨，最初都来自地壳冷却后撞击地球的小行星雨。

太空制造

太空制造是指在行星大气层以外的环境（微重力、高真空环境）中制造产品。太空制造既可以在深空进行，也可以在太空中的天体上进行。

太空制造的优势

- 在地球上由于引力和大气的原因而不容易进行的工业生产过程，在太空独特的环境里就可以实现。
- 原材料可以从太阳系内的其他天体上送入轨道，与将原材料从地球送入轨道的成本相比，前者的生产成本较低。
- 具有潜在危险的生产过程可以在对地球环境或其他行星环境影响最小的空间里进行。
- 体积太大而无法用火箭发射的物品可以在轨道上加工以使用。

太空制造的壁垒

发展太空制造需要装配用于采矿和制造的设施，这一过程需要消耗巨额的资本化成本，其中最大的一部分成本是要解决将材料送入轨道所需能源的问题。与此同时，还要以最低的能源成本来收集必要的原材料。

▲ 这幅画展示了在一个接近地球的小行星上所进行的采矿任务。小行星含有许多主要元素，它们为地球上的工业和生命提供了基础

太空制造优势举例

- 微重力环境可以控制液体或气体的对流，从而消除沉淀。扩散成为物质混合的主要手段，使得非混相材料可以相互融合。太空环境也使得在溶液中生长的晶体长得更大、质量更高。
- 在宇宙真空的环境下，可以利用气相沉积法造出极其纯净的材料和物体。
- 需要尺寸一致的完美球体时，微重力环境下的液体可以在表面张力的作用下形成这种完美的球体。
- 由于缺少大气，太空里可以提供现成的极热和极冷环境。

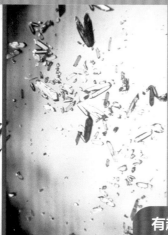

▲ 美国国家航空航天局拍摄的胰岛素晶体在太空环境中（左）与地球上（右）生长情况的对比照片。在微重力环境下形成的晶体质量更大

有趣的事实

太空中没有引力、旋转力和大气压力，意味着我们可以在太空中建造类似太空电梯这样的巨型建筑物。

通信卫星

通信卫星（Communications Satellite，Comsat）是以通信为目的而发射到太空的人造卫星。通信卫星提供微波无线电中继技术，对通信电缆起到补充作用。它们被用于移动应用端，比如船舶、车辆、飞机和手持终端设备的通信，还被用于电视和广播。

◀ 先进极高频卫星（AEHF），被用于安全无线电通信领域

卫星电话

长途电话是通信卫星的第一项，也是其史上最重要的一项应用。固定公用交换电话网（PSTN）把座机电话转接到地面站，再从这里传送到地球同步卫星。卫星通信使得南极边缘、格陵兰荒地、海上的钻井平台和飞机都能保持联通，它也被用于医疗、军事和旅游业领域。

电视

电视要求同时向许多接收器传送数量相对较少的大带宽信号，而地球同步卫星的能力刚好能非常精准地满足这一需求。北美地区的电视和广播使用了两种卫星类型，它们被称为直播卫星（DBS）和固定业务卫星（FSS）。2001年10月29日，欧洲的一颗卫星首次传输了一部数字电影，这是一部由伯纳德·波雄（Bernard Pauchon）和菲利普·比南（Philippe Binant）主演的故事片。

广播

卫星广播或订阅广播（SR）是由通信卫星进行传播的数字无线电信号。它所覆盖的地理范围比地面无线电信号要广得多。广播服务通常由企业提供，采用订阅的模式。无线电操作爱好者也可以使用业余无线电卫星，这是专门为业余无线电通信而设计的卫星。

互联网

20世纪90年代以后，卫星通信技术被用来通过宽带数据连接接入互联网。这对于无法接入有线宽带的偏远地区用户，或是需要高可用性服务的用户来说非常有用。因此，卫星互联网在今天非常流行。

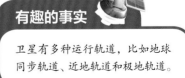

◀ 实物大小的金星号通信着陆器模型。该模型以其剖面示人

有趣的事实

卫星有多种运行轨道，比如地球同步轨道、近地轨道和极地轨道。

天文馆

天文馆是一个传播天文学和夜空相关知识的场馆。它也是培训天文导航的地方。从古代开始就有"天文馆"这个概念，人们认为阿基米德就拥有一个常规天文馆的设备，可以观测太阳、月球和行星的运动。大多数天文馆有一个特征，即拥有一个巨大的穹顶形投影屏幕。在这个穹幕上，能显示出恒星、行星和其他天体的影像及其移动轨迹。

▲ 这张照片里的马克 1 号投影仪是世界上第一台天文馆投影仪，它于 1923 年被安装在德国博物馆

天文馆展出的要素

大多数天文馆会为公众举办展出。比如"今晚的天空中有些什么？"这样的主题，或与宗教节日等热门话题相关的节目，历来都很受欢迎。自 20 世纪 90 年代初以来，功能完备的 3D 数字天文馆可以展示太空任意角度的模拟视图。音乐也是创造良好天文馆展出体验的一个重要因素。以太空为主题的音乐或来自太空音乐、太空摇滚或古典音乐等流派的音乐常被用作展出时的背景音乐。

投影设备的工作原理

传统的天文馆投影设备会用一个空心球，球里装有一盏灯，并在每颗星星的位置都对应一个小孔，这就是"星星球"这个名字的来源。在现代天文馆的星星球里，每颗明亮的恒星通常都有单独的投影仪，它们的形状就像带有对焦镜头的小手电筒。

数字技术的兴起

越来越多的天文馆在使用数字技术，来取代连接星星球的传统投影仪系统。与传统的星星球相比，数字技术只需要很少的运动部件，而且基本上不需要在不同系统之间的穹顶上进行同步运动。

▲ 少伦堡（Zuylenburgh）天文馆所在的房间

"探索天穹"展览 ▶

有趣的事实

天文馆的大小不等，小的有只有 3 米的移动充气式天文馆，大的有穹顶直径达 21 米的海登天文馆。

大地测量学

大地测量学是应用数学和地球科学的一个分支，偶尔它也会被称为大地测量工程学。它是研究地球测量和地表特征的科学类学科。大地测量工作者则进行重力场和地球动力学现象的研究，如地壳运动、潮汐运动和极移。

大地测量学的由来

地球的形状在很大程度上是由自转决定的。这导致了地球赤道的隆起以及不同地区重力的差异。地球的重力场对于板块碰撞、火山活动等地质活动有着积极的抵抗作用，对固态和液态地表以及地球大气层也有很大的影响。为了研究这些影响，大地测量学逐渐发展成为一门科学。

研究地球动力学现象的技术手段

- 采用 GPS 等定位系统的卫星定位方法
- 甚长基线干涉测量（VLBI）——利用观测同一颗射电星的不同望远镜的无线电信号差异
- 卫星和月球激光测距
- 区域或局部的精确水准测量
- 精确的转速计
- 监测重力变化
- 合成孔径雷达干涉测量（InSAR）——通过观测从地表反射回来的两种波并利用卫星图像以数字化的形式绘制变形图

▲ GPS 卫星发现，克罗地亚和意大利的海岸正以 4 毫米 / 年的速度相互靠近，在 5 000 万 ~ 7 000 万年内，两国之间将不再有海洋边界

◀ 位于比利时奥斯坦德的一根用于早期大地测量的柱子

典型的地球动力学现象

将地壳和固态地球作为一个整体，对其变形和运动的研究被称为地球动力学。它主要研究以下内容：

- 大陆板块的运动，即板块构造
- 偶发性（即只有单个实例）构造成因的运动，比如靠近断层线的运动
- 由潮汐引起的周期性效应
- 由冰川均衡调整引成的陆地隆起
- 由人类活动引起的各种运动，这些人类活动包括石油开采、抽水和水库建设等

太空和军事

20 世纪中叶的早期太空探索在一定程度上出于军事动机。美国和苏联将太空探索当作一种展示弹道导弹技术和其他具有军事应用可能性技术的机会。但是，目前各国已经达成了暂停将武器送入太空的共识，以及一项禁止在轨道上部署大规模毁灭性武器的条约。

《外层空间条约》

由于有了《外层空间条约》，武器被禁止部署在太空中。但是，太空已被用来作为军用航天器，例如成像和通信卫星的作业地点。此外，一些弹道导弹在飞行过程中也会穿过太空。

冷战期间，世界上的两个超级大国（苏联和美国）将其 GDP 的很大一部分用于发展军事技术。1957 年，苏联发射了第一颗人造卫星斯普特尼克 1 号。军方还使用间谍卫星精确地拍摄竞争对手的军事设施。因此，美、苏都开始研发反卫星武器，旨在摧毁对方的卫星或使其失效。

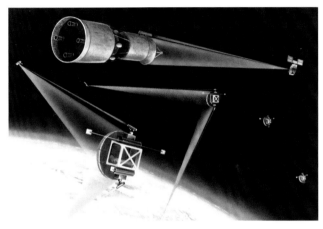

▲ 描绘苏联陆基、空基和天基激光器的艺术作品（《苏联军事力量》，1987 年）

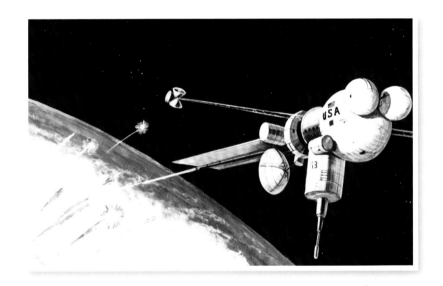

▲ 艺术家描绘的天基电磁轨道炮，它被用于拦截和销毁携带核武器的再入式运载工具。LTV 航空航天防御公司已经在实验室里演示了适用于弹道导弹防御系统的超高速发射技术

太空中的武器

目前，除了宇航员携带的小型手枪外，太空中没有其他武器，甚至这些手枪也只是为了他们在着陆后还未被地面人员找到之前使用。目前在太空中应用于军事目的的技术有：

- 间谍卫星（侦察卫星）——用来从轨道上拍摄照片
- 通信卫星——用来确保军事通信的安全
- GPS——用于定位的全球定位系统
- 军用航天飞机——受各国军方指挥的特定的航天飞机，如美国国家航空航天局的 X-37 航天飞机

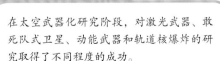

有趣的事实

在太空武器化研究阶段，对激光武器、敢死队式卫星、动能武器和轨道核爆炸的研究取得了不同程度的成功。

军事通信系统

从最早的战争时期起,军队中成员之间的沟通就被认为是至关重要的。"态势感知"具有不确定性,部分军队成员会对当前发生的军事行动缺乏了解,这是众所周知的事实,也就是所谓"战争迷雾"。随着卫星的出现,力求消除战争迷雾的军事通信系统得到了极大的发展。

军事通信理论

新兴的近距离瞬时通信军事理论被称为依靠高速通信的网络中心战。这让所有的士兵和军队支部都可以实时查看战场情况,接收即时指令和获取相关更新信息。

通信卫星的工作原理

通信卫星通常用于协调军事行动和接收情报。例如,战区士兵可以查看两个街区外敌方阵地的卫星图像。然后,如果有必要,他可以将坐标通过电子邮件发送给盘旋在该地区上空的轰炸机或武器平台。在整个过程中,这名士兵的指挥官可在数百千米之外始终监控着事态的发展,并根据相应情况对之前的命令进行撤销或改变。

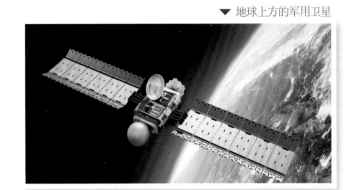
▼ 地球上方的军用卫星

支持系统

这种高速通信是通过军方为自己建立的独立互联网实现的。通信卫星将这个系统连接在一起,并在特定的行动战区里创建信息网格。

其他用途

在卫星通信技术出现后,人们便可以用卫星电话与生活在地球上任何地方的亲友进行联系。互联网设施也是这项技术的产物。

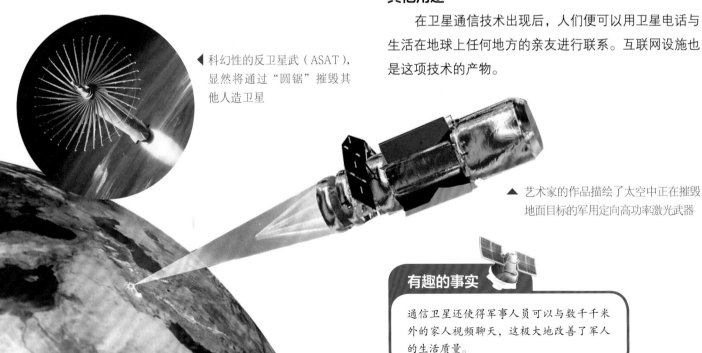

◀ 科幻性的反卫星武器(ASAT),显然将通过"圆锯"摧毁其他人造卫星

▲ 艺术家的作品描绘了太空中正在摧毁地面目标的军用定向高功率激光武器

有趣的事实

通信卫星还使得军事人员可以与数千千米外的家人视频聊天,这极大地改善了军人的生活质量。

侦察卫星

间谍卫星是用于获取军事情报而部署的地球观测卫星或通信卫星。它们的官方名称是侦察卫星。第一代侦察卫星用胶片拍摄照片，然后将其喷射到大气中，最后由飞机在半空中进行回收。目前的卫星使用无线电通信来传输数据。

侦察卫星的种类

侦察卫星主要根据其功能进行分类，主要的类型如下：

△ 由荷兰一家博物馆展出的侦察卫星

△ 美国中央情报局（CIA）公布的卫星鸟瞰图，图中显示的是奥萨马·本·拉登（Osama bin Laden）在巴基斯坦阿伯塔巴德市的院落。卫星监视技术在将其击毙的行动中发挥了关键作用

早期预警卫星

这类卫星会形成一个网络，通过探测弹道导弹的发射来对袭击进行预警。已知最早的这类卫星是导弹防御警报系统的卫星。

核爆炸探测卫星

这类卫星能识别并描述太空中的核爆炸。维拉号卫星（Vela）是已知最早的这类卫星。

照片监控卫星

这些卫星负责提供从太空拍摄的地球照片，这些照片包括俯瞰图像和近景长焦照片。美国锁眼侦察系列卫星中的科罗纳卫星（Corona）是已知最早的此类卫星。光谱成像在今天也很常见，许多民用卫星也可以在一定程度上提供这种功能。

电子侦察卫星

这类卫星是一种用于截获情报信号的侦察卫星。它们能拦截杂散的无线电波，并为情报机构解密被加密的无线电波。

雷达成像卫星

大多数天基雷达使用的是合成孔径雷达，由于微波辐射不像可见光一样会受到云层的阻挡，这类卫星可以在夜间或多云期间使用。已知最早的这类卫星是 US-A 系列卫星。

有趣的事实

2014 年 2 月 17 日，一颗于 1980 年发射的俄罗斯卫星 Kosmos-1220 进入大气层时发生失控而坠毁。1982 年以前，这颗卫星被用于海军导弹瞄准。

空间法

既然人类现在有能力进入和利用太空，那就有必要制定一些规则和法律来保护太空和人类自己。需要注意的是，太空不应被人类滥用。

空间法的背景

在地球上方以及低层大气中的行为会受到国际法的约束，这类法律被称为空间法。1957 年，美国前总统艾森豪威尔就裁军谈判事宜向联合国提出了这一概念。俄罗斯于 1957 年发射了人造卫星斯普特尼克 1 号，美国则发射了探险者 1 号探测器，在此之后，两国都主动将这些国际空间法付诸实施。

和平探索

目前世界上的实际情况是，如果任何国家发现了任何未被开发的、无人居住的土地，他们就可以合法地宣称这是他们国家的一部分。然而，当涉及太空时，这一规则并不适用。一个国家上空的太空区域不能被认为是该国的一部分，该国也不能宣称对任何未经探索的太空区域拥有主权。所有国家都有权和平探索太空。

禁止核试验

外层空间委员会成立于 1959 年，是一个永久性的国际机构。当在太空进行核试验的意图变得愈加明显时，该委员会签署了一项条约，对这种行为进行禁止。《部分禁止核试验条约》于 1963 年 8 月签署，并于同年 10 月生效。

有趣的事实

《月球协定》声明，任何国家在研究活动中获得样品时，必须考虑将一部分提供给其他所有国家或科学界进行研究。

外层空间条约

正如我们所看到的，太空武器的存在为持有武器的一方带来了相当可观的战术和战略优势。相互保证毁灭策略（MAD）将会引发太空军备竞赛。因此，鉴于相互保证毁灭策略在冷战期间成为两个超级大国之间的威慑战略，许多国家共同努力，以避免将核武器的威胁扩大到天基发射器，防止灾难的发生。

▲ 阿波罗 16 号的宇航员约翰·沃茨·杨（John Watts Young）登月成功后，在月球表面插上了美国国旗，但这并不代表着月球成了美国的领土

《外层空间条约》

《外层空间条约》的全称为《关于各国探索和利用包括月球和其他天体的外层空间活动所应遵守原则的条约》，该条约目前已得到世界上大多数国家的同意。联合国大会（UNGA）法律小组委员会最初于 1966 年起草了这一条约，同年 12 月 19 日，联合国大会以多数赞同票通过了该条约。1967 年 10 月 10 日，该条约生效且无限期有效。

10 项基本原则

《外层空间条约》号称"空间宪法"，规定了从事航天活动所应遵守的 10 项基本原则。

- 共同利益的原则：探索和利用外层空间应为所有国家谋福利和利益，而不论其经济或科学发展的程度如何。
- 自由探索和利用原则：各国应在平等、不受任何歧视的基础上，根据国际法自由探索和利用外层空间，自由进入天体的一切区域。
- 不得据为己有原则：各国不得通过提出主权要求，使用、占领或以其他任何方式把外层空间据为己有。
- 限制军事化原则：各国不得在绕地球轨道及天体外放置或部署核武器或任何其他大规模毁灭性武器。

- 援救航天员的原则：各国应将宇航员视为人类派往外层空间的使节。在航天员发生意外事故、遇险或紧急降落时，各国应给予他们一切可能的援助，并将他们迅速安全地交还给发射国。
- 国家责任原则：各国应对其航天活动承担国际责任，不管此活动是由政府部门还是由非政府部门进行的。
- 对空间物体的管辖权和控制权原则：射入外层空间的空间物体登记国对其在外层空间的空间物体及所载人员仍保持管辖权和控制权。
- 空间物体登记原则：凡进行航天活动的国家同意在最大可能和实际可行的范围内将活动的状况、地点及结果通知联合国秘书长。
- 保护空间环境原则：各国从事研究、探索外层空间时，应避免使其遭受有害的污染，防止地外物质的引入使地球环境发生不利的变化。
- 国际合作原则：探索和利用外层空间应以合作和互助原则为准则。

条约的不足之处

《外层空间条约》没有禁止在空间部署常规性武器，而只是禁止了核武器和大规模毁灭性武器。因此，2006 年，联合国大会提出了反对一切武器的《空间保护条约》。

战略防御倡议

美国前总统罗纳德·里根（Ronald Reagan）于 1983 年 3 月 23 日提出了战略防御倡议（SDI）。它的目标是使用地基和天基系统来保护美国免受战略核弹道导弹的袭击。这是一次政策的巨大转变，因为这一倡议的重点在于战略防御，而非之前的相互保证毁灭策略所体现出的战略进攻理念。

研究人员以 7 000 米 / 秒的速度向铝测试块发射了一枚 7 克重的炮弹，以此测试动能武器

战略防御倡议的成因以及天基武器的利用

在冷战初期，人们意识到了反弹道导弹系统的必要性。人们发现，地基导弹过于笨重，无法被用来对付洲际弹道导弹（ICBM），因为每一枚导弹在能够被击落之前都会部署多个弹头。然而，如果拦截导弹被放置在轨道上，就可以随时部署其中的部分拦截导弹前往敌对国家上空，随之疾冲下去攻击导弹。因此，它们可能比需要从地面发射的拦截器小得多，成本更低，而且可以在洲际弹道导弹易受攻击的发射阶段对它进行瞄准。

战略防御倡议中使用的武器及其设计

被考虑使用的武器大致可分为以下几类：

1. 地基项目

● 增程拦截弹（ERINT）

● 自导覆盖实验（HOE）

● 大气层外再入拦截器子系统（ERIS）

2. 定向能武器（DEW）项目

● X 射线激光器武器系统

● 化学激光器武器系统

● 中性粒子束武器系统

● 仍处于试验阶段的激光和反射镜系统

● 紧凑高能电容模块先进技术实验（CHECMATE）系统中的超速轨道炮

3. 天基项目

● 天基拦截弹（SBI）

● 智能卵石系统

战略防御倡议的结果

由于有了战略防御倡议，美国现在在综合先进导弹防御系统领域拥有显著优势。在美国前总统比尔·克林顿（Bill Clinton）当政时期，战略防御倡议被改造为弹道导弹防御组织（BMDO）。如果没有战略防御倡议，美国现役最主要的爱国者导弹防御体系将不可能建成。

2001 年 12 月 3 日，一枚携带大气层外杀伤性运载工具原型的有效载荷运载火箭从位于梅克岛的夸贾林导弹靶场发射，计划拦截太平洋中部的弹道导弹目标

有趣的事实

战略防御倡议在公众和科学界中的反响都很差。它也被称为星球大战计划。

太空战

太空战是指发生在太空中的作战行动，包括地对空作战（如从地球攻击卫星）以及空对空作战（如卫星相互攻击或航天器相互攻击）。从技术上讲，太空战不包括空对地作战，即轨道物体直接攻击地面、海洋或低空目标。

现有的反卫星武器

当前，有一些反卫星武器确实存在，它们通常是从航天飞机或地表发射的。目前还没有卫星式武器的存在。2007 年 1 月 11 日，中国成功试射了一枚弹道导弹反卫星武器。2008 年 2 月 21 日，美国使用 SM-3 导弹摧毁了位于太平洋上空 247 千米处的侦察卫星 USA-193。日本也在使用 SM-3 这种导弹系统。

▲ 导弹正在摧毁太空中的卫星

太空武器

太空战可以使用的武器范围很广。其中一些目前已经面世，而另一些则还只存在于科幻小说中。

● **弹道战**：弹道战所用的武器包括从简单的地基和天基反导弹措施到轨道炮、天基激光、轨道地雷以及其他未来武器。

● **电子战**：由于航天器和卫星高度依赖电子设备，电子战中的系统就被设计来干扰、破坏和彻底摧毁敌人的电子设备。

● **动能轰击**：一枚炮弹从轨道上落下时所获得的能量可与除威力最强的炸药以外的所有炸药的能量相匹敌。因此，只要将太空物体从轨道上扔下，就是一个可行的武器系统。

● **定向能武器**：激光、直线粒子加速器或粒子束武器、微波和等离子体武器都是通过给各种粒子注入高能量密度，然后用它们瞄准敌人来完成攻击的。

◀ 艺术家笔下的未来的美国太空司令部

有趣的事实

太空中的轨道炮和激光在很多方面都能起到作用。目前，唯一的问题是太空中没有足够大的电池，为它们供能。

太空旅游

太空旅游是指不以执行任务（例如进行实验或工作）为目的的太空航行。它既可以在类似俄罗斯联盟号和国际空间站等老牌国有运载工具上进行，也可以在越来越多的由私营企业推出的飞行器上进行。

起源

太空旅游始于 20 世纪 90 年代末。它产生自俄罗斯和平号公司（MirCorp）和美国太空探险公司（Space Adventures）之间的一笔交易。和平号公司是一家私营企业，负责俄罗斯和平号空间站的建设。该公司决定将去往和平号空间站的行程作为一个旅游项目进行出售，以赚取收入来维护老化的空间站。

首位太空游客

2001 年 4 月 28 日，美国商人丹尼斯·蒂托成为世界上第一位太空游客。蒂托为乘坐俄罗斯联盟号 TM-32 航天器支付了 2 000 万美元。然而，在蒂托启程之前，俄方决定让和平号脱离轨道。幸运的是，在美国太空探险公司的干预下，蒂托改为前往国际空间站，并在空间站里待了 7 天。

南非计算机领域知名企业家马克·沙特尔沃思（Mark Shuttleworth，于 2002 年）和美国商人格雷戈里·奥尔森（Gregory Olsen，于 2005 年）也到访过国际空间站。出生于伊朗的美国企业家阿努什·安萨里（Anousheh Ansari）成为第一位付费太空旅行的女性，她于 2006 年 9 月造访了国际空间站。

飞向太空的费用

太空游客前往国际空间站的费用一般为 2 000 万 ~ 3 000 万美元。然而，自 2007 年以来，美国太空探险公司开始提供乘搭联盟号航天飞机绕月飞行的服务，费用为 1 亿美元。2015 年，美国维珍银河公司推出了票价为 20 万美元的太空旅游项目，该项目可前往亚轨道空间。

► 丹尼斯·蒂托是世界首位太空游客

▼ 艺术家以数码合成的形式呈现了未来的太空旅游

有趣的事实

蒂托反对使用"太空游客"一词，因为他在进行飞行任务前经历了艰苦的训练。从他开始，"航天参与者"一词被用来区分商业太空旅行者和宇航员。

太空殖民

太空殖民是指在地球之外建立永久的人类居住地，这一概念也被称为太空定居或地外殖民。它受欢迎的两个最常见的原因如下：

● 人类文明和生物圈的生存需要，以防发生星球规模的灾难。

● 它为人类社会的扩张提供了丰富的空间资源，也有助于其发展和进化。

▲ 这张数码合成的图片展示了太空定居点将会是什么样

太空殖民地

建立一个太空殖民地要面对一系列令人望而却步的技术和经济挑战。太空定居点必须满足数百或数千人的所有物质需求。在一个对人类生命有害的太空环境中，这个要求极难满足。

太空技术

类似于受控生态生命保障系统这样的技术尚未得到有效的发展，而这对任何长期定居点来说都是至关重要的。太空殖民地的建立也必须解决人类如何在这样的地方生存繁衍的问题。目前，并没有任何数据显示太空殖民对我们的身体或大脑有何长期影响。

从地球表面把任何东西送入轨道的成本都是高昂的——每千克大约要花 2 万美元。因此，太空殖民是一个极其昂贵的项目。

◀ 戈德曼环境奖得主、著名环保主义者泰里·斯韦林根说过一句名言："我们就像还有另一个星球可以去一样地生活在这个星球上。"这句话强调了地球资源正在迅速消耗的事实

有趣的事实

许多科学家已经表明了支持这种想法的态度。因此，有关生命保障的技术正在取得快速进步，这些技术可能是太空殖民的关键。

行星宜居性

行星宜居性是对一颗行星或一颗天然卫星上生命的出现和
繁衍潜力的评估指标，它适用于直接在该行星或卫星上形
成的生命，也适用于从另一个天体转移过去的生命。

▲ 某些气态巨行星的卫星满足本页所述
的大部分条件，可能是个宜居的天体，
这是因为卫星的数量明显多于行星

一颗行星宜居的条件有哪些？

行星宜居性需要满足从行星本身到其所属行星系统
的多种必要条件。这里会进行一个简要的概述。

周围存在宜居天体的恒星类型

- **光谱型**——这些恒星应该足够大，以发出必要的热量
  和光照，但又不能太大，恒星要有足够长的寿命来
  维持生命的存在。恒星周围的水能够存在，条件足
  够温和，生命才能可以茁壮成长。环境条件必须稳
  定，才能发生生命进化。

- **低亮度波动**——一些恒星的亮度波动很大。这个波动
  率必须足够低，这样行星表面的温度变化才不会过
  于极端。

- **高金属度**——恒星应该包含足够多用来维持生命的重
  元素（比氦和氢重的元素）。

可维持生命的行星的必要条件

- **质量**——必须足够大，有足够的引力来维持大气层的
  存在，同时，行星的质量又不能太大，需要有岩质
  表面来支撑生命活动。

- **公转和自转**——行星的自转与公转需满足周期适当和
  稳定的特点。季节必须有规律地更迭，不能太极端，
  这样才不会威胁到生命的存在。

- **地质化学**——行星上必须有足够多的重元素来支持生
  命的进化和维持。

▼ 阿塔卡马沙漠与火星表面非常相似。正如我
们所看到的，因为在宇宙尺度上一些微乎其
微的条件变化，这里成了地球上最无生机的
地区之一

地球化

地球化（terraforming）是指人为改变某个天体的表面环境，使其大气、温度、地形或生态类似地球生物圈的一个理论过程。这适用于行星、卫星或任何其他天体，使其适合类似地球上的生命进行生存居住。地球化的字面意思是"地球化改造"或"创造类似地球的东西"。

行星工程

"地球化"一词在一般意义上很少使用，它有时被用来总指行星工程。然而，事实并非如此。所有的地球化都是行星工程，但反之并不成立。地球化这一概念是由科幻小说和现实科学共同发展而来的。1942 年，美国作家杰克·威廉森（Jack Williamson）在《惊奇科幻故事》杂志上发表了一篇名为《碰撞轨道》（Collision Orbit）的科幻小说。他在此小说中提到了"地球化"这一概念，人们认为这个词就是由他创立的。然而，这一概念可能早于这篇小说的发表时间。

昂贵的事业

行星的地球化将是一项极其昂贵且结果未知的事业，做这件事所需的经济资源也远远超过任何政府或社会团体所能承担的极限。改变地外星球环境的伦理标准、物流运输、经济、政治和工艺方法都是这项事业需要跨越的障碍。不过，技术的快速发展意味着不久以后情形可能会有所不同。

▲ 艺术家想象中的火星地球化的不同阶段

地球化的可能性

根据地球上的经验，行星的环境是可以被人为改变的。然而，我们不确定我们是否能在另一颗行星上仿造出一个类似地球这样不受约束的行星生物圈。火星通常被认为是最有可能进行地球化改造的候选地点。美国国家航空航天局甚至举办了关于这个主题的几场辩论。改变火星气候的几种可能的方法都在人类的技术能力范围之内。科学家们这些年来已经对关于加热行星和改变其大气层的可能性进行了广泛研究。虽然这些方法具有可行性，但其涉及的时间跨度会很长。

▼ 宇航员正在探索火星表面，思考着使之地球化的可能性